工程设计领域的
知识管理

——从信息化到知识化的实践智慧

郑晓东 著

U0396215

东南大学出版社
SOUTHEAST UNIVERSITY PRESS

内容摘要

本书聚焦于电力、石化、建筑、市政、交通、通信等行业的工程设计领域的知识管理，辅以187张图表，表达直观清晰，阐述深入浅出。在"理论篇"中，综述了知识管理的理论体系与标准，概述了本书核心思想。"方法篇"中，在分析总结工程设计企业的知识分类体系、两类业务流程、三类信息流程的基础上，创新地提出五种知识流程模型，进而创造性地提出基于流程的"嵌入式"知识管理思想。"实践篇"中，在综述工程设计企业信息化体系的基础上，创新地提出嵌入式知识管理系统的功能架构，阐述了系统的总体规划和实现方案，邀请三个知名工程设计企业分享了各自的成果。此外，"附录"中作者以百问百答的方式分享了其十余年深耕工程设计项目管理系统建设的实践经验与思考、常见问题与解决方案。

本书学术性、知识性、实用性并重，可作为从事信息管理和知识管理领域的研究人员，相关专业的高校师生，企业尤其是设计企业的知识、信息化、档案、质量、科技等部门从业人员的参考资料。

图书在版编目(CIP)数据

工程设计领域的知识管理：从信息化到知识化的实践智慧/郑晓东著. —南京：东南大学出版社，2017.12

ISBN 978-7-5641-7585-6

Ⅰ.①工… Ⅱ.①郑… Ⅲ.①工程设计—知识管理 Ⅳ.①TB21

中国版本图书馆 CIP 数据核字(2017)第 324159 号

工程设计领域的知识管理：从信息化到知识化的实践智慧

出版发行		东南大学出版社
出 版 人		江建中
社　　址		南京市四牌楼 2 号
邮　　编		210096
经　　销		全国各地新华书店
印　　刷		江苏凤凰数码印务有限公司
开　　本		700mm×1000mm 1/16
印　　张		29.5
字　　数		423 千字
版　　次		2017 年 12 月第 1 版
印　　次		2017 年 12 月第 1 次印刷
书　　号		ISBN 978-7-5641-7585-6
定　　价		88.00 元

(本社图书若有印装质量问题，请直接与营销部联系。电话:025-83791830)

序 一

随着计算机与网络通信技术的应用，人类进入信息时代，信息量爆炸式增长，一方面"信息爆炸"促进社会飞速发展，另一方面人们也因"信息泛滥"而备受困扰，在信息的浩瀚大海中迅速准确地获取自己所需要的信息和知识像大海捞针一样困难。人们希望通过知识管理在众多信息中快速筛选出有价值的知识，并能"在正确的时间把正确的信息/知识送达正确的人"。企业希望通过知识管理实现组织记忆的传承、个人知识的组织化、组织知识的效益化，进而达到加速提高员工能力与提升企业核心竞争力的目的，这种需求在知识密集型企业表现得更为强烈。

世界经济合作与发展组织 1996 年提出，知识经济是直接建立在知识和信息的创造、流通与利用之上的经济活动与体制，知识和技术成为生产力和经济增长的驱动力。知识型企业是知识化经济实现的主要载体，是依靠智力资源的开发与投入，通过知识的生产、传播和应用来获取经济效益的经济组织，本质特点是对知识的创新能力。知识、科技先导性型企业成为经济活动中最具活力的经济组织形式，代表了未来经济发展的方向。

国务院〔1994〕100 号文指出，工程设计企业是科技型企业，是技术、知识密集型企业；工程设计在工程建设和企业技术改造中占主导作用，在科研成果转化中起纽带作用；工程设计企业要大力发展高新技术，促进设计技术进步；工程设计企业的任务是从事工程设计、工程咨询、工程监理和工程总承包，进行技术开发、服务等。国家发改委〔2010〕264 号文指出，工程咨询业发展程度体现了国家的经济社会发展水平，明确要求工程咨询企业"大力加强信息化建设和知识管理"。

我国有 2 万余家工程设计企业，以电力、石化、冶金、建筑、交通等行业的勘察设计单位和咨询机构为主体，主要为工程建设全过程提供智力服务。工程设计企业的生产过程是以信息为载体对知识进行深加工的过程，输出的产品也是图纸报告等无形知识资产，产品的知识附加值与创新程度体现了企业可持续竞争力。因此，工程设计企业的竞争优势并不在于它的固定资产，而在于它拥有的人力资本和知识资本。知识的有效管理和应用创新成为工程设计企业的迫切需要。

作者所在的中国能源建设集团江苏省电力设计院有限公司（简称江苏院）多年位列全国工程设计企业 60 强，江苏省勘察设计企业综合实力第一。江苏院一贯重视知识管理与应用工作，早在 1999 年就建成管理企业知识资产的档案管理系统并沿用至今，存储了 584 万余个文件。2003 年发布《江苏院 2003-2005 建设学习型企业工作规划》，要求建设知识共享体系。2004 年在《江苏院 2004-2008 五年规划》中提出"分布建立以知识共享为核心的知识管理集成系统"。2004-2007 年与东南大学合作开展知识管理专题研究。2008 年引进国外知名文档管理平台。2009 年开展"标准化建设年"活动，按照"设计流程规范化、过程文件模版化、设计模块标准化、专项技术专家化"的要求，对企业显性知识进行了梳理、提炼和标准化。2012 年完成院级管理创新课题《知识管理的信息化实现研究》及知识管理系统顶层设计。2013 年初召开了以"加强专业业务建设与知识管理工作"为主题的专业主任工程师工作会，作者在会上作了"以专业完整性为准则的、聚焦设计输入和业务建设的知识管理系统建设"的发言，同年完成院级管理创新课题《设计输入知识的管理》，开展了知识管理系统的选型和建设，并于年底上线应用。

作者 2004 年从河海大学计算机专业硕士研究生毕业进入江苏院工作，在做好信息化工作的同时，深入思考企业管理，深知设计企业知识管理的重要性和紧迫性，于 2007 年考入东南大学攻读管理学博士，2012 年进入东南大学博士后科研流动站，系统研究工程设计领域的知识管理。天道酬勤，在工作异常繁忙的情况下能完成本书的写作十分难得。本著作的出版发行是作者多年来勇于实践、勤于思考、善于总结的结果，书中汇集了作者多年观察、实践、思考和探索的成果，创新性地提出了管理与技术交叉融合的领域知识管理体系，开辟了工程设计企业知识管理研究与应用新领域。知识的海洋浩瀚无边，知识的探索永无止境，希望作者不忘初心、砥砺前行，为知识管理在工程设计领域的应用做出新贡献。

蔡升华

中国能源建设集团江苏省电力设计院有限公司党委书记、董事长

教授级高级工程师

序 二

作为人类对生产活动和社会生活实践经验的总结，神奇的知识不仅帮助我们改变着世界，而且它自身也不断地被我们所认识。1996年经济合作与发展组织（OECD）发表的"以知识为基础的经济"报告更是以"知识经济"的概念将我们引入了一个从未进入的梦幻之地。

如今，我们已经共识于此：知识经济是继农业经济和工业经济以后的又一种形态，是社会经济形态演化的一个新阶段。在这一新时代中，知识不仅成为继土地、劳动力和资本等传统生产要素之后的新资源，而且成为经济增长和竞争的关键因素。在知识密集型企业中，知识已经取代传统生产要素，成为企业最重要的战略资源。在如今的组织及企业中，竞争优势的关键已不再是知识本身，而是如何通过组织内外的多重网络对知识加以有效的管理和应用，使得知识存量不断地产品化、服务化和资本化，而且产生新的知识增量。管理也就不仅仅是对传统生产要素的合理且高效配置，还包括对知识的有效鉴别、获取、存储、分享、转移和利用。由此，从20世纪末以来，业界出现了对知识如何影响经济，以及知识被如何有效管理的研究热潮。

作为管理科学与工程专业的博士研究生和控制科学与理论的博士后，作者郑晓东先后10余年在大型工程设计公司负责知识管理系统建设和开发的同时，努力寻求知识生产与应用的普适性原理与方法，并在我的建议下，以"工程设计领域的知识管理——从信息化到知识化的实践智慧"为题，对有关的理论探讨和实践经验加以总结，形成了呈现在大家面前的这本专著。他从理论、方法和实践三个角度对工程设计领域的知识管理问题进行的系统思考与阐述颇见其独具的匠心，不愧为一名教授级高级工程师。

在"理论篇"中，作者首先介绍了全书的核心思想、研究路线和实施方法，透彻地阐明了业务流程、信息流程、知识流程的本质、联系与区别。这三类相互平行的流程贯穿全书始终，既是本书的基石，也为后续的相关讨论奠定了基础。随后对国内外知识管理的代表性理论、模型和标准以及知识管理的八种相关理论的综述和评论，既可以理清知识管理理论发展的脉络，又可以窥见各领域学者研究知识管理时的多维角度。

在"方法篇"中，作者在分析了工程设计领域的知识特征之后，首先建立了该领域知识的分类体系，奠定了对知识进行针对性管理的基础性工作；然后提出了基于流程的工程设计知识管理体系架构，阐述了作为体系核心的五种知识活动。在总结工程设计企业两类业务流程、三类信息流程的基础上，作者提出了五种知识流程模型；基于流程的知识管理"嵌入式"思想，通过形式化建模方法，不仅论述了嵌入式原理，而且还提出了嵌入式知识管理系统软件体系结构总图，使得对流程的深刻剖析成为全书的重要组成和关键创新点。

虽然从人类社会的农业时代到工业时代的千百年来知识管理就一直存在着，但是，显然自第三次科技革命带来的信息时代起，人们才对知识实施了有意识和有成效的管理。作者坚信，由于 IT 技术与信息化给知识管理插上了飞翔的翅膀，因而知识管理的实践应更多地着眼于基于信息化的知识管理系统的实现及与信息系统的集成应用。

正因为此，作者在"实践篇"中从七个方面对工程设计企业的信息化体系作了全面、系统和生动的介绍，它是作者作为国内知名工程设计企业科技信息部主要负责人的实践体会与智慧总结，相信会对读者有所裨益。作者较全面地阐述了工程设计企业嵌入式知识管理系统的规划、设计和实现，依据标杆管理原理分析了系统不同发展阶段的目标及实施方案，提出了系统的设计流程图；依据节点控制法原理分析了业务流程的知识活动关键节点，展示了工程设计企业嵌入式知识系统的顶层设计图；依据嵌入式原理分析了知识管理系统的核心功能，阐述了嵌入式系统的核心功能模块及与信息系统的嵌入式关系。这些都充分体现了作者的独创性思考和有新意的成果。

全书是作者结合其建设知识管理系统的实践经验，博取其他同行的研究所得，利用系统工程的思想与方法，进行创新性思考后的呕心沥血之作。全书将文、史、哲，理、工、管等多学科的理论、素材和知识融为一体，深入浅出地介绍了知识管理的概念、理论、标准、方法和实践，并绘制了180多张图表以让读者能迅速、清晰、轻松地读懂本书，体现了作者典型的工程师务实风格。与此同时，全书采用的形式化建模方法和离散化数学分析所进行的相关建模和推导，亦大大提升了本书的严谨性和学术价值。

作者 2007 年考入东南大学，成为我的博士研究生，攻读知识管理方向。他在短短的三年内，在圆满完成所在单位信息化及档案部门主要负责人工作的同时，先后发表了 11 篇中英文学术论文，完成了学位论文《工程设计企业基于流程的嵌入式知识管理系统的原理与实现》，于 2011 年 3 月按时毕业并获得管理学博士学位。这些成果收获，都是他在异常繁忙的本职工作之余，利用"数百个挑灯苦读到零点的夜晚"（见其博士学位论文的《后记》）而完成。除了拥有工科男的勤奋、求真和务实，他还长于思考、创新和探索，尤其对管理学始终保持浓厚的兴趣。因此，当他提出要继续在东南大学从事博士后研究时，我给其十二万分的赞同。现在看来，他七年前在博士论文中提出的、可实际应用于工程设计企业的"嵌入式"知识管理思想在当下仍然有着理论上的创新性和实践上的可行性；加之他又实际负责建设了本单位的知识管理系统，有着切身的实践经验和体会，于是，我督促他再次进行系统的理论思考和实践总结，以书籍的方式将收获分享给更多的人。之后他又利用"百余个挑灯夜战到凌晨两三点"的努力完成了该书的写作，实属不易。常言"后生可畏"，事业后继有望也，吾极高兴。

特作此序于古城南京。

胡汉辉

东南大学教授、博士生导师

前 言

　　作为工程建设的龙头，工程设计企业是典型的人才和知识密集型组织，其生产过程是以信息为载体对知识对象进行深加工的过程，输出的产品也是图纸报告等无形知识资产。产品生产过程输入的"原材料"是信息，处理的"对象"是信息与知识，输出及销售的"产品"是知识。工程设计企业的竞争优势并不在于它的固定资产，而在于它所拥有的核心资源——人才资源和知识资源。工程设计人员的工程经验在工程设计领域知识中占有重要地位，产品知识附加值与创新程度决定了企业的持续发展能力。知识的有效积累、高度共享、高效应用、融合创新成为工程设计企业组织记忆构建和传承的迫切需求，因此，工程设计企业需要进行知识管理而且有其天然优势。

　　本书以国家自然科学基金资助项目为依托，定位于工程设计领域，基于流程的角度，以企业的业务流程、信息流程和知识流程为主线，以知识管理系统为研究对象，以嵌入式为切入点，采用"术语辨析、理论综述、顶层设计、流程为本、系统设计、系统实现和案例分析"的研究路线，阐述了相关术语的内涵及相互关系、知识管理的理论体系、工程设计领域知识的分类体系、工程设计企业的业务/信息/知识流程、知识管理系统的嵌入式原理与核心功能架构等内容，系统探讨了工程设计领域的知识管理。

　　本书区别于其他知识管理书籍的亮点及创新点有[①]：

　　（1）深入阐明了业务流程、信息流程与知识流程，以及信息管理系统与知识管理系统的内涵、联系与区别。分析总结了工程设计企业的两种业务流程模型，剖析了基于业务流程的三种信息流程模型，进而创造性地提出了基于信息流程的五种知识流程模型。业务/信息/知识流程的内涵（§2.3）和模型（§6）是本书基石，也是本书研究和实施知识管理的主要维度。

---

① 注：英国习语"一幅图胜过千言万语"（A picture is worth a thousand words,1911），本书共配图 162 幅，表 25 张，索引详见书尾。本书中的所有图表，除特别注明出处外，均为作者首创或整编，以后不再一一注明。

（2）建立了工程设计企业的知识分类体系（§5.2），提出了基于流程的工程设计知识管理体系架构（§5.3）。

（3）创造性地提出基于流程的知识管理的"嵌入式"思想（§1.3.2，§7.2），通过形式化建模方法深入论述了知识流引擎及嵌入式原理（§7.5，§7.6），提出并详细阐述了嵌入式知识管理系统的核心功能架构图（§10.5）。"嵌入式"思想和嵌入式知识系统的核心功能架构图是本书的核心思想。

"嵌入式"思想的本质是：从流程的角度看，是指知识流程要嵌入到覆盖业务流程的信息流程中；从系统的角度看，知识系统要通过软件构件、Web Service 等"嵌入体"嵌入到覆盖业务活动信息流程的信息系统中。一是实现了在合适的时间、合适的场景将合适的知识推送给需要的人；二是通过生生不息的业务流程之上的信息流程盘活了知识流程，从而使知识库既能自动获取知识，又能自动推送反哺。

（4）作为国内知名工程设计企业的科技、信息化、档案管理部门的主要负责人，作者负责建设了知识管理系统和十余个信息管理系统，从实践者角度综述了工程设计企业的信息化体系（§9），提出了工程设计企业嵌入式知识系统的顶层设计图（§10.4.2），以百问百答的方式分享了十几年来深耕工程设计项目管理系统建设的实践经验与思考、常见问题与解决方案（附录）。

本书共分为理论篇、方法篇和实践篇三部分，各章主题与关联关系如下：

（1）第一章"绪论"首先从时代和社会发展角度介绍了知识和知识管理的大背景、工程设计行业领域面临的知识环境和开展知识管理的必要性，分析了企业界知行现状；然后从发展和问题两个角度提出了工程设计领域开展知识管理的目的和意义，阐述了本书的思想起源、研究路线与实施方法；最后介绍了本书的结构和重点解决的问题。

（2）第二章"相关术语的内涵及辨析"阐明、辨析、界定了相关术语的概念与本质、联系与区别。如数据、信息、知识与智慧，流程、业务流程、信息流程、知识流程与知识链，信息管理与知识管理，系统、信息管理系统与知识管理系统等。其中关于业务流程、信息流程、知识流程丰富内涵的深入阐述与辨析是本书特色和基石。

（3）第三章"知识管理理论与标准"综述了国外知识管理流派及美国、德国、欧盟等具有代表性的知识管理理论与模型，介绍了几种国内的知识管理模型，介绍了欧洲和中国的知识管理标准。通过综合分析近年来国内外公认权威（含个人和机构）所研究的部分知识管理理论，可以理清知识管理理论发展的脉络。

（4）第四章"知识管理云的相关理论"从系统工程的角度介绍了知识管理学科的紧密关联理论，如组织学习与学习型组织、人力资本、知识资本、全面质量管理、流程管理与业务流程重组、信息管理、战略与文化等。这有助于不同专业的读者选择是否从这些理论维度研究与实施知识管理，或者从全局了解其他学者对知识管理的多维度研究。

（5）第五章"工程设计知识管理的架构"首先分析了工程设计行业的知识性特征，提出了工程设计知识的分类体系；然后在此基础上，提出了由基础支撑、内核和外部环境构成的工程设计知识管理的体系架构；最后就体系架构核心的五类知识活动进行了阐述，即知识鉴别、知识获取与产生、知识存储与管理、知识共享与转移、知识应用与创新。

（6）第六章"工程设计知识管理与流程管理"详细阐述了工程设计领域的两大业务流程模型（综合业务流程、增值业务流程）、三大信息流程模型（市场信息流、技术信息流、管理信息流）、五大知识流程模型（流程导向的知识增值流程框架、增值业务流程导向的知识流程模型、以人为中心及三要素驱动的知识飞轮模型、以人为中心业务流程为主线的知识环模型、以流程管理为驱动轴的齿轮联动知识模型）等。本章是本书的核心基础，是研究和实施知识管理的重要方法论。

（7）第七章"知识管理系统的嵌入式原理"首创性地提出了知识管理领域的"嵌入式"思想，即知识管理系统以构件、web 服务的方式嵌入到信息系统或数据库中，负责完成知识自动推送和自动获取。本章阐述了嵌入式知识系统的理念、特点，基于业务流的嵌入式知识流的元模型架构、基于 Petri 网的分布嵌入式知识流熟悉建模、知识流引擎与流程管理的嵌入原理以及嵌入式知识系统的软件体系架构。

（8）第八章"知识管理技术"通过 Gartner 技术成熟度曲线模型分析了其发展历程和成熟度矩阵，然后按照知识管理体系的知识鉴别、知识获取与产生、知识存储与管理、知识共享与转移以及知识的应用与创新等知识活动，介绍了若干关键技术。

（9）第九章"工程设计企业的信息化体系"，从系统工程角度看，知识管理系统构建在已有系统之上，是"系统的系统"，因此非常有必要介绍信息化体系尤其是其中的信息系统。

（10）第十章"工程设计嵌入式知识管理系统的实现"，以某工程设计企业为例，对如何设计、构建、实施知识管理系统进行了介绍，包括实施方法、基础工作、顶层设计图、核心功能架构图和概要设计等。

（11）第十一章"案例分享"，作者邀请三个行业领先的工程设计企业的信息化或知识管理负责人分享了各自企业实践知识管理的经验和做法。

（12）附录"工程设计项目管理系统建设经验与思考百问百答"，作者以百问百答的方式分享了工程设计项目管理系统建设的实践经验与思考、常见问题与解决方案。

由于知识管理及系统涉及的领域和学科非常广泛，紧密关联的管理思想众多，作者希望能用系统工程的思想，围绕"流程"和"嵌入式"的主题进行综合阐述，侧重接地气的流程剖析与实例分析，试图为企业找出或为读者启发一条在知识系统工程理念指引下的、务实的知识管理之路。本书目的不是给读者提供涵盖知识管理所有内容的百科全书式的参考，而是更希望协助在工程设计、产品研发、创新研究等知识密集型企业从事档案管理、质量管理、信息管理和知识管理的读者建立知识管理理念，了解知识管理的理论、模型、路线、方法、技术，知悉知识管理系统的建设思路。

郑晓东

2017 年 11 月 17 日于南京

目 录

第一篇　理　论　篇

知识是人类进步的阶梯

第一章 绪论

本章首先从时代和社会发展角度介绍了知识和知识管理的大背景，分析了工程设计行业领域面临的知识环境、开展知识管理的必要性和企业界的知行现状；然后分别从发展需要和问题解决两个角度提出了工程设计领域开展知识管理的目的和意义，阐述了本书的思想源流、核心思想、研究路线与实施方法；最后介绍了本书的结构和重点。

1.1 知识管理的背景

20世纪末期，人类社会进入知识经济时代以来，知识管理逐渐成为研究热点。本节介绍了知识管理的社会背景、行业环境，阐述了实施知识管理的必要性，分析了企业界知行现状。

1.1.1 社会与行业环境

知识是人类对生产活动和社会生活中的实践经验的总结[①]。有人类社会以来就有知识的产生和传播。1996年，世界经济合作与发展组织（OECD）发表的"以知识为基础的经济"报告提出了知识经济的概念。OECD认为，知识经济是直接建立在知识和信息的创造、流通与利用之上的经济活动与体制，知识和技术成为生产力和经济增长的驱动力[②]。知识经济是继农业经济和工业经济以后的又一种新的社会经济形态，是经济形态演化的一个新阶段。

在当今知识经济时代，知识不仅是与土地、劳动力和资本等传统生产要素并列的重要资源，而且成为经济增长和竞争的关键因素[③]，也是企业重要的生产要素[④]。但组织及企业取得优势的关键往往并不是知识本身（存量），而是如何通过组织内

---

① 王众托.知识系统工程（第二版）[M].科学出版社，2016：前言
② OECD.The Knowledge-Based Economy [EB/OL].1996: 6,21-43
③ CEN. European Guide to Good Practice in KnowledgeManagement[S].2003: 12
④ 杨树民.竞争情报：挖掘企业的知识资源 [M].南京：东南大学出版社，2004：总序

外知识网络对知识加以管理利用，从而使得知识产品化、服务化，并最终资本化（增量）。管理也就不仅仅是对以上四种生产要素的合理且高效配置，还包括对知识的有效识别、获取、存储、分享、转移和利用。

工程设计企业是典型的知识密集型和人才密集型组织，自然成为知识管理研究和实践的急先锋[①]。我国的工程设计企业以电力、冶金、化工、建筑、交通、军工、通信、市政、水利等行业的勘察设计单位和咨询机构为主体，主要为工程建设全过程提供智力服务。工程设计企业的生产过程是以信息为载体对知识进行深加工的过程，其提供给业主或顾客的产品形式是报告、图纸和表格，也是一种可用的无形知识资产。管理大师彼得·德鲁克认为："企业所拥有的、且唯一独特的资源就是知识。其他资源，比如资金或设备，不带来任何独特性。能产生企业独特性和作为企业独特资源的是它运用各种知识的能力。"一个成功的企业，不仅要对人、财、物等有形资产实施有效的管理，而且要对信息、知识、技术等无形资产实施有效的管理，形成有形资产和无形资产的有机结合、良性互动，以取得最大的综合效益。对工程设计企业而言，人员的工程经验及积累在企业的知识中占有很重要的地位，创新和产品的附加值（知识含量）决定了企业的生存能力和发展能力。工程设计企业的竞争优势往往并不在于它的固定资产而在于它所拥有的知识资源，其以知识为核心的特点，自然地要求建立知识管理系统对各类知识资源加以整合和管理。知识管理在工程设计企业体现为企业的日常工作，知识的有效积累、高度共享和高效重用已成为工程设计企业的发展目标，因此工程设计企业比传统企业更需要知识管理而且有其天然优势。

既然行业的特性决定了其实施知识管理的必然性，这就要求工程设计企业建设知识管理系统。其一，设计本身就是一门"知识"的工作，是一类复杂的智能行为，是一个知识运用、加工和创新的过程。要做到设计优良，设计师需要进行知识的整合工作，需要具备设计开发能力、设计思想的表现能力、综合实际的思考能力等。而要在现代企业中做到这些，就要建立一个与之相应的支撑环境——知识管理系统。其二，设计行业信息化建设从以数据管理为核心，到现在多数企业以信息管理为核

---

① 国家发改委.工程咨询业 2010-2015 年发展规划纲要[Z].发改投资[2010]264 号.2010

心，最终将提升到以知识管理为核心。随着信息化程度的不断深入，工程设计企业的设计手段与管理模式都发生了重大变化，直接体现是由传统手工绘制图纸改变为使用软件工具进行数字化设计，由传统基于纸介白图的项目管理过程改变为管理信息系统支撑下的无纸化信息化项目管理过程，这些都为实施知识管理系统创造了有利条件。

1.1.2 知识管理的必要性

知识已成为生产力要素中的主导要素，而且是最活跃的要素。逐步进入国际化竞争开疆拓土的知识密集型工程设计企业深刻感受到了新知识获取和传承的重要性。企业希望对知识型员工积累的实践经验和创新思想，以及长期保存下来的信息资源进行有效的挖掘、传递和共享，进而在掌握自身知识资源的基础上，通过知识的创新和应用来不断增强核心竞争力，以达到快速发展的目的。

普华永道和世界经济论坛做的一项调查发现：95%的首席执行官认为知识管理是公司成功的必要因素。毕马威咨询公司在英美欧的一项调查显示：50%的被调查对象（主要是建筑工程设计企业）认为知识管理会带来对组织有益的新技术和过程。面向全球 500 强 CEO 的一项调查显示：CEO 们认为影响到企业未来发展趋势的因素中，第一是全球化，第二是知识管理。许多国际著名企业和跨国公司，例如微软、IBM、西门子、Lotus、英特尔、美国航天局、摩托罗拉、施乐和福特公司等，为保证企业稳定发展，都将知识管理理念、方法引入了自己的企业，建立了自己的知识管理战略，并设立了知识主管 CKO。

因为工作和成长需要，人们已经自觉或不自觉地在组织和管理知识。对一些如报告、图纸、专利、总结等显性的知识，通常能通过档案、文档等方式进行管理，但也存在一些问题，如散落各处、缺乏系统管理和有效索引而无法有效及时知悉、获取，或传播过于迟缓，或成为"沉没知识"；而对一些隐性的，特别是个人掌握的未形成文字的经验等意会性知识，则常常忽视或无法有效管理，如一些专家在退休或离职或转岗后，有些极宝贵的隐性知识无形中就消失了。实施包括知识的生产、获取、整理、存储、传递、共享、利用、积累和创新在内的知识管理已成为工程设计企业在激烈的竞争环境下先行致胜而必需的策略。

未来学家托夫勒认为"掌握知识的知识更有力量"。知识成为提高企业核心竞争力的决定性因素，知识管理就成了掌握这种决定性因素的关键[①]。知识管理是通过对企业知识资源的开发和有效利用来提高企业创新能力，从而提高企业创造价值的能力管理活动。知识管理是伴随着社会从传统的工业时代向知识时代转变以及知识经济的出现而产生的。从企业外部环境看，企业面对更加复杂多变的市场和反应更加迅速的竞争对手，必须提高自身的创新能力以做出快速响应；从企业内部看，各个流程环节的知识含量正在逐步提高，知识的更新速度也在不断加快，这需要员工通过不断学习来获得相应的创新能力。

因此，即便有顾虑，知识管理却是无论如何要迈出去的一步，而且是先行者得先机。但不可否认的是，国内多数企业的管理水平离现代企业制度的要求还有差距，实施知识管理肯定不会很轻松。一些具有前瞻性的民营企业，若其负责人观念先进、勇于改变自我，可能更适合做知识管理的先行者。对于如何迈出这一步，相关组织或机构、高校、知识系统厂商、企业之间需要统一认识、共同推进。知识管理的建设和实施是一个系统工程，是一个循序渐进的过程，是一个"有始无终"的过程。

1.1.3　企业界知行现状

20 世纪末全球学术界知识管理研究的热潮迅速传递到企业界，引发了大量的知识管理实践。有调查显示：工程设计企业中有 40%的企业已经具备了知识管理战略，41%的企业计划实施知识管理战略。Gartner 统计报表显示：财富前 100 强中的52%已有了明确的知识管理项目，世界 500 强企业中已经有一半以上建立了知识管理体系，推行知识管理。

一些勇于创新的企业对知识管理的认知越来越深刻，行动越来越务实有效。主要体现在如下方面：

（1）更加重视知识管理的传播。知识管理传播的目的是让人们认识、理解知识管理，进而知道如何参与和推动自己所从事工作的知识管理。这个阶段的知识管

---

① 何柳，聂规划. 基于工作流程的知识链管理研究[J].情报杂志.2004(11)：7-11

理传播已经不仅仅是告诉大家"知识管理好"的问题，而是知识管理对于人们有什么好处，对人们的工作、部门、岗位有哪些有益的帮助，为了取得更好的结果，人们需要做什么、如何做等。

（2）知识管理研究和知识管理实践将更加紧密结合。知识管理是学术研究的热点，知识管理实践也在企业界如火如荼地进行。但在研究和实务的中间有一条鸿沟：实务的不知道研究者在做什么，他们也没有向研究者获取知识的习惯和渠道；研究者不知道实务界在头疼什么问题，所以不免会闭门造车。这种状况正在改变，越来越多的研究机构和团队正与实务界展开更紧密的合作，从客户的问题入手，用更加科学、先进的方法对现状进行研究，提出更符合中国企业现状的解决方案和发展方向，例如由中国人民大学信息资源管理学院发起的中国知识管理实验室在这方面做了有益的尝试。

（3）吸收知识管理最佳实践，知识管理实施开始重视知识管理规划。作为组织的一项基础管理职能，知识管理涉及到组织的战略、文化、员工、流程、制度、IT技术等多方面因素。所以，成功的知识管理实施需有一个科学、客观的知识管理规划。越来越多已实施知识管理的企业已经认识到知识管理规划对于组织知识管理的价值。知识管理规划是知识管理实施的指南和纲领性文件，它通过吸收国内外知识管理的最佳实践经验，规避之前同行业企业和机构出现过的问题和风险，深入分析本机构的现状、目标和知识管理路径，进而预见可能会遇到的问题并提供预案。知识管理规划需要从多个方面分析，最主要的是战略、知识型员工、流程和制度、IT技术平台，在这个过程中，对前三者的分析是基础，在对前三者分析的基础上自然会得出知识管理对于软件和系统的需求，保证项目的成功。

（4）知识管理与不同职能管理的结合增多。生产部门与管理部门、研发部门与市场部门、档案与人力资源、知识产权与知识管理部门、客户服务与财务管理之间的知识管理实施内容差别较大。随着中国知识管理的深入推进，基于不同职能的知识管理探索会越来越多。例如图书档案管理部门面临的知识管理问题主要是积累了大量的信息和知识资源，如何发挥作用、提高这些信息和知识的可用性？企业客户服务部门的知识管理主要是产出知识、建立知识产出的流程和传递机制满足于外部的客户、内部的员工、售后服务人员等。不同部门和职能遇到的知识管理问题将会探索出不同的解决思路和方法，这是知识管理实施的常见场景。

（5）知识管理系统的升级换代。第一代的知识管理软件和系统完全围绕知识文档展开，但产出知识文档并非知识共享的唯一方式。更进一步说，知识文档是知识共享方式中难度最大的一种。如果以共享知识文档为参与知识共享的唯一方式，会将80%以上的员工排除在知识共享之外，无法参与知识管理。因为，有知识但不擅长写、有知识不会写、有知识没时间写的现象很普遍。优秀的知识管理系统将会在关注工作流的基础上更加关注知识流，因为工作流和知识流所关注的问题和内容不同；也关注信息和知识的评估，因为知识库同样面临着内容太多、准确性太差、过载的问题；同时更加关注知识型员工的使用习惯和知识的生命周期——从关注项目、任务的完成到关注知识型员工对于知识的处理是一个飞跃。相应的，知识管理系统也要升级换代，用更先进的技术来支撑知识的管理。

（6）知识实践社区将成为知识管理实施的热点。知识实践社区为知识型员工提供了一个互相了解、建立信任的环境，也是促进隐性知识显性化的重要工具。我国第一代知识管理的侧重点是知识管理系统和知识文档，从最近几年的实践来看，知识实践社区的建设、运营将成为知识管理实施的下一个热点。

知识实践社区包括人与人面对面交流、举办相应活动等实体知识实践社区和基于互联网技术的虚拟实践社区。从隐性知识到显性知识的过渡有一个过程，而知识管理的一个重要作用就是缩短这个过程的时间，社区互动的方式可以有效提高隐性知识显性化的效率。另外，通过知识实践社区这种非正式的沟通、交流、分享方式可以快速促进员工之间的互相了解，为知识型员工的协作、信任打下良好基础。

（7）知识管理与其他管理方法和工具的融合。例如有的企业人力资源部门在研究如何通过知识管理来使得人力资源管理更有效，提高员工的执行力。员工的执行力一方面表现为执行的意愿，另一方面则为执行的能力，而员工的执行能力提升则依赖于知识库的支持、个人处理信息和知识的理念、方法、技巧与工具的掌握程度。知识管理与知识产权、智力资本、执行力、胜任力、CRM、PDM、MIS等各种管理方法和工具的结合已成为当下研究与实践的热点。

（8）个人知识管理成为知识型员工的自我选择和组织知识管理的重要推动力。在工程设计企业中，最有价值的员工都是知识型员工，而且知识型员工在企业所占的比例也在持续提高。知识管理的最终实现也有赖于知识型员工对于知识管理的认可度和参与度，知识管理应理顺社会、组织和知识型员工的关系。越来越多的知识型员工选择通过个人知识管理来提升自己的竞争优势，通过对知识的学习、共享、传递、利用和创新全过程的管理来提升自己的知识力。组织知识管理实施应该借助这种力量，通过激发员工的个人知识管理兴趣来促进组织知识管理的发展，达到组织与知识型员工的共赢。

（9）技术只是实现目标的手段，管理规范化与技术标准化是知识管理建设的基础和前提，对系统有效推进起关键作用。知识管理包括管理制度和技术两个方面，而且首先要建立起支持知识管理的组织结构、管理规范和企业文化，其次进行流程的标准化工作，然后才是建立一套知识管理系统。对于管理漏洞还很大的企业，即使上了一套先进的系统，也只不过是给企业"添乱"。实施过程必然举步维艰、困难重重，最终多数逃脱不了被淘汰的厄运。甚至还会给用户带来"一朝被蛇咬，十年怕井绳"的不良影响。

尽管知识管理是大趋势，尽管人们不难理解知识管理中可能存在的重大利好，尽管知识管理倍受欢迎，但这并不表明实施条件就成熟了，也不表明企业都愿意马上付诸实施。原因包括企业文化、组织机制、技术成熟度和对知识管理的认识等诸多方面，如：

（1）认识还有待提高。至今还有一些企业和专家认为知识管理就是信息管理，知识就是信息，开发的企业知识管理系统以信息技术占主导地位，缺少知识共享企业文化及知识实践社区等重要知识管理活动，大部分企业还没有开展知识管理，也没有认识到知识管理作为战略的组成部分对提升创新能力的重要性等。工程设计行业的知识管理也处于起步阶段，没有形成比较完整和系统的理论实践体系。

（2）变革期间是痛苦的，实施信息系统的艰难历程，让他们对知识系统不免心存疑窦或戒备。工程设计企业经历了最初从手写到运用 Office、手工绘图到 AutoCAD 变革过程的痛苦，他们害怕再来一次类似的变革。而且，在了解或体验了 MIS、ERP 等管理系统实施过程带来的苦多于乐的教训之后，用户们对带"管理"两字的系统变得有些敏感了。因为用户已经逐渐认识到，管理系统已经不是一般意义上的 IT 软件，也不只是计算机辅助设计工具那么简单。管理系统以管理为对象、为管理服务的特点，决定了其对企业文化、制度、流程等影响都很大，其实施过程必然伴随着业务流程重组的过程。人们普遍有不愿或很难改变习惯的特性，如果不是到了非变不可的时候，很多企业不愿意走出这一步。

（3）希望和决心之间还差勇气的距离。对很多企业来说，知识管理理念给了他们一个希望——知识管理的诸多好处可以通过实施知识管理系统来体现，但还没有到让他们下决心引进系统的程度。某学者的看法颇具代表性："国内企业多数信息化的效果不是太好，而知识管理是一个比较前卫的概念，企业实施知识管理可能更需要勇气。"

1.2　工程设计知识管理的目的和意义

本书的主题为探讨工程设计领域的知识管理，有必要分别从企业未来发展角度和解决目前问题的角度，论证工程设计企业实施知识管理的目的和意义。

1.2.1　企业发展角度的目的和意义

从企业发展角度看，工程设计行业引入知识管理的目的和意义体现于如下方面。

（1）工程设计企业是典型的知识密集型行业，知识管理对该行业的发展具有重要意义。依靠智力资源的开发与投入，通过知识的生产、传播和应用来获取经济效益的微观经济组织，就是知识型企业[①]。从这个角度看，工程设计企业是典型的知识型企业。对散落在企业内、外部的知识进行科学的系统化组织，激励设计人员积极吸收与贡献知识，运用集体的智能提高企业的应变与创新能力，形成知识交流、共享、应用、创新为一体的知识管理系统，帮助企业在市场中快速树立竞争优势、加强应变能力。

（2）知识管理能提升企业的创新能力。我国"十五"计划《纲要》首次提出"建设国家创新体系""建立国家知识创新体系，促进知识创新工程""实施跨越式发展"的宏伟战略。知识管理的新知识创造、应用、分享、积累和增值其实就是国家创新系统的创新活动在知识经济竞争时代的体现。无独有偶，美国部分专家也认

---

① 杨治华，钱军. 知识管理——用知识建设现代企业[M].南京：东南大学出版社，2002

为国家创新系统和知识管理系统是创新的两大体系。自21世纪开始，发达国家的跨国企业及中小企业在政府的资助和支持下大量应用知识管理，而中国大多数企业还没发展到这个程度。限制我国企业知识管理发展的因素诸多，如长期以来多数企业急功近利、忽视知识基础设施建设、创新缺乏丰富的知识资源基础、创新能力普遍低下等。据资料显示，国际上的先进企业每年平均用于知识资源和知识管理等知识基础设施建设的投入约占整个企业研发成本的10%，最高的竟达到25%以上。相比之下，我国企业的投入比例仅为5‰左右。

（3）有利于提高现代管理水平。它以知识工程为基础工具，不仅仅是建立知识库，还包括梳理业务流程模型、规范信息流程、探索知识流程，采用基于知识的工作方法，形成知识共享的氛围，使工程设计企业逐步转变为一个科技型、管理型、信息化的"两型一化"的具有核心竞争力的现代设计企业，为企业和员工的长远发展提供必要的支撑手段，这正是工程设计企业知识管理的内涵。

（4）有利于快速抢占市场。设计产品的质量取决于知识含量，这导致业主对工程设计企业提供的产品或服务的知识含量的要求越来越高，如由手工绘图到计算机二维图纸再到三维图纸直至全方位的数字化移交。谁的技术领先一步，谁就获得更大的市场，其结果导致设计市场竞争日益激烈。知识管理实施的前提是分析知识、对知识进行描述[1]。

（5）有利于降低成本、提高效益。全球知名咨询公司毕马威KPMG在2000年对欧美的知识管理调查报告中指出，企业导入知识管理后所获得的具体效益分别是：可以协助企业作更优的决策（71%）、可以对顾客的掌握度更高（64%）、可以让企业对外在环境变化时的应变能力更迅速（68%）、可以让员工学得更多技能（63%）、可以增加生产力（60%）、可以协助企业降低成本（57%）、可以协助企业增加利润（52%）。

（6）有利于快速提高核心竞争力。现代设计是基于知识的设计，其本身就是一种知识、技术高度密集型的工作，可以说没有知识就不存在设计。工程设计企业为了在市场竞争中立于不败，只有依靠不断地创新知识，再通过有效的知识管理快速提高核心竞争力。工程设计企业推动知识管理的目标是通过积累企业的知识资本，

---

[1] 陶庆云，樊治平.知识密集型业务流程中知识管理的实施[J].东北大学学报（社会科学版），2006，8(4)：257-259

以及人力资本、结构资本和关系资本，以达到快速培育并提高企业核心竞争力的目的。如图1.1所示：

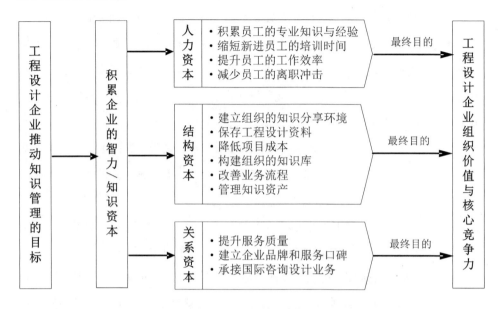

图 1.1　工程设计企业引入知识管理的必要性

（7）将个人知识转化为组织知识的需求。企业希望将更多的个人知识转化为组织知识并固化，因为这对企业的长远发展无疑是有益的。将员工个人知识与经验转化为组织知识，可蓄积与传承知识；将个人知识与组织知识以数字方式储存，可缩短员工的学习与成长曲线，可使新进员工很快就能站在前人肩膀上前进。此外，随着社会开放程度的增加和竞争的加剧，人员异动将是常态，因此也需要考虑保存异动员工的经验与知识。

（8）加快知识循环的需求。知识管理系统是知识管理实现从获取、产生到分享快速循环的有效载体和必要工具。企业通过知识获取竞争优势的关键，显然不是企业拥有的静态的知识存量，而是企业能够促进知识有效转移和流动的能力。毫无疑问，以此为目标的知识管理系统在其中占有重要地位。

1.2.2　问题解决角度的需要和意义

从目前企业知识管理建设来看，存在许多问题和误区，企业从自身需要和自我完善的角度出发，也希望能找出问题及通过知识管理来避免或解决这些问题。这些问题有：

（1）实施知识管理常见误区。①"外来的和尚会念经"：由于企业本身人才有限，过度依赖 IT 公司尤其是国外公司为企业知识管理做规划。②"没有规划，匆忙上马"：对知识管理实施的范围和重点缺乏共识，没有整体推进计划，不清楚知识管理系统与现有系统如何整合，不清楚未来企业中知识管理怎样发展等。③"只做技术，不做流程"：过分依赖技术，遇到失败就更换软件和厂商，没有意识到信息系统都是管理思想的具体体现，管理思想又要依靠流程落地实施，系统建设失败首先应该从管理思想标准化、流程优化上找原因。④"需求不明，盲目选型"：基于知识视角的企业自身的跨部门流程不清晰，流程未做优化和标准化，随意性大，就贸然引进软件。⑤"只重实施，不重改进"：多数失败的企业将知识管理当作传统的项目来运作，有明确的开始和结束时间，认为投用后就万事大吉，没有意识到投用仅仅是知识管理的开始，导致知识管理项目重复着"轰轰烈烈上马、凑凑合合运行、冷冷清清淘汰"的现象。

（2）知识管理系统的建设未有效吸取信息管理系统数十年的建设经验。众所周知，二十多年来几乎所有信息系统（典型如 MIS、ERP）在备受企业期待的同时也深深地打击了建设者和使用者的热情，广为传播的调侃之语"上 MIS/ERP 找死，不上 MIS/ERP 等死"充分表达了人们的无奈和两难。MIS/ERP 高达 80%的不成功率使人们在实践中体会到，如果一个新的理念或技术缺乏生存必要的土壤，缺乏大众认同的文化环境，缺乏正确的认识，缺乏脚踏实地的实施方法与路线，脱离实际情况，便极易产生三种不利倾向：一是脱离实际需求，跟风炒作新概念；二是将知识管理"神圣化"，言必称隐性知识显性化，将知识管理捧上"云端"；三是将知识管理"泛化"，"KM 是个筐，什么都往里装"，让人不清楚知识管理到底应该干什么。最后，由于务实的用户始终看不到知识管理系统的实际价值而放弃对系统的积极支持与使用。对企业来说，付出的代价是惨重的：不止是费时费力费钱这么简单，更重要的是，这让人们对知识管理系统的建设失去了信心。回顾信息管理类系统 MIS/ERP 的曲折发展历程，不难发现很多知识管理和知识管理系统研究和应用在重蹈当年 MIS 失败的覆辙。

（3）没有抓住知识管理系统建设的前提、关键点和思想基础。当前人们过度重视系统本身的作用，对知识管理系统及其研究内容的概括更多侧重于软件功能实现和信息技术的应用，强调知识的对象性，而缺乏对知识管理的社会性系统特点的概括和要求。没有结合领域特点、基于管理学的思想从根本上分析领域知识的结构和分类，也就没有抓住系统建设的前提和抓手。严重依赖 IT 的知识管理系统并不可取，因为它脱离了知识管理的社会性属性。

（4）没有认识到知识管理系统必须与业务流程紧密结合才更实用、实效。越来越多的知识管理实践者发现他们为知识管理的建设投入大量资源，但实施效果并不尽人意，其原因在于知识管理系统使员工的工作流程变得更为复杂而不是简单，员工不得不为知识的共享以及寻找自己所需的知识付出更多的劳动。究其原因，知识管理系统独立于企业的业务流程，员工除了使用已有的工作系统之外，还需要使用专门的知识管理系统，以完成管理者要求的所谓知识共享的工作，给员工工作带来了很大的负担。

（5）没有认识到知识系统应建立在对企业业务体系和知识体系全面梳理的基础上。很多学者研究的知识多基于工程项目中的显性知识，缺乏对工程设计企业知识体系的梳理；知识的获取与再应用脱离了员工日常的工作，员工不愿意花费额外的时间进行知识寻找；在研究工程设计知识流程时片面地注重某一个知识活动，比如知识获取或知识创新，将知识流程各个活动进行割裂。因此工程设计领域的知识管理战略实施还缺乏完整统一的指导框架，也没有一整套操作性强的知识管理方案。

（6）知识管理系统集成化不够、存在知识孤岛。工程设计企业的生产管理过程中存在着大量有价值的信息，包括历年试验报告、科技报告、作业指导书、文书档案以及各类原始记录等。这些信息有的产生于相应的计算机信息系统，如管理信息系统 MIS、办公管理系统 OA、企业门户网站、科技信息共享系统等，有的以纸质或者电子文档的形式散落在不同部门、人员手中，有的在资深员工的私人笔记本或其大脑中。这些有价值的信息处于无序、分散的状态，缺少系统的规划、组织、保存与共享，企业对其有效利用率非常低。此外，由于职能部门众多，内部知识孤岛林立，各个部门之间、各个科室之间、部门和科室之间以及部门、科室和公司之间缺乏畅通的知识和信息沟通。知识和信息传输的受阻，还直接导致企业效率低下、透明度差、资源浪费，使企业整体利益受损，也易导致员工在工作上"只见树木不见森林"，缺乏整体观念，处于固步自封状态。企业为了适应市场的变化，为了快速调整战略并采取协调行动，需具备功能强大的信息系统和知识系统，以为企业创造更大的价值与效益。

（7）设计人员将过多精力花在知识获取和检索上。为了查询知识和进行相互之间的知识交流，通常需要花费大量的时间。而这些知识中大约80%曾经在设计过程中出现过，但由于缺乏专门管理，导致无法重用和共享的知识。据有关统计资料显示，传统方式下，设计人员每天有40%以上的工作时间用于进行重复和无效的知识收集、整理和查询，这种时间成本无疑是一种巨大浪费。随着现代产品设计的复杂程度越来越高，设计活动越来越强调基于知识资源的协同设计。

（8）国内企业知识管理研究还存在如下其他问题，如①在发表的文献中，结构分布不合理，一是理论探讨的文章占据大多数，缺乏对实践的指导作用，二是应用研究不足。理论体系需要进一步完善，如缺乏对我国企业知识管理的内在机理的系统认识。②知识管理研究水平的限制、对知识管理的认知的不平衡、知识管理技术的发展落后、知识型企业的发展规模和进度限制、对知识资本的评估的困难等①。③没有单独设置的知识组织和专职知识工作者，兼职管理人员干多干少表面看不明显，导致将更多的精力投入到其他更能展现绩效的工作上，用于知识管理的时间越来越少。

为有效防止和解决上述误区，在整个知识管理的建设和实施过程中，应同时关注战略、组织、知识、流程、技术五大要素。典型的认知与解决方案有：

（1）要深刻地认识到"三分技术、七分管理"的重要性，不要将计算机系统本身当作最重要的因素来考虑，而应多考虑管理的规范化和流程的标准化，多考虑基于信息化特性的管理优化。Earl等甚至认为企业实施知识管理，其成功的20%源于

---

① 张桂玲. 我国企业知识管理研究述评[J].图书情报工作,2003(4)：46

技术，80%则源于文化的改变[①]。著名学者斯威比认为，知识管理从来都不仅仅是 IT 或软件解决方案，其解决方案在一个成功的知识管理项目中的比重不会超过 30%。

（2）技术只是知识管理的一个环节，更重要的工作还包括：企业有哪些知识密集型的业务流程？这些业务流程有哪些关键信息点？关键信息点需要应用和产生什么样的知识？这些知识分布在哪些部门、哪些人员的手里？

（3）通过"规划"可以明晰知识管理的未来蓝图，通过做"流程"及相关工作可以知悉业务流程上的知识点，通过"需求分析"可以理清业务模型。除此之外，还需要对企业所需要的知识管理系统进行功能、技术上更详细的分析，在此基础上，才有可能选择一个正确的软件系统。

（4）知识管理系统建设应用同信息管理系统一样，是一个"有始无终"的过程，而不是一个"交钥匙"工程。知识管理系统上线并不代表项目的结束，它需要一个持续改进的过程，需要在企业内部形成闭环的知识管理正反馈过程，需要企业内部有一批成熟的知识管理顾问和专家、关键业务部门的知识管理骨干。

（5）流程导向的知识管理旨在将流程导向与知识管理结合起来，通过将需要的知识提供给业务流程中的价值增值活动，以及将合适的知识在合适的时间传递给合适的人，从而提高组织绩效。把知识管理整合到业务流程中不仅是理论研究方面最迫切需要解决的问题，同时也是解决知识管理实践中存在问题的最实际的方法。通过将知识与业务流程相结合，可以提高组织知识管理和流程管理的水平。

（6）应高度关注知识管理的制度建设，如激励制度等，防止最终建成的系统成为摆设，而没有形成知识的"滚雪球"效应。

（7）系统的建设关键在人，具备条件时宜尽可能设置独立的知识管理组织，设置知识管理岗位，配备专职知识工作者。

1.2.3　目标

中国国家标准 GB/T 23703.5-2010 中提出，知识管理实施的目标就是基于组织

[①] Earl,M.J and I.A Scott,Opinion:What is a Chief Knowl-edge Officer[[J].Sloan Management Review, 1999. No.2,Winter:29-38

的发展战略和知识管理需求，提高组织整体协作水平，使知识管理的主体能够快速而方便地访问到所需要的知识，将最恰当的知识在最恰当的时间传递给最恰当的人，也就是说，通过系统性地利用知识、处理流程和专家技能，不断提高组织的创新能力、快速反应能力，提高组织效率和员工技能素质。

1.3 本书思想、路线与方法

从上节的分析可以看出，不管是从企业发展角度，还是解决当前企业面临的问题与误区的角度，在知识密集型的工程设计企业中引入知识管理及相应系统都具有重要的战略和现实意义。目标和方向一旦确定，首先要回答的问题是知识管理及系统建设的思想、路线和方法。

本节首先从人类管理思想演变的四条脉络中寻找对知识管理思想产生重要影响的理论、工具与方法，介绍了对本书产生重要影响的两位国内学者的管理学专著；然后提出并概要介绍了本书的核心思想，即"建立工程设计领域基于流程的嵌入式知识管理系统的原理与实现"；最后介绍了本书的研究路线和实施方法。

1.3.1 思想源流

从管理思想演变的脉络以及国内两位著名学者的理论可窥见本书的思想源流。

一、管理思想演变的脉络

管理思想史大师雷恩将管理思想分为四条脉络[①]，而这四条脉络都对知识管理思想产生了重要影响：

（1）第一条脉络起源于 20 世纪最伟大的管理思想——泰勒（Frederick Taylor）的科学管理理论，核心是企业流程，主要研究的问题是如何提高企业价值创造流程的效率与技能。相关理论有全面质量管理（TQM，戴明，Edwards Deming）、流程重组理论（BPR，海默，Michael Hammer）、精益思想（Lean，John Krafcik）、六西格玛（6σ）等。

---

① 丹尼尔.A.雷恩著，李柱流等译.管理思想的演变[M].北京：中国社会科学出版社，1994

（2）第二条脉络起源于管理科学中的行为主义理论，核心是企业中人的行为过程，把人的社会关系和行为过程纳入管理的框架中。相关理论有人际关系和行为科学理论（马斯洛 Maslow 的需求层次理论等）、个体行为理论、组织行为理论（德鲁克，Peter Drucker）、领导行为理论等。

（3）第三条脉络起源于法约尔（Henri Fayol）的一般管理理论，核心是管理的过程，主要研究的问题是从过程的角度提出管理的一般原则：计划、组织、领导、控制。这条脉络已经发展成为系统的管理学教材，成为一般管理理论。相关理论有战略管理理论等。

（4）第四条脉络起源于古典组织理论，核心是组织结构，主要研究组织结构与环境及企业目标的适配性。相关理论有行政组织理论（韦伯，Max Weber）、组织与环境、组织与文化、Z 理论（大内，William Ouchi）、学习型组织（圣吉，Peter Senge）等。

本书指导思想主要来自于第一条脉络，即以流程为核心，辅以全面质量管理、流程重组等理论。此外还对其他脉络涉及的、对知识管理研究和实践都产生重要影响的组织行为理论、人力资本理论、战略与文化理论等进行了简要介绍。这有利于读者从全局了解知识管理，从系统工程的高度研究知识管理，有利于读者选择自己擅长的理论或领域去研究与实践知识管理。

二、两种重要的参考理论

这里介绍的两种重要理论来自两部专著：张新国博士的《新科学管理（第二版）》[①]和王众托院士的《知识系统工程（第二版）》[②]。

（一）新科学管理理论

1. 新科学管理理论主体

张新国提出的新科学管理理论主体是流程主导的协同管理体系，其核心有两点：一是基于流程主导的流程设计与管理；二是基于系统思想的综合与协同管理框架。

---

① 张新国.新科学管理——面向复杂性的现代管理理论与方法（第二版）[M]. 北京：机械工业出版社，2013
② 王众托.知识系统工程（第二版）[M]. 北京：科学出版社，2016

在泰勒的科学管理理论应用发展过程中，随着专业化分工的不断深入，企业组织需要越来越多的专家，不仅仅是在研发、设计和制造等与业务直接相关的领域，还有人资、财务、法律等多个职能领域，随着信息时代的到来，信息化专家也越来越重要。以至于"职能"成为组织的代名词，企业中显性化的只有组织结构图，而创造价值的流程反而隐性化了。

这带来三个方面的问题：第一是整个流程变成了分割的片段，全流程很难看到，因此也很难得到测量和改进；第二是对职能有益的活动和方法常常对流程是有害的，因为局部的最优通常是以整体次优为代价的；第三是当工作的物件或交易事务通过片段分割式的流程时，在专门化的个人和小组间"传递"就造成了延迟、错误和浪费。

从解决这些方面的问题来看，新科学管理的一个重要使命就是要找回在专业化分工中丢失的流程理念，基于系统思想的角度，将科学管理中仅仅对作业流程的关注发展到对企业从头至尾整体流程的关注。

2. 新科学管理理论的框架

由于经济社会环境的变化和信息技术的出现，使得管理思想在基本理念和所依赖的方法论、工具方法、技术等方面都发生了巨大变化。张新国提出的新科学管理理论的框架包括：数量学派为新科学管理提供了方法论基础，信息系统为新科学管理提供了技术载体，流程重组BPR、精益思想Lean、六西格玛6σ、能力成熟度模型综合CMMI等理论为新科学管理提供了具体的工具方法。

从方法论角度来看，科学管理采用的线性思维和机械思维在简单逻辑、低速运转的工业时代是有效的，但在处理复杂多变的信息时代中则捉襟见肘。随着系统科学及协同理论的诞生，出现了整体迭代思维和协同思维，使得复杂多变的问题有了正确方向和路径。

从管理的手段和工具来看，科学管理聚焦于提高作业流程的效率，多采用对工作时间和工作数量的衡量和评价来对人的行为进行激励和约束，如计时工资、计件工资、甘特图等。科学管理思想尚未建立起整体流程的概念，无法对复杂流程进行全面衡量和评价。随着流程重组思想的提出，人们开始关注整体流程，相继出现了

BPR、6σ、Lean、CMMI 等工具和方法来对流程进行分析、衡量和评价。其中：

- BPR 应用的主要业务领域为商业领域，关注点为流程设计与再设计；
- 6σ 应用的主要业务领域为质量领域，关注点为流程稳定一致性；
- Lean 应用的主要业务领域为制造领域，关注点为流程敏捷高效；
- CMMI 应用的主要业务领域为软件领域，关注点为流程成熟度。

这些方法和工具为基于流程设计的复杂系统奠定了基础，这类复杂系统包括企业资源规划 ERP、管理信息系统 MIS 以及知识管理系统 KMS 等。

从管理依靠的技术载体来看，科学管理时代只能靠人为观测和手工记录，而新科学管理时代则通过信息技术发生了革命性的改变，尤其是信息化与流程融合、与大数据理论融合起来以后，业务就能够与 IT 进行一体化的变革，从而使信息化的技术载体能够真正服务于企业的战略目标。

(二) 知识系统工程理论

王众托倡导利用系统工程的思想和方法，建议创建知识系统工程新学科，综合研究知识管理，并定义"知识系统工程是对知识进行组织管理的技术"。知识系统是在已有的一些系统的基础上构建的，系统中包含许多能够独立运行的成员系统，构成"系统的系统"，需要使用系统工程的理念和方法来研究，这一途径是当前构建分析复杂知识系统的有效途径之一。

系统工程方法的重要特点就是考虑问题的综合性，因此王众托提出知识系统总的体系结构包括五个方面：组织体系结构、人员体系结构、技术体系结构、经营体系结构、文化体系结构。

知识过程划分为知识处理（操作）过程和知识管理过程两大类。就像在实物生产过程中，有生产加工过程（如机械加工过程、化工流程等），也有生产管理过程一样。知识处理（操作）过程是一线工作人员在进行业务工作（如研究开发、设计、诊断）时获取、创造、处理与应用知识的过程，与业务过程紧密相连，两者有一致的地方，特别是在研究开发等工作中，业务过程几乎就是一类知识过程，但也有存在差异的地方。例如，产品开发完成之后，交付试制是业务过程，而写总结报告、积累经验却是知识过程。至于知识管理过程，其含义与内容更广泛，从根据企业战略目标确定知识战略到提供知识运作过程的物质条件（信息工具等）与组织、文化条件，都应该是知识管理过程的任务。

王众托认为，知识管理的研究有三条主线：一是信息管理，二是人的管理，三是知识资产和知识资本的有效利用。本书侧重第一条主线，也对后两条主线进行了简述。

1.3.2 核心思想

可以用"建立工程设计领域基于流程的嵌入式知识管理系统的原理与实现"一句话来概括本书的核心思想：

● 工程设计领域：不同行业领域的知识特点不同，知识分类体系不同，知识管理机制、模式与体系也不同，知识管理系统的架构、设计、实现也不同，本书定位于工程设计领域进行知识管理和知识管理系统的相关研究。

● 基于流程：关于业务流程、信息流程、知识流程丰富内涵的深入阐述与辨析是本书特色和基石。信息流程是业务流程中信息流动的反映，业务流程是信息流的载体；知识流程是业务流程中知识流动的反映，这些知识源于业务流程、又反作用于业务流程；信息流程是业务流程的全覆盖、全表达，而知识流程则是业务流程的部分覆盖、关键表达，知识流程可通过嵌入到信息流程来影响业务流程。正是生生不息流转的业务流程才使得知识循环、知识库保持"永动"。如将知识库喻为"湖"，那么流程就是将多方知识输送到"湖"的"河流或溪涧"，解决了"湖水"自动"进入"的关键，"问渠哪得清如许，为有源头活水来"，这个"湖"也就成了"有源湖"，而不是一潭死水的"死湖"；"湖水"（知识）还在合适的时间通过流程这个"管道"自动输送到合适的地点给合适的人，实现了"湖水"（知识）自动"输出"以帮助需要帮助的人。

● 嵌入式：作者创造性提出了基于流程的知识管理的"嵌入式"理念，也概括了本书的核心思想。知识管理的嵌入式原理，从流程的角度看，是指知识流程要嵌入到覆盖业务流程的信息流程中，进行知识自动推送和知识自动获取；从系统的角度看，知识系统要通过"嵌入体"嵌入到信息系统中，嵌入体可以为软件构件、

Web 服务、代理等，被嵌入对象包括管理信息系统、办公自动化系统、档案管理系统、文档管理系统、标准管理系统、知识库、社区、门户、BBS、BLOG 等信息系统。通过知识的有效推送使得信息系统更好用，而知识助人成长的同时，各知识嵌入体也从信息流程中按照既定规则自动获取知识，不断丰富知识库。

● 知识管理系统：本书研究对象是知识管理及知识系统。知识管理系统是一系列相关功能的集合体，包括知识、知识活动、知识流程、知识管理的概念及内涵，还包括知识管理系统的架构，以及基于以上架构具体设计的功能框架、软件框架等。

● 原理与实现：在综述相关理论的基础上，采用"术语辨析、理论综述、顶层设计、流程为本、系统设计、案例分析、系统实现"的研究路线，逐步深入地阐述了相关概念、知识管理系统的架构、嵌入式知识管理系统设计、嵌入式知识管理系统实施的若干关键技术、嵌入式知识管理系统的案例等内容。

1.3.3　研究路线

本书研究对象是工程设计领域的知识管理，采用的研究路线如下（图 1.2）：

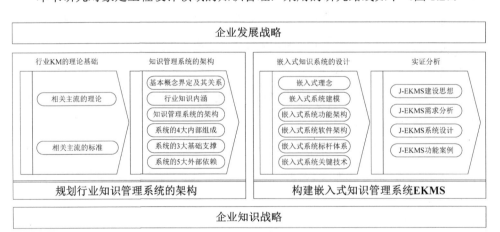

图 1.2　工程设计企业嵌入式知识管理系统的研究路线

1. 确定知识管理战略目标。知识管理系统的建设要得到企业各个层面的持续支持，必须将知识管理系统建设的战略目标与企业的发展战略紧密联系在一起，从而找出知识管理内在的根本驱动力。因此，在知识管理系统的建设过程中，首先就要根据企业的发展战略制定知识管理战略。知识管理战略规划的主要目标就是明确我们在知识管理方面需要做哪些事情，达到什么样的目标，采用哪些方法去实施，从而保证知识管理的各种措施符合企业的整体发展目标。

2. 规划行业知识管理系统的架构模型。全面认识知识管理思想，摸清知识管理系统的架构模型是进行知识管理系统建设的重要前提。如果说，确定知识管理战略的目的是保障在知识管理方面"做正确的事"，那么，规划知识管理系统架构的目的就是要"把事情做正确"。我们在知识管理系统规划阶段，要在对相关概念精确理解、对相关知识管理理论模型精髓深入掌握、对国内外知识管理标准清晰把握的基础上，逐步进行并完成行业知识管理内涵的深入探讨（如行业知识特征、分类等）、行业业务流程模型的分析、行业信息流程模型的提取优化、行业知识流程模型构建、行业知识管理与其他管理的关系等方面的研究，进而规划出行业知识管理系统的架构模型。

3. 进行嵌入式知识管理系统的设计。在规划完成知识管理系统的架构后，我们要用"落地"的相应 IT 系统来支撑我们的知识管理。目前市场上可供选择的产品比较多，但这些系统都沿用了信息系统的建设思路，在实现方式上以建设单一的 IT 知识系统为主，实现方式上没有突破，不能适应知识管理有别于数据和信息管理的特点，达不到知识管理所要求的高度。在分析和参照信息管理和信息管理系统发展历程的基础上，结合工作和实践体会，本书认为，企业当前对实施知识管理必要性和重要性的认识有待加强，当前尚不是从上而下、高屋建瓴地建立独立的、大而全的原型性知识管理系统的适当时机，更为有效的是基于各类信息系统（包括管理信息系统 MIS、办公自动化系统 OA、门户、档案系统、各类文件库知识库等）或各业务流程（设计输入、评审流程等）而建立的具备相对独立功能的、粒度较小的知识子系统，并将这些知识子系统嵌入到信息系统中。实现方式则包括嵌入式子系统、嵌入式智能代理、嵌入式算法、嵌入式神经网络、嵌入式数据挖掘等分散的分布式嵌入式技术，在从知识的视角提高信息系统好用、促进员工成长的同时，也汲取知识给养并送入知识管理系统的知识库。

1.3.4 实施原则和方法

一、实施原则

国家标准 GB/T 23703.5-2010 认为，实施知识管理宜遵循如下原则：

（1）领导作用

领导者的支持与参与，是系统实施知识管理的前提和保障。对领导者、管理者的培训和教育是取得知识管理成功的关键。

（2）战略导向

不同组织由于其行业环境、组织特点、战略选择和知识特征的不同，会导致该组织在知识管理战略选择上方向和路径不同。因此，组织需要基于对自身经营战略、知识管理现状及其需求的分析，将知识管理战略融入到组织的业务战略之中，以支撑组织战略目标。

（3）业务驱动

组织需要在不同的规划期内，以核心业务为导向，针对业务特点或主题推进知识管理，实现组织结构、业务流程和知识流程的有效衔接和互动。

（4）文化融合

知识管理涉及人员、文化、制度、行为模式等多个方面。实施时，应抛弃单纯从技术出发的观念，宜将知识管理思想、理念和方法与组织现有的文化和行为模式相融合。

（5）技术保障

组织应采用适宜的技术设施保障知识管理的实施，从而在业务或文化角度推进知识管理时，使知识管理的成果固化和持久。

（6）知识创新

组织应制定制度鼓励员工创新，将知识管理与创新的绩效挂钩，激发员工的创新自主性。鼓励员工勇于试错，并愿意承担员工创新的风险；在员工创新的过程中，阶段性的创新成果应通过知识管理来固定、分享和保护。

（7）知识保护

在组织创造、积累、分享和使用知识的同时，应注重组织内部知识的安全保密，维护好组织知识，保护知识产权，避免因人员的流动、合作伙伴、供应商等因素导致知识流失与损失。

（8）持续改进

知识管理作为组织内一项日常管理工作，应定期检查评审，持续改进。

二、实施方法

知识管理系统项目的建设由于目标和要求不同，可以是整个组织从长远着眼，建立一个实施企业知识战略的大型项目或系统；也可以是为了某项具体任务，如进行企业流程重组、知识网络培训、知识文档管理等而开发一个局部的项目或系统；还可以先做好知识管理规划，明确知识管理战略、目标，做好顶层设计，然后根据企业实际情况在整体规划指导下分步实施。

但不管要建设以上哪种知识管理系统，在实施之前，都有必要知道组织机构当前的知识管理状态和水平，即对组织实施知识管理成熟度进行评价，从而定义知识管理的实施基准，然后开展实施。较有代表性的实施方法论来自于全球十佳知识管理实践惠普公司的知识管理四步法[①]：

第一步，"明确要做什么样的事情"。在很多时候，由于对知识的定义和要达到的目标没有做到一开始就明确，使得知识管理流于形式，不能达到预期效果。知识管理是个长期工程，需要一步一步地做好。首先要明确公司要达到一个什么目标，然后把它具体到每个部门。确立的目标一定是非常具体的。把每个人的知识或组织的知识转化为促进企业创造价值的动力，这是知识管理所要达到的目标。本书在第一章、第二章就相关内容进行了阐述。

第二步，"选择一个好的知识管理模型"。惠普有自己一个相对复杂的模型，涵盖了知识从创造到分享、存贮、使用、再到授权、输出给客户六个阶段。本书在第三章、第四章、第六章第三节、第七章就相关内容进行了阐述。

第三步，"实施知识管理，要靠企业管理内部的一些流程来实现"。要把分享知识、内化知识与我们日常的工作流程结合在一起，知识管理才能够得以实现。本书在第六章就相关内容进行了阐述。

---

① 李云杰.HP 搭乘"知识管理"快车[N].中国计算机报,2002.5

第四步,"把流程落实到计算机系统上"。惠普公司关键业务支持中心的每一个工程师都要把他遇到的问题记录在一个"工作流管理系统"中。这个系统记录了每一个客户案例的内容,并与惠普知识管理系统中的内容结合在一起,这样才最终完成了知识管理的整个流程。将知识保存下来并将信息量化,需要用时可以在系统里过滤、查询,最终获得所需要的结果。本书在第三篇对此进行了阐述。

1.4 本书结构

本书共分为理论篇、方法篇和实践篇三部分,各章主题与关联关系如下:

第一章"绪论"首先从时代和社会发展角度介绍了知识和知识管理的大背景、工程设计行业领域面临的知识环境和开展知识管理的必要性,分析了企业界知行现状;然后从发展和问题两个角度提出了工程设计领域开展知识管理的目的和意义,阐述了本书的思想起源、研究路线与实施方法;最后介绍了本书的结构和重点解决的问题。

第二章"相关术语的内涵及辨析"阐明、辨析、界定了相关术语的概念与本质、联系与区别。如数据、信息、知识与智慧,流程、业务流程、信息流程、知识流程与知识链,信息管理与知识管理,系统、信息管理系统与知识管理系统等。其中关于业务流程、信息流程、知识流程丰富内涵的深入阐述与辨析是本书特色和基石。

第三章"知识管理理论与标准"综述了国外知识管理流派及美国、德国、欧盟等具有代表性的知识管理理论与模型,介绍了几种国内的知识管理模型,以及欧洲和中国的知识管理标准。

第四章"知识管理云的相关理论"是从系统工程的角度介绍了知识管理学科的紧密关联理论,如组织学习与学习型组织、人力资本、知识资本、全面质量管理、流程管理与业务流程重组、信息管理、战略与文化等。这便于不同专业的读者选择是否从这些理论维度研究与实施知识管理,或者从全局了解其他学者从这些理论维度对知识管理的研究。

第五章"工程设计知识管理的架构"首先分析了工程设计行业的知识性特征,提出了工程设计知识的分类体系;然后在此基础上,提出了由基础支撑、内核和外部环境构成的工程设计知识管理的体系架构；最后就体系架构的五类知识活动进行了阐述，即知识鉴别、知识获取与产生、知识存储与内容、知识共享与转移、知识应用与创新。

第六章"工程设计知识管理与流程管理"详细阐述了工程设计领域的两大业务流程模型（综合业务流程、增值业务流程）、三大信息流程模型（市场信息流、技术信息流、管理信息流）、五大知识流程模型（流程导向的知识增值流程框架、增值业务流程导向的知识流程模型、以人为中心及三要素驱动的知识飞轮模型、以人为中心业务流程为主线的知识环模型、以流程管理为驱动轴的齿轮联动知识模型）等。本章是本书的核心基础，是研究和实施知识管理的重要方法论。

第七章"知识管理系统的嵌入式原理"。作者首创提出了知识管理领域的"嵌入式"思想，即知识管理系统以构件、web 服务的方式嵌入到信息系统或数据库中，负责完成知识自动推送和自动获取。本章阐述了嵌入式知识系统的理念、特点、基于业务流的嵌入式知识流的元模型架构、基于 Petri 网的分布嵌入式知识流熟悉建模、知识流引擎与流程管理的嵌入原理以及嵌入式知识系统的软件体系架构。

第八章"知识管理技术"首先介绍了概念，接着通过 Gartner 技术成熟度曲线模型分析了其发展历程和成熟度矩阵，然后按照知识管理体系的知识鉴别、知识获取与产生、知识存储与管理、知识共享与转移以及知识的应用与创新等知识活动，介绍了若干关键技术。

第九章"工程设计企业的信息化体系"。从系统工程角度看，知识管理系统构建在已有系统之上，是"系统的系统"，因此，非常有必要介绍信息化体系尤其是其中的信息系统。

第十章"工程设计嵌入式知识管理系统的实现"。以某工程设计企业为例，对如何设计、构建、实施知识管理系统进行了介绍。包括实施方法、基础工作、顶层设计图、核心功能架构图和概要设计等。

第十一章"案例分享"概述了国内外企业实践情况，之后作者邀请行业领先的工程设计企业的信息化负责人分享了各自的经验和做法。

附录"工程设计项目管理系统建设经验与思考百问百答"。作者以百问百答的方式分享了工程设计项目管理系统建设的实践经验与思考、常见问题与解决方案。

本书阐述了如下问题：

（1）工程设计企业知识管理的行业特征和影响因素。知识管理系统的实施首先需要培育适合生存的、具有设计领域特色的土壤，包括企业的文化、环境、组织结构、员工认识、企业领域特点等。工程设计根据建设工程和法律法规的要求，对建设工程所需的技术、经济、资源、环境等条件进行综合分析、论证，编制建设工程设计文件，提供相关服务的活动。

（2）工程设计领域知识的有效分类和管理。设计知识四处散落、形式异构、格式多样并且难于寻找，设计人员约 40%以上的时间花费在知识的检索和查找上。因此，知识的有效分类和合理组织是设计知识共享和重用的重要基础。

（3）知识活动与业务流程紧密结合。设计知识的创造、共享和再利用不是在真空中发生的，其与企业的核心业务流程紧密相关，与设计任务紧密相关。美国经济学家阿罗（K. J. Arrow）提出了"干中学"（learn by doing）的思想，产品设计过程同时也是知识生产过程，知识活动只有与员工日常的业务过程紧密结合，让员工"在干中学，在学中干"，才能持续有效地发挥作用，从而形成知识管理的正循环："知识活动→在业务过程中应用知识→尝到甜头→更积极开展知识活动→有更多的知识应用到业务过程→取得更大的实效→……"。知识活动与特定业务的割裂，不但会大大削弱知识的价值，有时甚至还会造成负面影响而成为知识"干扰"。国家标准 GB/T 23703.3-2010 中对"干中学"有着明确的定义。

（4）通过标准化工作使得知识活动规范、可控。工程设计中除了已流程化和规范化的设计活动外，设计任务完成过程中往往还伴随着许多不确定、非结构化的知识活动，从而造成同样要求下，产品的差异性较大。要尽可能缩小差异，需在知识管理理念的指导下，完成四类标准化工作：设计流程规范化、过程文件模板化、设计模块标准化和专项技术专家化。通过设计流程规范化，确立规范的作业流程；通过过程文件模板化工作，形成基于设计流程的标准过程文件的模板；通过设计模块标准化工作，促进已有知识的利用和推广；通过专项技术专家化工作，鼓励和促进科技创新及隐性知识显性化。各项工作的标准化减少了知识管理发展的阻力，更有利于知识管理系统的实现。

（5）知识系统、信息系统的集成与互促。知识系统也不是一个独立于所有系统之外的系统，那样必将成为无源之水而干涸。建立在业务流程基础之上的信息系统是知识系统的重要知识来源和去处。通过嵌入在信息系统的知识管理子系统可完成知识的萃取、储存、共享、利用、挖掘、关联、创新等过程，同时促使拥有知识特征的信息系统更加好用，通过信息系统加快员工成长、完成知识积累。

（6）工程设计企业的知识管理系统的架构。基于上述分析构建具有工程设计企业行业特征的知识管理系统的架构，是实现知识管理系统的基础。知识管理系统包括内核、基础支撑和外部依赖三大部分。其中，内核包括知识获取管理、知识存储管理、知识共享管理和知识应用管理；基础支撑包括业务流程、信息流程和知识流程；外部依赖包括知识管理与信息管理、业务流程重组、文档管理和全面质量管理的关系。

（7）嵌入式知识管理系统的设计。在知识管理系统架构基础上，对嵌入式知识管理系统进行详细设计，从功能和软件角度分别构建了嵌入式知识管理系统的功能架构和软件架构。

（8）嵌入式知识管理系统实现的若干关键技术。包括智能代理 Agent、数据挖掘 Data Mining、构件与 Web Service、软件架构 SOA、群件、语义网络、电子化学习 e-Learning、知识搜索、知识地图、知识社群、知识门户、管理信息系统等。

（9）嵌入式知识管理系统的应用性案例——J-EKMS。J-EKMS 系统的设计采用如下循环过程：知识获取→知识创造→知识结构化→知识传递→知识应用→新知识获取的大循环。J-EKMS 含有 14 个模块：知识获取（CAD 集成模块/内部知识收集模块/外部专家网络）、知识创造（知识提取模块/数据分析管理模块）、知识存储与检索（文档、设计知识和设计成品管理模块/知识查询和检索模块/提供通用的工程数据库）、知识传递与应用（网上培训模块/知识虚拟社区/个人门户/并行、协同设计管理模块/项目管理模块/安全保密模块/知识应用模块）。

第二章 相关术语的内涵及辨析

本章阐明、辨析、界定了相关术语的概念与本质、联系与区别。如数据、信息、知识和智慧，流程、业务流程、信息流程、知识流程和知识链，信息管理与知识管理，系统、信息管理系统和知识管理系统等。其中关于业务流程、信息流程和知识流程丰富内涵的深入阐述与辨析是本书特色和基石，也是洞悉信息管理系统和知识管理系统之间联系与区别、建设重点与目标的重要前提。正确的方向与目标，是知识管理系统建设成功的必要而非充分条件。

2.1 数据、信息、知识和智慧

知识管理的对象是人类对客观事物认识的结果，这些结果可以分为数据、信息、知识和智慧等。认清数据、信息、知识和智慧的概念及它们之间的关系是建立与运行知识管理系统的前提。数据、信息、知识和智慧之间具有本质区别，是非连续的，它们各自处于不同的认识层次。数据、信息、知识和智慧之间的联系在于前者是后者的基础与前提，而后者是前者的发展并对前者的获取具有一定的影响。

2.1.1 概念与本质

1. 数据（Data）

数据或事实是反映事物运动状态的一种非物质材料。它有四种基本形式：数字、文本、声音和图像。离散、互不关联的客观事实，以及孤立的文字、数据和符号，均表明数据的特征是缺乏关联和目的性的。

2. 信息（Information）

信息是已经排列成有意义的形式的数据，它提供了何时、何地、何人、何事以及简单的事件因果联系。比如，数字是数据，手机号则是信息。声音是数据，而有一定韵律和声调的音乐则是信息。信息是通过人的认知能力对数据进行系统的组织、整理和分析，使其产生关联性的结果。信息已被人们公认为现代文明的三大支柱（能源、材料和信息）之一。

3. 知识（Knowledge）

（1）哲学方面

柏拉图将知识定义为"经过证实的正确的认识"，他认为知识的最高形式是智慧。

亚里士多德提出知识是事物的第一原则或第一因的理解，他认为追求这种知识的方法是直觉。

马克思主义哲学认为知识的本质在于它从社会实践中来，社会实践是一切知识的基础和检验知识的标准，无论什么知识，只有经过实践检验证明是科学地反映客观事物的，才是正确可靠的知识。

毛泽东指出，世界上的知识只有两门，一门叫做生产斗争知识，一门叫做阶级斗争知识。自然科学和社会科学就是这两门知识的结晶，哲学则是关于自然知识和社会知识的概括和总结[①]。《中国图书馆图书分类法》据此而将知识门类分为哲学、社会科学、自然科学三大部类。

（2）国外学者

达文波特（Davenport）认为："知识起源并应用于知识所有者的头脑中。在组织里，它既包含在文件或知识库中，也包含在日常事务、流程、实践以及规范中。" Purser 和 Pasmore 认为，知识是用以支持决策的事实、模式、概念、意见或知觉的集合体。

（3）中国

《辞海》对知识的解释为：知识是人类认识的成果和结晶，它包括经验知识和理论知识。《韦伯斯特词典》（1997 版）中的定义是：知识是通过实践研究、联系或调查获得的关于事物的事实和状态的认识，是对科学艺术或技术的理解，是人类获得的关于真理和原理的认识的总和。

中国国家科技领导小组办公室在《关于知识经济与国家基础设施的研究报告》中，对知识经济中的知识做出的定义为：经过人的思维整理过的信息、数据、形象、

---

① 毛泽东. 毛泽东选集（第二版第三卷）（整顿党的作风）[M].北京：人民出版社，1991：811-829

意象、价值标准以及社会的其他符号化产物，不仅包括科学技术知识——知识中的重要组成部分，还包括人文社会科学的知识，商业活动、日常生活和工作中的经验和知识，人们获取、运用和创造知识的知识，以及面临问题做出判断和提出解决方法的知识。

中国国家标准（GB/T 23703.1-2009）定义知识是通过学习、实践或探索所获得的认识、判断或技能。知识可以是显性的，也可以是隐性的；可以是组织的，也可以是个人的。知识可包括事实知识、原理知识、技能知识和人际知识。

顾名思义，"知"就是知晓某种事物的意思，"识"就是知晓某种事物以后所形成的认识。知识是一种有价值的智能结晶，本质上须具备创造附加价值的效果，常以信息、经验心得、报告、总结、观念、观点、思想、标准、制度、作业程序、系统化文件、技能、具体技术等方式呈现。

4. 智慧（Wisdom）

智慧是人类所表现出来的一种独有的能力，主要表现为收集、加工、传播、应用信息和知识的能力，以及对事物发展的前瞻性看法。从智慧本身的构成要素来看，它指的是由智力、知识、方法、技巧、意志、情感、气质、美感等要素构成的复杂系统。知识是智慧的基本构成要素，此外还应包括智力因素，如观察力、记忆力、想象力、思维力、创造力等，以及非智力因素，主要指"情商"，如心理素质、气质潜能、性格等。

2.1.2　联系与区别

知识、信息相互交叉，关联度极高，边界也不是非常清晰，但又是研究知识管理不得不区分的概念，否则将无法明确知识管理的目标、任务，乃至必要性、独立性。

1. 联系

世界银行在其 1998 年《世界发展报告》中对数据、信息和知识作了如下概括性的表述：数据是未经组织的数字、词语、声音、图像等；信息是以有意义的形式加以排列和处理的数据；知识是用于生产的信息。简言之，信息是有意义的数据，知识是有价值的信息。

"信息"和"知识"都具有一定的主观性，但二者在主观程度上有显著不同。"信息"的主观性小，而"知识"的主观性大，对于同一客观存在，不同的人的主观解释可能有极大不同。从本质上讲，信息是物质的属性，是物质存在方式的反映，而知识是人们对这种属性或反映的认识，是一种智力成果。简言之，信息是知识的属性和表现形式。

数据、信息、知识分别反映了人们认知的深化过程，而智慧则是超越了三者的创造性活动，智慧不仅要发现事物的规律性，还要有对知识有所创新的能力，是创造的产物。即智慧除了具有获取与运用知识的能力之外，还包括洞察力、预见性和创造力等。

"数据—信息—知识—智慧"构成了由低到高、由浅入深、由易到难的序列。从数据中提取的信息，其功能和价值远远大于数据。但信息只是对事物运动的状态和变化的客观反映，是未经加工的、原始的、粗糙的材料；知识则是通过对现象、资料、数据的分析而获得的对于事物的规律性的认识。信息可以"告知"，而获得知识则是需要思考和提炼的。知识虽然比信息更为深入，但从人的思维方式上说，它仍是思考的产物。

2. 区别

知识与数据、信息不同，把数据管理、信息管理视为知识管理，无法真正达到应用知识、创新知识、以知识进化提升企业竞争力的目的[①]。知识不是数据的简单累积，也不同于信息。数据和信息只是知识的原料。有学者在更高层面上解释了信息、知识以及智慧这三个不同的概念，认为：信息是对过去知识的编码，是静态的概念；知识是认识世界的显性知识和隐性知识的总和，是一种产品，又是一个过程；智慧是应用知识产生新的知识的一个动态过程，即创新。

我们可以这样来理解：数据是基本原料，而信息是有规律的数据，知识则是有价值及效用的信息，智慧则是建立在三者之上并主要以已有的知识存量为基础的一种更高层次的知识创造活动。

---

① 孟广均. 从科学管理到信息资源管理(IRM)一管理思想演变史的再认识[J].图书情报知识,1997，(2): 2

通过典型问题很容易理解知识与数据和信息之间的区别：数据本身是没有回答特定问题的文本；信息所提的典型问题是"何时（when）、何地（where）、何人（who）、何事（what）"等；而知识所提的典型问题是"为什么（why）、怎么办（how）"。

下面一个例子可能有助于更好地理解数据、信息、知识和智慧的区别：

- 单纯的数字"38、39"称作数据。
- 这些数据，如果放在上下文中阅读，可能表明了天气或体温，此时，这些数字被称作信息。
- 知识是指人根据实际场景判断是高温天气，还是人体发烧。
- 智慧是在已有知识的基础上，判断采用何种方式避暑，或吃什么药降体温。

2.2 知识的分类

知识的分类是知识管理研究的基础，视角不同，分类也不同。通过对不同分类的了解，可以帮助读者从不同的维度加深对知识本质的理解。影响最大的分类莫过于将知识分为显性知识和隐性知识，个人知识和组织知识。

2.2.1 显性知识和隐性知识

哲学家赖尔（Ryle，1949）对"知其然"（显性知识）和"知其所以然"（隐性知识）做出了区分。

波兰尼（Polanyi，1958）在《个体知识》一书中将知识分为显性知识和隐性知识，这一分类被公认为是他对知识理论的原创性贡献。他提出（1966）：显性知识包含能被解释与编撰的知识，是可以客观地加以捕捉的概念，如事件、理论、秘诀、标准与程序等；隐性知识是指无法说明、不易口语化与形式化的知识，此类知识包含直觉、价值观、基本假设、技巧与专业知识等[①]。

野中（Nonaka，1995）认为：显性知识是正式的、系统化的，能够很容易地以产品说明书、科学公式或电脑软件的形式被交流和共享；隐性知识是高度个人化的，很难公式化和进行交流。

---

① Polanyi M. The Tacit Dimension[M]. Londan:Routledge and Kegan Paul,1966:85-108

斯彭德（Spender，1996）采纳了显性与隐性知识的分类，并将知识存在分为个人范围和社会范围。他认为，知识不局限于个人范围，还以规范、价值观、基本假设的形式存在于组织文化中。

中国国家标准定义显性知识是以文字、符号、图形等方式表达的知识，隐性知识是不能以文字、符号、图形等方式表达的知识，存在于人的大脑中。

两者的区别可以用下表所示：

表 2-1 显性知识与隐性知识的对比表

角度	显性知识	隐性知识
表现形式	以文字、符号、图形等方式表达	不能以文字、符号、图形等方式表达
存储位置	文档、网页或数据库	人的大脑
难易程度	易管理	难管理
应用	容易共享、转移和传递	不易转移和传递，为个人专有
标准化程度	可编码化、文件化或数据库化	不可编码，主观性强

2.2.2 个人知识和组织知识

从本体论维度来看，知识可分为个人知识和组织知识。个人知识是存在于个人头脑中的，为个人所拥有，表现为个人技能、经验、习惯、自觉、价值观等，属于员工可以带走的知识，随着个人的离职而流失。知识的产生来自人的认识，知识是由个人产生的，离开个人，组织无法产生知识；但在经济活动中，组织也具有自己的知识。而且，个人在创新活动中，需要综合各种知识才能转化为生产力，这就需要组织知识，个人知识只有上升为组织知识才能发挥出更大作用。

组织知识是将个人产生的知识扩大并结晶于组织的知识网络中形成的，存储在组织的规则、程序、惯例和共同的行为准则中，表现为组织所掌握的技术、专利、生产流程、管理规程、制度规范、产品与服务，也包括组织战略、组织优秀的作业流程、信息系统、组织文化与团队协调合作等。这些都是个人无法带走的，属于组织的知识。

组织知识是为组织内部员工分享的共有知识。一般认为，因承担组织赋予的工作或参加组织内团队活动而获得组织业务范围内或所在岗位的员工个人知识，虽可独立于组织存在但不能完全自主支配和处理，这种个人知识需要经过团队的过渡转化为组织知识，因而事实上也属于组织，应纳入组织知识管理的范畴[1]。同理，员工在组织所赋予的岗位或工作中获得的专利、软件著作权、报告等也都属于组织资产。

知识管理的核心是将个人知识转化为组织知识，使组织知识的存量不断增长，以避免过度依赖可能流失的个人知识，以构筑优于竞争对手的知识资本和能力。

2.2.3　知识的其他分类

1. 事实知识、原理知识、技能知识、人际知识、时间知识、空间知识

OECD（1996）将知识分为四大类：事实知识（Know-What，知道是什么即知事）、原理知识（Know-Why，知道为什么即知因）、技能知识（Know-How，知道怎样做即知窍）和人际知识（Know-Who，知道谁有知识即知人）。我国国家标准中也采用这种分类方法。其中前两类知识是可表述出来的知识，也即我们一般所说的显性知识，而后两类知识则难以用文字明确表述，亦即隐性知识。

还有专家在以上四种分类基础上再增加如下两类：时间知识（Know-When，知道什么时间即知时）、空间知识（Know-Where，知道什么地点即知地）[2]。他们认为，即使知道了是什么、为什么、怎么做、谁来做，但是如果在错误的时间和错误的地点去运作或操作，仍然可能产生严重甚至不可挽回的错误。

2. 知识的"波粒二象性"——实体知识与过程知识

Verna Allee 提出了知识的波粒二象性[3]：当我们对知识进行分类、组织甚至评测时，知识具有实体的特质；而在对知识进行创新、提高及应用的持续过程中，知识又具有了过程的性质。作为实体的知识可以被看作是某种"物质"，可被人拥有，可被存储，具有产权。而作为过程的知识则将更多的注意力放在知识的动态方面，例如知识的共享、创新、学习、运用和沟通。波兰尼将人们获取和创造新知识的过

---

[1] 承文.创新型企业知识管理[M].北京：机械工业出版社，2014：18
[2] 谭华军. 知识分类：以文献分类为中心[M].南京:东南大学出版社，2003
[3] Verna Allee.The Knowledge Evolution: Expanding Organizational Intelligence : Expanding Organizational Intelligence[M]. published by Butterworth Heinemann, 1997. www.vernaallee.com

程描述为"认识的过程"，他将知识概括为"一种能更好地描述为认知过程的活动"。而认识是在个体和群体之间一种持续不断的流动过程。从本书对知识定义的角度来看，"知"与"识"分别对应"实体"与"过程"，二者辩证统一。

3. 核心知识与外围知识

核心知识是指能为企业创造核心价值，为企业带来持久竞争力的知识，它直接影响企业的创新能力与创新绩效，包括员工知识、组织知识和客户知识等；外围知识是指企业发展所必需的行业知识与环境知识，它也对企业创新绩效产生影响，但其影响力没有核心知识显著。企业核心知识的积累是一个动态的过程，可以通过外围知识的丰富和与流程的结合来促进核心知识的增长。

企业核心知识的测量包括员工知识、组织知识与客户知识三个维度。在员工知识的积累方面，从员工培训、员工知识库建设与员工间的交流等方面设计问题；在组织知识方面，主要关注知识共享制度的建设、知识共享的氛围、培训体系与制度建设；在客户知识方面，主要围绕客户数据库建设、客户资源挖掘、客户意见吸纳开展。

4. 文档知识、人员知识、程序知识和项目知识

《中国国家知识管理标准征求意见稿（2008）》根据知识存储的媒介的不同，提出以上分类。文档知识指存储在纸质或电子文件、数据库、电影胶片、磁带等上的知识；专家知识指蕴含在人的头脑中的，没有表达出来的知识；程序知识指蕴含在生产过程、业务流程、制造工艺、操作程序等程序中的知识；项目知识指在项目的立项、评审、实施、验收过程中，形成的相关建议书、演示文档、专家网络等；外部知识是指与组织自身发展密切相关的外部组织的知识，可以依据组织的性质分为政府、媒体、客户和供应商、合作伙伴、权威机构、竞争对手等。

2.3　业务流程、信息流程与知识流程

业务流程、信息流程和知识流程的本质、联系与区别是本书的基石，是洞悉信息管理系统和知识管理系统之间联系与区别、建设重点与目标的重要前提。正确的方向与目标，是知识管理系统建设成功的必要而非充分条件。本书概括为两点：一

是信息流程是业务流程的全覆盖、全表达，而知识流程则是业务流程的部分覆盖、关键表达；二是知识流程中显性的部分往往通过信息流程的方式表现出来，但信息流程并不能表明知识流程的所有内容，尤其是隐性部分。

2.3.1　概念与本质

1. 流程 Process

哈默（M. Hammer）将企业流程定义为"把一个或多个输入转化为对顾客有用的输出的活动"；达文波特（Davenport）把企业流程定义为"产生特定企业输出的一系列逻辑相关的活动"；约翰逊（Johnson）把企业流程定义为"把输入转化为输出的一系列相关活动的结合，它增加输入的价值并创造出对接受者更为有用、更为有效的输出"。

本书认为流程是指为完成某一目标（任务）而进行的一系列跨越时空的逻辑相关的活动的有序的集合。流程具有目标性、结构性、有序性等特点。企业是流程的集合体，企业的利益通过各个流程构成并实现。

2. 业务流程 Business Process

Amaravadi 认为组织的绝大部分活动都具有序特征，可用流程来描述。哈默将业务流程定义为有组织的活动，彼此间相互联系，为客户创造价值。达文波特认为"业务流程是一系列结构化的可测量的活动集合，并为特定的市场或特定的顾客产生特定的输出。默廷斯（Mertins）认为业务流程是指为完成企业某一目标（或任务）进行的一系列相关活动的有序集合，它接受一种或者多种输入并产生对顾客有价值的输出[①]。ISO9000 定义业务流程是一组将输入转化为输出的相互关联或相互作用的活动。

本书将业务流程直观解释为企业或政府中一项生产或一项公务从开始到结束的一系列相关活动的有序组合。

3. 信息流程 Information Process

信息流是指信息在不同流程活动之间的转移与传播，信息流程是业务流程中信

---

① Kai Mertins 等著;赵海涛,彭瑞梅译.知识管理原理及最佳实践[M].北京:清华大学出版社，2004

息流动的反映，业务流程是信息流的载体。信息流程是企业信息化过程中各应用系统建设的重要依据，如办公自动化系统 OA 的目标是实现办公流程的自动化信息处理，管理信息系统 MIS 的目标是实现生产流程及相关管理流程的信息流管理等。

4. 知识流程 Knowledge Process

中国国标 GB/T23703.2-2010 定义知识流程是在业务流程中对知识进行获取、储存、共享、重用以及创造所形成的知识流动。王德禄认为知识流程是指知识在组织内各知识驻点之间为创造价值而形成的一系列积累、共享及交流的过程[①]，在多个参与者之间按照一定的规则或流程的产生、传播与应用，包含了知识的采集、获取、加工、存储、共享、传播、应用、创新等过程。知识流程的内涵是确定组织核心知识在创造价值中所处的环节，组织知识管理的核心就是有效、高效运作其知识流程。本书将知识流程分为知识产生与获取、知识存储与管理、知识共享与转移、知识应用与创新四个阶段，它周而复始地循环并螺旋式上升。

5. 知识链 Knowledge Chain

知识链是一种知识链条，在这个链条形的网络中，企业对知识进行选择、吸收、整理、转化和创新，形成一个从捕获到创新的无限循环的具有价值增值功能的网链结构模式。而对知识链的管理，是指为保证知识在知识链中从获取、产生、共享、创新、利用到知识挖掘和衰亡的整个知识流程的生命周期内畅通无阻而采取的保障措施。

知识链是对知识流从供应链角度的认知，其出发点是知识需求，目的是知识需求的满足及应用。知识链理论以供应链思想为基础，以知识的供应和需求为理论主体，通过知识的供需活动，实现对所需知识的供应。从本质上，知识链与知识流程是一致的。

2.3.2 联系与区别

业务流程、信息流程、知识流程两两之间有着密切的联系，而信息流程与知识流程之间既有联系又有明显区别，理清三者之间的联系和后两者之间的区别，是本

---

① 王德禄. 知识管理的 IT 实现[M].北京：电子工业出版社，2003:44-46

书核心思想的基石，是洞悉信息管理系统和知识管理系统之间联系与区别、建设重点与目标的重要前提。

1. 联系

（1）业务流程和信息流程的关系。简单地将信息技术应用到业务流程，实现手工工作的计算机化，以直接承载于常规管理模式与业务流程之上的"原汁原味"的信息流程去实现信息化，造成了普遍的"信息孤岛""信息断流"等现象，是企业信息化初期的常见误区，也是 MIS 和 ERP 高失败率的根源之一。基于信息流程的业务流程重组的应用，不但"拉直"了信息流转通道，而且明确提出信息流程要全覆盖业务流程，一定程度上确保了录入不重复、数据不遗漏、信息不孤立、质量不失真、时效不过期，在帮助 1990 年代美国企业走出困境后即席卷全球。

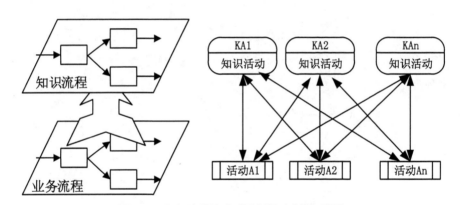

图 2.1 业务流程与知识流程映射关系图

来源：郑晓东

（2）业务流程和知识流程的关系。每个业务流程都伴随着编码化的显性知识和人脑中隐性知识的流动，知识的流动形成流程知识，将这些知识流转的路径、处理点和存储点从业务流程中抽取出来后，就可以形成一个区别于业务流程的、覆盖整个组织的知识处理网络，将该网络映射到知识域，就是整个组织的知识流程（如图 2.1 所示）[①]。知识的创造、分享与利用不是在真空中发生的，是人在完成工作的同时处理、产生了大量知识，因此，知识流程与特定的业务流程密切联系，可更有效地发挥作用，也能更好地为人们所用并引导人们快速成长。知识流程与业务流程

---

① 郑晓东.以人为中心流程为主线的知识轮环模型研究[J].情报杂志,2010,29(9):100

既是互为一体的又是可分离的，业务流程是知识来源和知识应用的对象，知识流程是业务流程中知识流动的抽象。知识流程反映的是组织内外知识流动的过程，这些知识源于业务流程、又反作用于业务流程。

2. 区别

（1）关注角度不同。业务流程从生产产品的角度进行分析，专注于产品在设计与制造过程中所涉及的路径、处理点和管理；信息流程从实现业务流程自动化的角度进行分析，专注于产品设计与制造过程中信息的流动和管理；而知识流程从生产流程中知识产生、存储、转移和应用的角度进行分析，专注于知识的流转和管理。图2.2以工程设计企业中的实例描述了二者的区别。

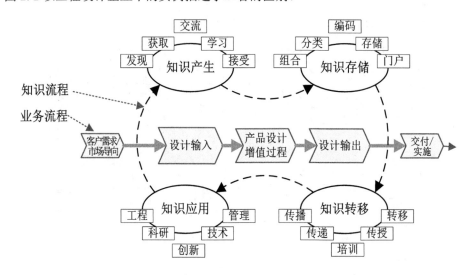

图2.2 业务流程与知识流程的不同视角

来源：郑晓东

（2）覆盖广度和目标不同。信息流程是业务流程的全覆盖、全表达，而知识流程则是业务流程的部分覆盖、关键表达。基于此原理，MIS/OA/ERP 就是基于信息流程的信息系统，任务是把所有的业务流程都抽象成信息流程，结果是业务流程的完全信息化；而基于知识流程的 KMS 则是专注于知识管理的知识管理系统，任务是从所有的信息流程中将关键部分抽象成知识流程，结果是知识的积累和能力的增强。

（3）深度不同。虽然知识流程中显性的部分往往通过信息流程的方式表现出来，但信息流程并不能表明知识流程的所有内容，尤其是隐性部分。知识流程中隐性的部分更多地表现为组织的文化、制度、结构、沟通方式、业务学习讨论例会、意见与建议、培训等。因而一方面并非所有的信息流程均一一对应于知识流程，另一方面知识系统也不是信息系统的全部，而是信息系统的能力部分。

（4）对象不同。业务流程的主体是活动，信息管理的主体是信息，知识管理的主体是人。对于信息流程，所提的典型问题是："何人在何地发生了何事？"对于知识流程，所提的典型问题是："导致这件事发生的原因是什么？该如何处理？为什么要这样处理？"

（5）企业管理的角度。业务流程对应于以流程为对象，以产品为基础，以流程管理为中心的管理阶段。信息流程对应于以信息为对象，以人为基础，以信息流指导流程优化和再造的管理阶段。知识流程对应于以知识为对象，以知识管理为基础，以目标和需求为导向，以知识流为主线，实现知识创造和利用的知识管理阶段。

3. 三者的关系图

上文描述的三种流程的两个方面的联系和五个方面的区别可形象地用图 2.3 表示[①]：

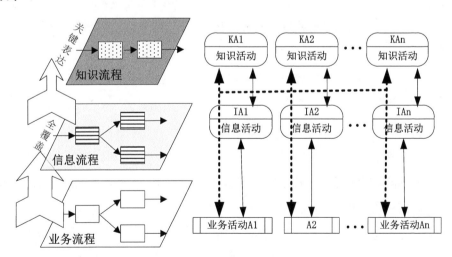

图2.3 业务流程、信息流程、知识流程映射关系图

---

① 郑晓东,胡汉辉.工程咨询设计企业增值业务流程导向的知识流程模型研究[J].科学学与科学技术管理,2009,30(9): 70,71

来源：郑晓东

有学者将业务流程和知识流程的关系比作主流和支流,形象地阐述了了业务流程和知识流程不断发展、互相影响、最终融合的趋势[①]。如图 2.4 所示：

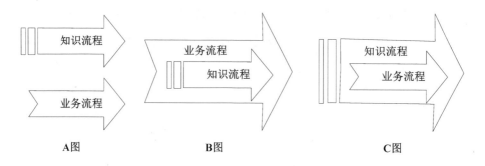

图 2.4 业务流程与知识流程相互融合的关系

来源：苏用专

图 2.4 中的 A 图，表示的是业务流程与知识流程相互独立的关系。在知识流程形成的初期，汇聚的知识活动慢慢集中成知识支流，知识支流通过对业务流程提供偶尔的知识支持，得到逐渐的重视。在不断地吸收和扩散知识的过程中，知识支流逐渐成为知识流程。在业务流程之外，知识流程作为强壮的支流与业务流程共存。

B 图，表示的是业务流程包含知识流程。当知识越来越重要，知识流程对于企业业务活动的作用越来越大的时候，实际上，也是业务流程已经离不开知识的支持的时候了。虽然即使在知识流程并未形成时，知识就已分布在业务流程中，但是，对于知识流程的认可，仍然是需要等到知识流程表现出显著作用的时候。

C 图，表示的是知识流程包含业务流程。当知识流程越来越强健时，就会将业务流程包含其中。作为知识密集型企业的工程设计企业的知识流程实际就是其核心流程，业务流程所做的工作也是知识活动。知识流程是在业务流程之后出现的，也是在业务流程的支持下壮大起来的，业务流程为主流，知识流程为支流，这样的划分与知识流程包含业务流程并不矛盾，当知识管理发展到一定程度，知识流程与业务流程交融统一后，主流与支流的概念也就统一了。

---

① 苏用专. 现代制造企业知识管理的机制、模式与体系构建研究[D].武汉理工大学，2008:76-79

2.4 信息管理与知识管理

知识管理与信息管理无疑有着千丝万缕的紧密关系。有学者认为知识管理是信息管理的高级阶段，有学者认为知识管理开创了管理的新领域。对二者宗旨、目标、管理对象认知的不同，将直接影响到二者实施的指导思想和方法论。本节对二者从本质、宗旨、目标与管理对象方面的联系与区别进行了辨析。

2.4.1 概念与本质

1. 信息管理

信息管理已有较长的发展历程，但至今也还是一个模糊的概念，既包括信息本身及相关因素的管理，又试图涉及信息所表现的知识内容的管理。这种模糊还表现在其专业归属上，工科院校偏重对计算机应用的学习，授予工学学位，而文理院校则偏重在管理上的研究，授予管理学学位。以北大、南大、武大为代表的高校将信息管理专业纳入图书馆学科/情报学科管理，以清华、复旦、东南大学、华中科大为代表的高校则将其纳入管理学学科管理，更多的高校将其纳入计算机学科管理。信息管理是复杂的交叉学科，从知识范畴上看，信息管理涉及管理学、社会科学、行为科学、经济学、心理学、计算机科学等；从技术上看，信息管理涉及计算机技术、通信技术、办公自动化技术、测试技术、缩微技术等。

卢泰宏认为，信息管理可从广义和狭义两方面理解：从狭义上讲，信息管理就是对信息的管理，即对信息进行组织、控制、加工、规划等，并将其引向预定的目标；从广义上讲，信息管理不单单是对信息管理，而是对涉及信息活动的各种要素（信息、人、机器、机构等）进行合理的组织和控制，以实现信息及有关资源的合理配置，从而有效地满足社会的信息需求[①]。与此类似的观点有：狭义的信息管理是数据、文件和技术的管理，以及对信息的收集、整理、贮存、查找和利用的过程；广义的则是指对信息交流活动全过程（生产、流通、分配等）的所有要素（信息、人员、设备、组织、环境等）实施决策、计划、组织、协调、控制，从而有效地满足

---

① 卢泰宏，沙勇忠. 信息资源管理[M].兰州：兰州大学出版社, 1998

社会信息需求的过程[①]。

　　王万宗认为，信息管理就是为各行各业各部门收集、整理、存储并提供信息服务的工作[②]。

　　符福峘认为，信息管理是指信息社会实践活动过程的管理，是运用计划、组织、指挥、协调、控制等基本职能，对信息收集、检索、研究、报道、交流和提供服务过程，有效地运用人力、物力、财力等基本要素，以期达到实现总体目标的社会活动[③]。

　　信息管理是人类为了有效地开发和利用信息资源，以现代信息技术为手段，对信息资源进行计划、组织、领导和控制的社会活动。简单地说，信息管理就是人对信息资源和信息活动的管理。信息管理是指在整个管理过程中，人们收集、加工和输入、输出的信息的总称。信息管理的过程包括信息收集、信息传输、信息加工和信息储存。

　　不管定义如何差别，但有一点共识，即信息管理的基本目标是用一定的技术手段和编码形式客观记录与描述人们对客观事物的认识，实现信息合理配置，以便在需要时发挥作用，满足人类的信息需求[④]。

　　2. 知识管理

　　中国国家标准 GB/T 23703.1-2009 认为知识管理是管理领域的新生事物，知识管理的概念和框架模型在我国目前还缺乏统一的认识。当前人们比较认同的是，管理学大师彼得·德鲁克于 1988 年最早系统地提出并诠释了"知识管理"一词。

　　（1）国外一些代表性定义

　　Andereas Abecker（1995）认为，知识管理是对企业知识的识别、获取、开发、使用和存储。

　　Delphi 咨询公司认为，知识管理是一项技术实践活动，它以提高决策质量为目的，协助在整个组织范围内提高知识创新和交流效率。

---

① 江莉. 信息管理研究综述[J]. 图书情报工作,1998 (8)：23
② 王万宗等. 信息管理概论[M]. 北京：书目文献出版社, 1996
③ 符福峘. 信息管理学[M].北京：国防工业出版社, 1995
④ 邱均平. 知识管理学[M].北京：科学技术文献出版社, 2006：4

Gartner Group 认为，知识管理是通过对企业组织能力的提升，成功地达到对企业信息的掌握、鉴别、检索、分享和评价。这些信息不仅包括数据、文献，还应包括企业成员头脑中从未被重视过的隐性知识和专业经验。

Wiig（1997）认为知识管理主要的目的在于使企业更有智慧确保生存与全面性的成功，以及能更进一步实现知识资产的重要性[①]。

Laurie（1997）以知识使用的观点，认为知识管理是经由一连串创造知识、获取知识以及使用知识以提升组织绩效等过程的管理活动。

Davenport（1998）认为知识管理真正的显著方面分为两个重要类别：知识的创造和知识的利用。

Lotus 公司认为，知识管理是对一个公司集体的知识技能进行捕获，然后将这些知识与技能传递到能够帮助公司实现最大产出的任何地方的过程。

比尔·盖茨（1998）在《来来时速》一书中多处谈及知识管理，他说："作为一个总的概念——搜集和组织信息、把信息传播给需要它的人、不断地通过分析和合作来优化信息——知识管理学是很有用的。但是就像它之前的添加再设计一样，知识管理学变得歧义百出，任何人想给它添加上什么意义都可以。……知识管理是个手段，不是目的。"

Rowley（1999）认为，知识管理是为了实现组织的目标，对组织的知识资产进行开发和挖掘。知识管理的对象包括外显化、文档化的知识以及内隐化、主观化的知识。知识管理的过程包括识别、共享和创造。

美国生产力和质量中心 APQC（1997）对知识管理的定义是："知识管理是一种使适当的人在适当的时间取得适当知识的策略，并籍由成员间知识的分享，来发挥集体智慧，进而提高组织的创新能力。"

（2）国内一些学者观点

经济学家乌家培（1998）认为"信息管理是知识管理的基础，知识管理是信息管理的延伸与发展""信息管理经历了文献管理、计算机管理、信息资源管理、竞争性情报管理，演进到知识管理。知识管理是信息管理发展的新阶层，它同信息管

---

① Karl M. Wiig. Knowledge Management:where did it come from and where will it go[J].Expert Systems with Applications, 1997,13(1):1-14

理以往各阶段不一样，要求把信息与信息、信息与活动、信息与人连结起来，在人际交流的互动过程中，通过信息与知识（除显性知识外还包括隐性知识）的共享，运用群体的智慧进行创新，以赢得竞争优势"。

台湾刘常勇（1999）以知识资产价值的观点认为：企业组织凡是能有效增进知识资产价值的活动，均属于企业内部知识管理的范围，这些活动包括知识的清点、评估、监督、规划、取得、学习、流通、整合、保护、创新等。

武汉大学邱均平（2000）认为，知识管理的概念可以从狭义和广义的角度来理解，所谓狭义的知识管理主要是对知识本身的管理，包括对知识的创造、获取、加工、存储、传播和应用的管理；广义的知识管理不仅包括对知识进行管理，而且还包括对与知识有关的各种资源和无形资产的管理，涉及知识组织、知识设施、知识资产、知识活动、知识人员的全方位和全过程的管理①。

台湾吴思华（2001）以系统的观点认为：知识管理是指企业为有效运用知识资本，加速产品或服务的创新，所建置的管理系统，这个系统包含知识创造、知识流通与知识加值三大机能。

南京邮电大学杨治华（2003）认为企业知识管理就是综合运用组织、文化、战略、流程、技术等手段，通过建立基于企业业务内容和职能的知识挖掘和知识共享体系，以使最大化企业知识资源的价值，从而提升企业的应变和创新能力，保持并提高企业核心竞争力的一场管理文化变革。在运作上，它是指企业作为一个组织，整体上对知识进行获取、存储、学习、共享和创新的管理过程。

中山大学卢泰宏认为，知识管理是系统能动地发掘、优化、控制组织所积累的知识并使之增值的活动与过程。

国内媒体则比较广泛地接受下面一种定义：知识管理就是对一个企业集体的知识与技能的捕获，然后将这些知识与技能分布到能够帮助企业实现最大产出的任何地方的过程。知识管理的目标就是力图能够将最恰当的知识在最恰当的时间传递给最恰当的人，以使他们能够做出最好的决策。

（3）中国国家标准（GB/T 23703.1-2009）定义知识管理是对知识、知识创造

---

① 邱均平,马海群.再论知识管理与信息管理[J].图书情报工作,2000 (10): 5

过程和知识的应用进行规划和管理的活动。

（4）本书认为，知识管理是以人为中心，以信息为基础，以知识创新为目标，综合运用组织、文化、战略、流程、技术等手段，实现对组织及个人的知识与技能的捕获，然后将这些知识与技能分到能够帮助组织实现更大产出的地方并最大限度实现知识共享的过程。其目标是力图能够将最恰当知识在最恰当的时间传递给最恰当的人，以使他们在此基础上开展知识利用和知识创新并做出更好的决策。

2.4.2　联系与区别

知识管理刚出现时，曾被视为信息管理的延伸和发展，是信息管理的一个阶段，后来才被公认为一个新的管理领域。而既然知识也是信息，知识管理与信息管理无疑关系密切，但不能简单地认为知识管理是对信息管理单方面的继承和发展，二者之间不是简单的包含或延伸关系，二者在宗旨、目标、管理对象方面有明显区别。

1. 联系

信息管理是实现知识管理的基础。知识管理需要以信息管理为基础，并对信息管理提出了更高的要求。因为任何管理、决策都离不开信息，知识管理也不例外，而且对信息的全面、准确、及时性比以往任何时候的要求更高。

不同学者对信息管理与知识管理孰大孰小的争论，从另一方面恰好说明了两者之间的密不可分。如二者等同说的观点认为，知识管理可理解为信息管理，涉及信息管理系统的构架建设、人工智能、创新工程和群体等。二者包容说的一种观点认为，与知识管理相比，信息管理只是其中的一部分，信息管理侧重于对信息的收集、分析、整理与传递，而知识管理则是对包括信息在内的所有资本进行综合决策，并实施管理；二者包容说的另一种观点认为，知识本身就是信息的子集，与知识管理相比，信息管理范围更广，发展得更早。

2. 区别

二者联系密切固然公认，但由于二者宗旨、目标、管理对象不同，其广度、深度、任务自然本质不同。

（1）管理的范围和任务不同

信息管理发展至今，其关注的范围一直局限于可编码知识的外在信息的管理。

而知识管理则关注于知识本质内容的表达、交流，尤其是有目的的应用，它不但涉及可编码知识的内在内容的管理，更重视人脑知识的挖掘、引导、共享。二者最大的区别在于信息管理目前主要是信息流的控制，知识管理则是知识应用的管理。信息管理的任务是把所有的业务流程都抽象成信息流程，是构建管理信息系统的基础。知识管理的任务是从所有的业务流程中间将关键的部分抽象成知识流程，是构建知识管理系统的基础。

（2）管理的对象不同

信息管理主要包括信息的收集、筛选、分类、分析、利用、评价等内容，其目的是为企业战略决策提供依据，其重点是技术和信息开发；知识管理则是指为提高企业竞争力而对知识（包括信息）的识别、获取和充分发挥其作用的过程，它强调把项目、知识、信息、人力资源、财务、经营、文档过程等协调统一起来，从而最有效、最大限度地提高企业经营效果。知识管理的核心是知识的共享与创新。由此可见，知识管理的管理职责已大大超过信息管理的范围，应避免将知识管理视为信息管理的简单延伸，以便正确地发挥知识管理的作用。

（3）宗旨不同

信息管理使数据转化为信息，知识管理则使信息转化为知识。虽然说知识管理是信息管理的延伸和发展，但现在，它们之间的区别越来越大，知识管理已从信息管理中孵化出来。知识管理的对象不只是显性知识，还包括隐性知识及其载体——人。从这个意义上说，知识管理的宗旨是以人为本，将信息升华为知识，使产品和服务增加知识含量。因此，信息管理和人力资源管理就是知识管理的两大主题，或者说两大要素。信息管理是知识管理的基础，人力资源管理则是知识管理的核心。

（4）目标不同

有的企业往往错误地认为，制定一项有效的信息管理战略便体现了它在知识管理方面的行动。实际上，要想在知识经济中求得生存，就必须把信息与信息、信息与人、信息与过程联系起来，从而进行创新。知识管理不同于信息管理，它是通过知识共享，运用集体智慧提高应变和创新能力。正如中国国家标准中所述，"知识管理把知识作为组织的战略资源，以人为中心，以数据、信息为基础，以知识的创造、积累、共享及应用为目标"。知识管理更关注"如何获取、组织、利用和传播散布在企业信息系统和人们头脑中的知识"。

（5）二者不是简单的包容关系

知识管理是一个跨学科的综合性研究领域,它与信息管理之间并不存在简单的包含或延伸关系,而是各有其管理的侧重点和管理功能。信息来自于企业内外不同的应用系统和不同的组织,它可以是数据库之类的结构化数据,也可以是普通文件之类的非结构化数据,还可以是语音或视频之类的流媒体数据。知识管理就是要解决信息在不同的组织、不同的应用系统之间的收集、同步、传送、汇总与分析问题,增加其可理解性与再利用的能力,通过建立信息之间的关联性,使信息的价值得以提升,成为高附加值的知识资产。知识管理是商业竞争环境日益激烈化、知识经济增长步伐日益加速化的产物,知识管理对信息管理有促进改革与启示的作用,从这个意义上讲,从信息管理到知识管理是一种社会的进步、管理思想的升华。

2.5　信息管理系统与知识管理系统

2.5.1　概念与本质

1. 系统

从本质上说,系统是物质世界存在的方式,是由不同却相互联系的要素构成的、有特定功能的有机整体。系统的基本特征是整体性、结构性、层次性和开放性,主要特征是具有相互联系、彼此影响的要素,并具有一定的边界。引入系统的概念是为了从联系、整体的视角来认识世界[①]。

知识管理系统,作为一个系统,要体现出系统的本质特征。对于一个组织的知识系统来说,系统的要素就是各种类型的知识,这些知识之间有着各种关联。

2. 信息管理系统（MIS）

企业信息管理系统（MIS）就是运用现代化的管理思想和方法,采用电子计算机、软件及网络通讯技术,对企业管理决策过程中的信息进行收集、存储、加工、分析,以辅助企业日常的业务处理直到决策方案的制定和优选等工作,以及跟踪、

① 吴广谋,盛昭涵.系统与系统方法[M].南京：东南大学出版社,2000: 6-9

监督、控制、调节整个管理过程的人机系统。

此时，区分信息管理系统和信息技术非常重要。信息技术是仅与硬件和软件有关的技术。信息管理系统是在提高工作规范化和效率的基础上，为中高级管理人员提供监测和控制业务流程的信息，并帮助其决策的系统[①]。信息管理系统关注的是技术和社会现象（人）之间的有效互动。

3. 知识管理系统（KMS）

知识系统可以分为宏观和微观：宏观的是一个国家的知识系统，微观的是一个组织的知识系统。在不特别说明的情况下，本书所述的知识管理系统均属于后者。知识管理系统是指能够协助组织完成知识管理活动和过程（知识的获取、评估、存储、传递、利用和创新）的计算机应用系统，是融管理方法、知识处理、智能处理乃至辅助决策和组织业务运营于一体的综合系统。其主要发挥两个作用：第一，进行显性知识的管理；第二，提供隐性知识的显性化和隐性知识共享的环境。

知识系统的功能包括高效地获取和组织知识，能够有效地保存和保护知识，能适时将知识传播到适当的地方、适当的人，高效地开发新的产品，按市场规律经营管理知识资产，能营造和加强有利于知识生成、转移、使用的组织文化等。知识管理系统的构建模式包括两种，一种是侧重于知识发现、知识挖掘的知识发现系统模式，另一种是侧重于知识传播与共享的知识共享系统模式。

本书认为当前有效的可执行的知识管理系统有如下几类：

（1）基于信息系统的知识管理系统。既然信息系统是业务流程的充分表达，而知识系统是业务流程的关键表达（也是部分表达）。如此，就可看出基于信息的知识系统是依附于信息系统的。同时，该系统的运行和实施又超脱了信息，因为它包含了文化、制度、隐性知识显性化，而这些却是信息系统不包含的。

（2）基于业务（作业）流程的知识管理系统。"我没有时间"或"我的团队没有时间"是在组织中进行知识管理是最常见的障碍之一，因此，知识管理的相关任务必须与日常工作任务结合在一起并融入到日常业务流程中。知识管理不应与日常

---

① Ashok Jachapala 著，安小米译.知识管理：一种集成方法（第二版）[M].北京：中国人民大学出版社，2013：100

工作相脱节[①]。海纳百川，方成其大，湖泊要靠有源之水方能持续保持生命与活力。对知识系统这个"湖""海"来说，它的"源"，就是要植根于流动中的业务流程，通过嵌入在业务流程过程中的知识管理子系统可完成知识的储存、共享、利用、挖掘、关联、创新等过程，同时也完成知识的汲取以不断充实自身的知识管理系统。在以业务流程为导向的知识管理系统中，将知识看作是用来完成业务流程中某项任务的资源的同时，也是该业务流程的产品，在业务流程中被不断加工。

2.5.2　联系与区别

界定清楚信息管理系统与知识管理系统的范围、目标、目的、主题、管理对象等本质，有利于避免重复、交叉建设，更有针对性地开展相关建设，提高成功率。对应于上节论述的信息管理与知识管理的联系与区别，以 IT 技术为手段践行二者的信息系统与知识系统，自然也有天然的联系与区别，区别清楚二者，在实践中对人们更有指导的现实意义。

1. 联系

信息系统是业务流程的全覆盖、全表达，而知识系统则不然（如图 2.3 所示）。信息系统的目标和结果是业务流程的规范和高效的完成。而知识系统的结果则是知识的积累和能力的增强。知识系统不是信息系统的全部，是信息系统的部分，信息系统的能力部分。知识系统已经超越了信息系统，源于信息，高于信息。

知识管理系统应以信息管理系统为基础搭建。信息管理系统可在网上实现设计流程的信息化，自动实现设计过程文件的记录和存档，增加了设计流程的透明度，在企业内最大限度地共享设计过程资料和资源，如员工指南、知识地图、已完成项目数据库、各专业作业计划、设计工作计划、各专业设计任务进度、各专业提资情况、各专业厂家资料等。通过快速检索、查询和方便利用，为设计人员节约了大量前期准备的工作时间，从而节省了设计时间，提高了设计效率，缩短了设计周期，实现了工程项目的动态管理，把不同设计阶段所完成的中间过程都纳入到系统中，

① Kai Mertins,Peter Heisig,Jens Vorbeck 著，赵海涛,彭瑞梅译.知识管理原理及最佳实践[M].北京:清华大学出版社,2004

加强了项目的全流程管理，使重复劳动减少到最低极限，从而在更大程度上提高整体设计工作的水平。

2. 区别

信息管理系统 MIS 与以知识为基础的信息系统不同。MIS 面向流程，更多关注生产过程的完成，只是信息的处理和反映。与 MIS 不同的是，以知识为基础的信息系统面向知识，嵌入其中的知识管理子系统是个"双刃剑"，在丰富自身的同时也提高了被嵌入系统的可用性、引导性和质量，更重要的是，通过嵌入的信息系统的作业流程引导和加快了员工的成长、完成了知识的汲取和积累。

知识管理系统与信息管理系统不同，它不是一个单纯的 IT 技术手段，而是一个包括企业的组织、文化、战略、流程、技术等的多元系统。管理信息系统 MIS 有其自身优点，不仅可以理顺业务流程，而且可以优化业务流程，但还只是作为一个 IT 手段发挥作用。通过 MIS 进行信息共享，将重组后的业务流程的各个决策点加以固定，才能有效保证业务的正常进行。MIS 的应用实现了企业管理者对企业流程重组的计划，但对企业流程所包括的业务管理没有带来深刻的影响。知识管理始于业务流程，从而建立一个与之相适应的知识管理系统，用以支撑这个业务流程的进行，并实现"确定知识是否在这个流程中被聚集、被更新、被贡献以及被使用"[1]的目的。知识管理系统对企业的影响是深层次的，甚至包括组织结构的改变，其倡导的学习型组织就提倡用扁平式组织取代金字塔式的组织结构，这种变革极具革命性而非改良性。

2.6　系统工程与知识系统工程

1. 系统工程

我国系统工程学科开创者钱学森认为，系统工程是关于组织、管理的技术。对于系统工程可从两个角度理解：一是指复杂的、规模庞大的、涉及面广的项目或任务，对它们需要从整体上把握和综合协调处理；二是指实施项目或执行任务时所应用的思想、方法。

---

① 赵谦，张德，李虹.知识管理与企业流程管理的融合[N].中国信息导报,2006:44-46

系统工程方法的重要特点就是考虑问题的综合性和整体性，不仅考虑技术方面，还要考虑组织、人员、文化等方面。系统工程特别强调处理问题的六项原则是：目的性原则，整体性原则，综合性原则，动态性原则，协调与优化原则，适应性原则。

2.知识系统工程

系统工程、知识管理研究的著名学者王众托院士建议把知识管理的研究提到系统工程的高度，为知识系统建立一个新领域——知识系统工程，他定义知识系统工程是对知识进行组织管理的技术。

建立知识系统工程学科的目的，一方面是为知识管理的研究增加一个新的视角，对知识的获取、创造和应用从系统整体来综合加以研究；另一方面也拓宽系统工程学科的研究领域，在各行各业的系统工程研究中，增加一个从知识着眼的维度。

知识管理建设是一项复杂的人机系统，涉及技术、组织、文化以及管理学、心理学、工学等多学科，知识管理系统是在已有系统之上构建的，构成"系统的系统"，要考虑系统之间的集成，以实现知识的"推拉"流动。

本书依据系统工程思想和知识系统工程理论的指导，既对知识系统相关的组织学习与学习型组织、人力资本、知识资本、全面质量管理、流程管理与业务流程重组、信息管理、战略与文化等理论进行阐述，又有重点地基于流程管理维度阐述了知识管理的"嵌入式思想"和建设嵌入式知识管理系统的理念、架构和实现方案。

第三章 知识管理理论与标准

通过综合分析近年来国内外公认权威（含个人和机构）所研究的部分知识管理理论，可以理清知识管理理论发展的脉络。本章综述了国外知识管理流派及美国、德国、欧盟等具有代表性的知识管理理论与模型，介绍了几种国内的知识管理模型以及欧洲和中国的知识管理标准。

3.1 国外知识管理典型模型

本节首先概述了国外个人、组织或机构在知识管理方面的主要研究成果，其次概述了国外知识管理的多种流派，然后对有代表性的著名知识管理模型进行了详述，主要有日本 SECI 知识螺旋模型、美国 H&S 知识链模型、德国 Fraunhofer 知识管理最佳实践模型、美国 APQC 知识管理模型和国际 WfMC 联盟的工作流模型等。

3.1.1 国外理论概述

1. 国外个人主要研究成果简述

本书将国外比较有影响的个人研究成果整理如表 3-1 所示。其中的 C.W.Holsapple& M. Singh 经典知识链模型和 Nonaka 的经典知识螺旋模型已在上文详细介绍。

表 3-1 国外个人主要研究成果表

时间	国外个人	知识管理理论要点
1960' 1990'	管理学大师 Peter F. Drucker 彼得·德鲁克	德鲁克是 20 世纪最伟大的管理思想家和百科全书式的管理理论大师之一。1960 年代提出知识工作者和知识管理的概念，1998 年预言知识经济时代来临，指出 21 世纪最大的管理挑战是如何提高知识工人的劳动生产率。强调了信息和隐含知识作为组织资源不断增长的重要性，指出"管理的本质不是技术和程序，管理的本质是使得知识富有成效"。
1998	Thomas J.Allen 艾伦	关于信息和技术转移的研究使学术界对于组织内知识的生产、扩散和利用的认识达到了一个更高的水平。

续表 3-1

时间	国外个人	知识管理理论要点
2002	Clara Crocetti[①] 克莱拉	透析了知识管理与组织学习的关系,形成学习管理系统(LMS)的初步框架。
1998	C. W. Holsapple 霍尔萨普尔	提出知识链模型,旨在研究知识管理活动与企业竞争优势的内在联系;采用德尔菲法,给出识别、评估组织内部知识资源的方法性指导。
1999	T. H. Davenport 达文波特	美国波士顿大学信息系统管理学教授托马斯·H·达文波特在知识管理的工程实践和知识管理系统方面做出了开创性的工作,他提出的知识管理的两阶段论和知识管理模型[②],是指导知识管理实践的主要理论。提出了知识管理的两阶段论和知识管理的十大原则。
2001	Minsoo Shin[③]	整体考虑知识管理的理论性及实践性的特点,以此为基础构建以理论为基础的指导实践的知识管理业务工具以及应用方法。
2000	Sveiby 斯威比	从认识论以及组织行为学的角度对知识管理进行了阐述,认为知识管理是利用组织的无形资产创造价值的艺术。
1998	Yogesh Malhotra 约吉斯·马尔霍特拉	作为世界上最有影响的知识管理理念的推广和实施者之一,提出了知识从个体和组织两个维度进行区分,强调如何将个体知识转换为组织知识,才是实现知识创新和知识管理的本质所在。
1995	Nonaka 野中	分析了信息技术与知识创新的内在联系,提出组织知识创新的理论;提出了 SECI(Socialization Externalization Combination Internalization)模型。
1998	Day james 德曾姆士	提出了公司制定知识战略的四步法。
1999	Hansen 汉森 Nohria 罗利亚	将知识管理策略模式分为编码化模式和个人化模式两种。前者主要以系统化、文字化的资料、档案为对象,对知识加以系统化的编码、储存、利用;后者则注重人员间的直接交流,而不是数据库里的知识对象,电脑的主要作用是帮助人们交流,而非储存知识。采用编码化模式的有安达信、安永等咨询公司,DELL 等计算机公司;采用个人化模式的有麦肯锡、波士顿、贝恩等咨询公司,HP 等计算机公司。

---

① Clara.Corporate learning: A knowledge management perspective[J].Internet and HigherEducation
② 托马斯·达文波特,劳伦斯·普鲁萨克.营运知识[M].南昌:江西教育出版社,1999
③ Minsoo Shin,Tony Holder,Ruth A Schmidt. From knowledge theory to management practice:towards an integrated approach[J]. Infromation Processing and Management,2001,37:335-355

续表 3-1

时间	国外个人	知识管理理论要点
2000	Holsapple 霍尔萨普尔	认为包括知识创新、知识转移和知识保护三种知识管理战略，以及获取知识、选择知识、产生知识、内化知识、外化知识等知识管理活动过程。
1998	Bill Gates 比尔·盖茨	知识管理并不是从技术开始的，它始于商业目标、过程和共享信息需要的认识。知识管理是正确管理信息流，把正确的信息传送给需要它的人，以便迅速地以信息为依据采取行动。

2. 国外组织或机构主要成果简述

国外比较有影响的组织或机构的主要研究成果整理如表 3-2 所示。

表 3-2 国外组织或机构主要成果表

时间	组织或机构	知识管理理论要点
1996	联合国经济合作与发展组织 OECD	发布著名报告《以知识为基础的经济》；将知识分为事实知识（Know—What，知道是什么即知事）、原理知识（Know—Why，知道为什么即知因）、技能知识（Know—How，知道怎样做即知窍）和人际知识（Know—who，知道谁有知识即知人）等四类。
1997	美国生产力与质量中心 APQC[①]	提出知识管理战略的 6 种模式：以客户为重点的知识战略、建立员工对知识的责任感、无形资产战略管理、建立知识管理战略系统、促进知识转移技术创新和知识创造战略、把知识管理作为企业经营战略。 提出实施知识管理战略的 6 种方法：构建支持知识管理的组织体系、加大对知识管理的资金投入、创造有利于知识管理的企业文化、制定鼓励知识创造和转移的激励措施、开发支撑知识管理的信息技术、建立知识管理评估系统。
1999	英特尔 Intel Co.	在"二十一世纪半导体制造能力"报告中提出的知识管理模型将知识管理分成 4 大领域：知识创造、知识的获取和结构、知识分发、知识应用。

---

① APQC.UsingInformationTechnologytoSupportKnowledgeManagement[R].Final Report. 1997

续表 3-2

时间	组织或机构	知识管理理论要点
2001	弗朗霍夫 Fraunhofer	弗朗霍夫知识管理模型被视为欧洲屈指可数的几个标准化的整体知识管理框架之一，它对分析、寻找和开发整体的知识管理解决方案非常有帮助。
2004	欧洲标准化委员会 CEN	提出欧洲知识管理标准《欧洲知识管理最佳实践指南》，包括技术规范、技术报告和工作组协议，得到欧盟成员国的一致认可。

3.1.2 国外知识管理流派

由于学科背景不同、研究重点不同等原因，国外研究知识管理存在多种流派。蒋日富等根据研究重点不同，将国外知识管理归纳为五个流派[①]，如表 3-3 所示：

表 3-3 知识管理流派对比表

流派	基本假设	研究重点
学习流派	知识管理是个体或组织的学习过程	个体、团队或组织的学习活动
过程流派	知识管理是个体或组织的知识管理过程	知识生命周期，知识流，知识流程
技术流派	知识管理是知识管理系统建设和运行过程	信息技术应用，知识管理系统
智力资本流派	知识管理是个体或组织的知识价值实现过程	智力资本管理，知识价值及其实现
战略流派	知识管理是支持和实现组织战略管理的过程	知识管理战略与业务战略的整合

来源：蒋日富、霍国庆、郭传杰

过程流派研究认为知识只有在流动的过程中才能实现增值，知识管理事实上就是对知识流的管理。过程学派主要来源于信息管理、信息传播和管理咨询三个领域。过程流派的代表人物主要包括达文波特（T. H.Davenport）、普鲁塞克(L. Prusak)[②]、

---

① 蒋日富、霍国庆. 现代知识管理流派研究[J].管理评论,2010(5):23-29
② Davenport,T.H. and L. Prusak. Working Knowledge:How Organizations Manage What They Know[M].

野中（Nonaka）等。过程流派的主要观点可以归纳如下：①知识是流动的，知识流动的过程（即知识流程）是知识管理的研究对象；②引入时间变量，知识流程就是知识生命周期即从知识产生到知识失效和被淘汰的全过程，知识生命周期是知识管理的客观依据之一；③知识管理流程一般可以划分为采集、识别、创造、共享、应用、组织和适应等环节。

技术流派的主要研究对象是知识管理系统。技术流派主要来源于人工智能、各类信息系统（MIS/ERP/DSS）、知识管理软件。技术流派的代表人物多数都是从事信息技术研究的专家，如 IBM、Lotus、Microsoft 等。技术流派的主要贡献在于把各类组织或个人的知识管理实践以及成熟的知识管理理论进行编码以便能够通过计算机来实现知识管理，这是一种前无古人的探索，对于知识管理学科和知识管理实践的发展具有里程碑意义。

左美云根据不同学科背景将国外知识管理研究分为技术学派、行为学派和综合学派三大学派[①]。技术学派的主要观点是"知识管理就是对信息的管理"，技术学派的代表人物一般都有着计算机科学和信息科学的教育背景，美国处于这个学派的前沿。行为学派的主要观点是"知识管理就是对人的管理"，行为学派的代表人物一般都有着哲学、心理学、社会学或商业管理的教育背景，日本和欧洲处于这个学派的前沿。综合学派的主要观点是"知识管理不仅要对信息和人进行管理，还要将信息和人连接起来进行管理；知识管理要将信息处理能力和人的创新能力相互结合，增强组织对环境的适应能力"，综合学派的代表人物既对信息技术有很好的理解和把握，又有着丰富的经济学和管理学知识，由于这种方式能很快被企业界接受，该学派是近几年来知识管理发展的主流学派。

胡汉辉、戚啸艳根据主导对象不同将国外知识管理分为"信息"与"行为"两大流派[②]。信息流派以信息或信息系统为研究的主导对象，认为知识由信息系统中可辨识的对象组成，其关注点是卓越的信息系统。行为流派的立论基础是社会学、人类学、心理学和组织行为学，该流派认为知识管理是个动态过程，实施知识管理

Harvard Business School Press,Boston,198:123-143

① 左美云.知识转移与企业信息化[M].北京：科学出版社, 2006

② 戚啸艳，胡汉辉：组织导向、信息技术类型与组织知识管理模式的关系研究[J].科学学与科学技术管理,2006

离不开人的参与，其研究的主导对象是人。由于企业内部使用的标准作业程序手册是知识管理系统的构成要件，师徒传承式的培训方法也是知识管理系统的主要内容，先进的信息技术系统则可让组织成员积累与分享知识更为便捷、更具弹性，因此，"信息流派"与"行为流派"之间的界限已开始模糊[1]。

本书认为知识管理本身就是一个跨学科、跨领域的综合管理体系，很难用一个概念或领域来进行清晰界定，应遵照辩证统一的思想进行研究，各流派的研究从学术上看是由研究者的学术背景等决定的研究侧重点的不同。从本书的研究领域和核心思想来看，结合笔者计算机专业的学科和企业管理实践的背景，本书研究的侧重点与过程流派、技术流派、信息流派研究的侧重点相似。

3.1.3　日本 SECI 知识螺旋模型

Nonaka 在深入研究日本企业的知识创新经验的基础上，提出了著名的知识创造转换的 SECI 知识螺旋模型（如图 3.1 所示），SECI 知识螺旋模型已经成为知识管理研究的经典理论。

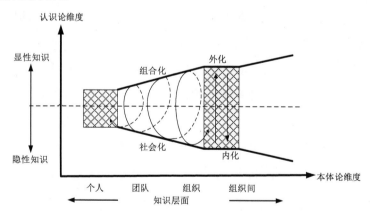

图 3.1　日本 SECI 知识螺旋模型

来源：Nonaka

Nonaka 认为，组织本身不能创造知识，个人的隐性知识是组织知识创造的基

---

① Hope, J. and Tony Hope, Competing in the third wave: the ten keymanagement issues of the information age[M]. Harvard Business SchoolPress, 1997

础。组织知识创造会经过"创造→扩散→积累"过程，而呈现出一种知识螺旋的过程。基于本体论与认识论的视角，将组织的知识活动定义为：社会化、外化、组合化和内化，并且由个人层次开始，逐渐上升并扩大互动范围，从个人扩大至社群、组织甚至组织间。其中认识论维度，代表隐性知识和显性知识之间的转换，而本体论维度，则代表个人知识如何提升到团体和组织知识层次。

知识活动体现如下：

（1）社会化/群化：在传统言传身教的"传帮带"及边干边学中实现不同个体之间隐性知识的转化，是典型的知识社会化过程。

（2）外化：个人隐性知识外化为组织知识库中的显性知识。

（3）组合化/融合：经过筛选、分类、组合、传递等方式将不同的显性知识融合起来产生新的显性知识，将分散的知识集聚到不断完善的组织知识体系中。

（4）内化：意味着通过培训、应用等方式将组织知识库中的显性知识又转化为组织成员的隐性知识，有效缩短人才培养周期，提升工作效率。在上述的活动中，围绕隐性知识显性化、显性知识组织化、组织知识效益化螺旋式完成了个人和组织知识的极大丰富和更新。

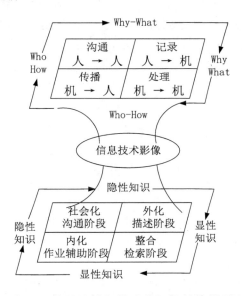

图 3.2　基于计算机技术的知识转换模型

来源：周杰韩

周杰韩[①]基于 Nonaka 知识螺旋模型的人机关系，给出一种基于计算机技术的知识转换模型（图3.2）。其中，知识的社会化是人们之间的知识传递过程，计算机技术实现网络信息沟通和共享；知识的外化是人向计算机输入和积累知识的过程；知识的整合化是知识在计算机内部做不同映射和转换的过程；知识的内化是计算机向人输出数据、模型等结构化知识，辅助人完成作业的过程。

3.1.4　美国 H&S 知识链模型

笔者在分析了2010年9月以前国内53篇关于知识链相关文章基础上发现，迄今为止国内对知识链的研究始终没有突破美国学者 C.W.Holsapple 和 M.Singh 在1998年提出的知识链模型[②]（图3.3）。知识链模型由主要活动功能和辅助活动功能两部分组成。主要活动功能又由5个阶段组成：知识获取、知识选择、知识生成、知识内化、知识外化；辅助活动功能由4个层次组成：4层次结构由领导、合作、控制、测量组成，构成了知识链的5阶段4层次结构。知识链模型表明了知识链的"产出"是各个阶段的知识"学习"活动的结果。他们从研究企业核心竞争能力的角度，认为知识链管理是基于知识流在不同企业主体间及企业内部的转移与扩散，实现知识的捕获、选择、组织和创新，具有价值增值功能。国内学者的创新是在该模型基础上结合行业特点或实践情况提出的数十种改进模型（可参考文献[③④]）。

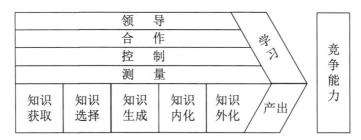

图3.3 美国 C.W.Holsapple 和 M.Singh 的 H&S 经典知识链模型
来源：C.W.Holsapple 和 M.Singh

① 周杰韩.制造业知识管理研究[J].计算机集成制造系统,2002,8(8):669-671
② C.W.Holsapple,M.Singh:The knowledge Chain: Activities forCompetitiveness [J]. Expert System with Applications, 2001(20)
③ 方志.国内知识链研究综述[J].现代情报,2009,29(5):221-223
④ 杨中华.国内外知识链研究进展[J]. 科技管理研究,2009(6):538

3.1.5　德国 Fraunhofer 知识管理模型

1949 年成立的 Fraunhofer（弗朗霍夫）协会及所属的 69 个研究所是德国应用研究和工程技术领域的重要研究机构。在欧洲，Fraunhofer 知识管理模型被视为屈指可数的几个标准化的整体知识管理框架之一[①]，它对分析、寻找和开发整体的知识管理解决方案非常有帮助。

Fraunhofer 知识管理模型共分为 3 层（图 3.4）：

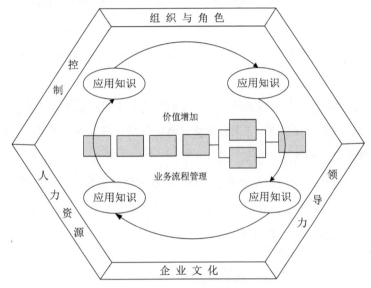

图 3.4　德国 Fraunhofer 知识管理模型

来源：Fraunhofer

第 1 层是知识管理活动的永久活动中心——增加价值的业务流程。它不仅是知识的发源地，而且是知识发挥作用的场所。业务流程代表相关人员执行任务所需要的知识领域、范畴或内容。知识从业务流程中产生出来并在业务流程中或业务流程之间分享。

第 2 层是知识管理核心流程，由四种核心知识管理活动所构成，即"产生知识""储存知识""传递知识"和"应用知识"。这些核心活动构成一个完整流程。

[①] Kemp,J.,Pudlatz,M.,Perez,Ph.,Munoz Ortega,A.:KM Framework. Research paper of the European KM Forum(1ST Project No 2000-26393), 2002

（1）产生知识。产生知识与创造知识、获取知识有一定的相同之处，以至于许多人认为它们是同义词，事实上，它们之间有一定的差别。获取知识是指从组织内外获得已经存在的知识；创造知识是指在现有知识的基础上创造出新知识。产生知识既包括获取知识，也包括创造知识。

（2）储存知识。由于组织知识有不同的类型，知识的储存方式也就有所不同。显性知识可以存储在组织的知识库中，隐性知识则可以通过建立案例库等形式实行间接存储。储存知识并不是将知识放在一边，也需要不断地加以更新。

（3）传递知识。传递与传播、扩散、共享基本上同义，显性知识可以通过电子邮件、内网、外网等来传递；隐性知识则只能通过边干边学、知识经验"师带徒"等方式来传递。

（4）应用知识。产生知识是基础，存储知识是手段，传递知识是前提，应用知识是知识管理的最终目的。应用知识就是将组织拥有的显性或隐性知识用于解决问题的实践中，从而为组织创造价值。①

第 3 层由 6 个知识管理设计领域构成：企业文化、领导力、人力资源、信息技术、组织与角色、控制。前 5 项是知识管理的关键要素，第 6 项是通过一些措施和指标来评估知识管理活动的效果。

3.1.6　美国 APQC 知识管理模型

美国生产力和和质量中心 APQC 和安达信 Arthur Anderson Consulting 联合开发了知识管理模型（图 3.5），包括知识管理流程与支撑因素两个层面，该模型某种程度上代表了美国知识管理最佳实践的总结。

APQC 认为，推动知识管理方案首先必须正确认识四项不可或缺的支撑因素，即领导与战略、文化、信息技术与基础设施、管理的绩效评估。惟有这四大因素组合在一起才有可能发挥出效果，并有助于知识管理的达成。APQC 认为知识管理流程由收集、组织、改造、使用、创造、识别、共享等过程组成。

在 APQC 知识管理模型中，内环反映了知识管理流程的内涵，代表了知识在组

---

① 崔树银.流程导向知识管理的策略研究[J].科学管理研究, 2006,24(5):76

织内生生不息、循环增值的过程；而外环则是保证知识在组织内共享和员工协作的支撑因素，两者相辅相成，密切配合。在该模型的基础上，APQC建立了知识管理实施指南，包括五个阶段：启动、策略开发、试点、推广支持、将知识管理制度化。

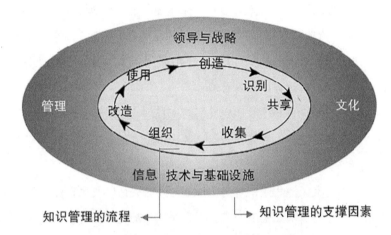

图 3.5　美国 APQC 知识管理模型框架图

来源：APQC

3.1.7　国际 WfMC 联盟工作流模型

1. 工作流概念及内涵

国际工作流管理联盟（Workflow Management Coalition，WfMC）是非赢利性国际标准组织，它发布了一系列的工作流定义、软件接口的草案文本，是目前世界上公认的最具权威性的工作流标准制定机构，得到了广泛的支持和应用。工作流与本书论述的业务流程关系密切，业务流程兼容并包工作流，是对工作流的扩展，研究工作流对业务流有重要启发意义。

WfMC定义工作流是一类能够完全或者部分自动执行的业务流程，在这一过程中，任务及任务所需的文档、信息等根据预先制定的规则在不同的参与者之间传递与执行[1]。

WfMC认为工作流管理系统是一个软件系统，它完成工作流的定义和管理，并

---

① David Hollingsworth.The workflow reference model[R].Workflow Management Coalition,1995

按照在计算机中预先定义好的工作流逻辑推进工作流实例的执行。

工作流的目的是通过将工作分解成定义良好的任务、角色，按照一定的规则和过程来执行这些任务并对它们进行监控，达到提高办事效率、降低生产成本、提高企业生产经营管理水平和企业竞争力的目标。与企业中的物料流、资金流、信息流等概念相比，工作流的概念相对要抽象一些，它从更高的层次上提供了实现物料流、资金流、信息流及其涉及的相关过程与应用的集成机制，从而实现业务过程集成、业务过程自动化以及对业务过程的管理①。

WfMC 在以上概念基础上，还定义了若干模型，如工作流参考模型、工作流产品结构模型、工作流过程定义元模型等，其中最重要的是工作流参考模型。

2. 工作流模型

工作流模型定义了流程中的任务、任务之间的关系以及执行任务的主体，是工作流管理系统运行的基础，是工作流管理系统结构的通用描述。如图 3.6 所示：

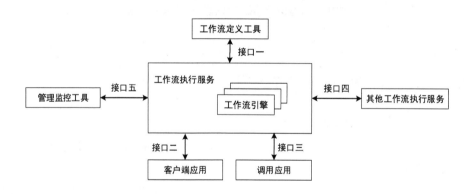

图 3.6 国际 WfMC 联盟工作流模型：构成&接口

来源：WfMC/工作流管理联盟

工作流模型构成如下：

（1）工作流执行服务：工作流管理系统的核心部件，用来执行工作流，可能包含多个相互独立、并行运转的工作流引擎。它的功能包括创建、管理流程定义，创建、管理和执行流程实例，在执行上述功能的同时，应用程序可能会通过编程接

---

① 童立新.基于工作流技术的知识推理过程建模及推理引擎的开发[D].上海交通大学，2007：9

口同工作流执行服务交互。

（2）工作流引擎：为流程实例提供运行环境并解释执行流程实例的软件部件。

（3）流程定义工具：是管理流程定义的工具，它通过图形化的方式来显式地定义复杂的流程并加以操作，在定义时可能会参考组织或角色数据，还会同工作流执行服务交互，或者通过编程接口引用外部应用程序。

（4）客户端应用：是通过请求的方式同工作流执行服务交互的应用程序，即通过客户端应用来调用工作流执行服务。

（5）调用应用：是指工作流执行服务为完成特定任务而需调用的应用程序。

（6）管理监控工具：用于维护和管理组织机构、角色等数据，并对流程实例的执行情况进行监控，管理监控工具需要和工作流执行服务交互。

工作流模型的五类接口为：

（1）接口一：工作流服务和建模工具间接口，包括工作流模型的解释和读写操作；

（2）接口二：工作流服务和客户应用之间的接口，是最主要的接口规范，它约定所有客户端应用与工作流服务之间的功能操作方式。

（3）接口三：工作流引擎和直接调用的应用程序之间的直接接口；

（4）接口四：工作流管理系统之间的互操作接口；

（5）接口五：工作流服务和工作流管理工具之间的接口。

3. 工作流过程定义元模型

工作流过程定义元模型（图 3.7）通过活动、转换条件、角色、工作流相关数据、被调应用五类元素来描述工作流的组成及逻辑关系。

①活动指业务过程中的任务；②转换条件描述了过程实例推进的依据，是业务规则、操作顺序的反映；③角色是参加活动的人员或组织单元；④工作流相关数据与转换条件一起是工作流引擎推进工作流的依据；⑤被调应用指完成业务过程所需的工具或手段。

工作流类型定义，反映了组织业务过程的目标。

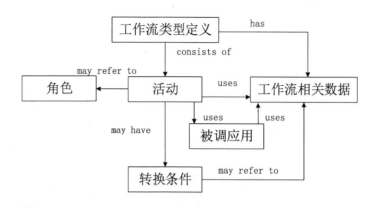

图 3.7 工作流过程定义元模型

来源：WfMC/工作流管理联盟

4.　工作流与知识管理的关系

为有效实现基于业务流程的知识管理，需要工作流技术与知识流技术的有机结合[1]。工作流技术是组织实现业务过程建模、重组和执行的重要技术，其作用主要包括：改善对过程的控制，便于异步和并发地开展业务，提高工作效率，降低业务成本，提高服务质量和用户满意度等[2]。知识流是知识的积累、共享及交流过程。组织生产管理的核心是有效运作工作流，组织知识管理的核心是有效运作知识流。

目前的工作流管理重点主要停留在任务的执行监控、文档和信息的流转等方面，而对工作流管理与知识集成的研究较少，缺乏对知识资源进行系统管理和应用方面的支持。

人员、知识需求、知识是知识流中的重要元素。知识是和人员相关的，工作流中的被调应用需要的不是知识，而是输入信息或数据。知识需求来源于知识应用的场景（即特定的业务活动）和待解决的问题，对知识需求的表示和存储有利于知识的发现和重用；同时，以知识需求为依据联系起相关人员是实现隐性知识管理和知识传递的关键。在组织中，知识需求、知识和人员处于动态变化中，具有不确定性和随机性，比如新需求的提出、人员协作中新知识的产生、人员的状态变化（如人员的增减），这些都将对知识流的结构和执行情况产生影响。

---

① 赵文等.工作流元模型的研究与应用[J].软件学报,2003 vol.4，No.6:1052-1053
② Fischer L.The Workflow Handbook 2003[R].Future Strategies Inc,2003.17-25

通过图 3.8 对前述知识流特征进行说明。图中 Actor 轴表示具体的组织人员，Knowledge Requirement 轴、Knowledge 轴分别表示知识需求和知识。知识需求和知识的交点（如点 c）表示二者之间的满足关系。图中的点 a，b 蕴含了知识流的动态性：人员 A1 和 A2 具有同一知识需求 R1，当点 a 的需求提交时间晚于点 b 的需求提交时间并先于后者正常停止时，A1 获取的知识必然需要及时传递给 A2，以供借鉴或重用。[①]

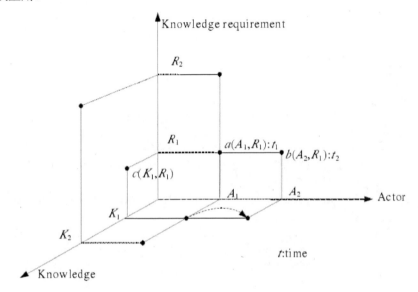

图 3.8　知识流相关元素与元素间动态关系

来源：张晓刚、李明树

从上面的讨论可知，知识需求与知识之间存在着对应关系。同时，在工作流中，角色与人员之间存在着对应关系。

3.2　国内知识管理典型理论

本节概述了国内的知识管理典型理论，介绍了"灯笼"和"知识流小车"两种具有代表性的模型。

---

① 张晓刚,李明树.基于工作流的知识流建模与控制[J].软件学报，2005,16(2): 185

3.2.1　国内理论概述

1. 国内部分个人研究成果简述

国内部分个人研究成果整理如表 3-4 所示。左美云提出的"灯笼模型"和"知识流小车模型"已在上文详细介绍。

表 3-4 国内个人研究主要成果

时间	国内个人	知识管理理论要点
1999	徐勇	归纳了知识共享的 3 种推动模式：命令带动式、利益诱导式和个人行为推动式。 提出了知识管理的 6 种方法：设立知识主管、创建动态团体、建立知识创新的激励机制、建立递增收益网络、建立企业内部网络、建立动态联盟。
1999	王德禄	在《知识管理——竞争力之源》一书中对知识管理作为企业的竞争力作了概念性的讨论。 在《知识管理的 IT 实现》中对知识管理的内涵和信息技术的关系等做了深入阐述。
2002	微软刘建伟	好的知识管理产品要易于使用，用户界面要使终端用户能很容易上手；要注意新系统与 MIS、ERP、CRM 系统的衔接，要注意系统的可扩展性。
2002	江苏薄斌	很多的技术报告、技术方案都存在员工个人电脑硬盘里，他人根本无法使用。如果有一个很好的知识管理系统，能够方便地把其中的知识积累下来，那么庸人也能很快地学习到知识和技能，能人也就不必过多耗费大脑和精力处理所有的事务。
2003	夏敬华金昕	在《知识管理》[①]一书中，从知识管理的理念和方法、知识管理的系统和工具、知识管理系统的规划和实施以及知识管理实践等角度对知识管理以及知识管理系统进行研究。
2005	王如富等	提出了知识管理 6 种方法：知识编码化、应用信息技术、建立学习型组织、设立知识主管 CKO、构建知识仓库、进行基准管理和最佳实践。
2006	邱均平	在《知识管理学》一书中，对知识管理从科学理论的高度和学科建设的角度进行研究。

---

① 夏敬华、金昕.知识管理[M].北京：机械工业出版社，2003

续表 3-4

时间	国内个人	知识管理理论要点
2006	左美云	将知识管理分为技术学派、行为学派和综合学派三大学派。提出了"灯笼模型"和"知识流小车模型"。
2006	胡汉辉 戚啸艳	将知识管理分为"信息"与"行为"两大流派。
2010	蒋日富 霍国庆等[①]	将知识管理归纳为学习、过程、技术、智力资本、战略等五个流派。

2. 国内组织或机构研究主要成果简述

表 3-5 中显示的是我国两个较权威的组织发布的知识管理相关报告。其中知识管理的中国国家标准将在下节详述。

表 3-5 国内组织或机构研究主要成果表

时间	国内组织或机构	知识管理理论要点
1997	中科院	发布《迎接知识经济，建设国家创新系统》报告
2009	国家质检总局 国家标准委	发布知识管理的国家标准《知识管理第 1 部分：框架》（GB/T 23703.1—2009），本标准提出了知识管理的目标和和原则，提出了知识管理的概念模型、过程模型和基本框架。

在前文对国内知识管理理论和流派综述的基础上，下文对有代表性的著名知识管理模型进行详述。

3.2.2　"灯笼"模型

知识管理作为知识经济时代出现的新兴管理思想，并不是孤立于企业经营管理体系之外的。它本身就是从其他管理领域中提取有关"知识"的管理理念，经过抽象和综合分析，才逐渐形成的一种战略思想，从它诞生的那一天起，就与战略管理、

---

① 蒋日富、霍国庆. 现代知识管理流派研究[J].管理评论,2010(5):23-29

人力资源、财务、行政、市场、研究与开发等管理领域具有千丝万缕的联系。可以说,"知识管理"这一棵管理学科中的幼苗,是在众多原有管理范畴的共同滋养下才逐渐成长、发展成一个宏伟而完整的思想体系的。

图3.9是企业知识管理体系"灯笼"模型[①]。

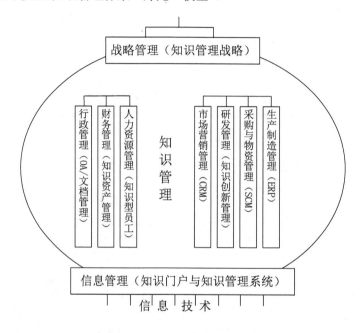

图 3.9　"灯笼"模型

来源：左美云

整个知识管理思想体系被描述为一个"灯笼"的形状。最上边的灯笼柄,是知识管理战略,它是知识管理思想在战略管理领域的直接体现,对企业整个的知识管理思想体系起到提纲挈领的作用,其他的知识管理活动和制度都在知识管理战略这个总纲领下逐步展开。灯笼的笼底,是信息技术,以及在信息技术的基础上建立的知识门户和知识管理系统。这一方面是知识管理思想对于信息管理领域的开拓,一方面也是其他知识管理活动得以开展的基础。可以说,有知识管理系统的知识管理不一定是好的知识管理,但没有知识管理系统的知识管理一定不是好的知识管理。由知识管理战略和知识门户/知识管理系统围成了一个灯笼的形状,其他的知识管

---

① 左美云.知识转移与企业信息化[M].北京：科学出版社,2006.7：P9

理思想和活动都在这个"灯笼"的范围内展开。

　　"灯笼"模型的核心分为两部分：左边列了三个内容，分别是企业管理里的基本职能管理——行政管理、人力资源管理、财务管理；右边按照企业价值链设计为四个内容——市场营销管理、研发管理、采购与物流管理、生产制造管理。对这些内容，有的学者是从广义的角度来研究，有的是从狭义的角度来研究。主张广义的知识管理的学者认为，知识管理对整个管理学都产生影响，而我们是把对现代管理学发生作用的每一部分抽取出来，看看知识管理与职能管理或者流程管理有哪些交叉。

　　下面依次对"灯笼"模型的核心部分予以解释。第一个内容是从行政管理的角度来讲。文档资料分类和保存管理等办公自动化的内容，就属于知识管理。第二个内容是知识管理与财务管理的结合，比如知识资产的管理，属于知识管理。第三个内容是人力资源管理，其中对知识型员工的管理属于知识管理的范畴。概括来说，在行政管理、财务管理和人力资源管理这三个重要的职能领域，知识管理分别体现为办公自动化/文档管理系统、知识资产管理和知识型员工的招聘、激励和职业生涯设计等内容。

　　从流程上来看，首先是市场营销管理，其中很重要的就是客户关系管理。在客户关系中单点接入是一个很重要的概念，也就是客户知识通过整合后，客户无论是采取何种沟通方式（如电话、传真、电子邮件等），与何人沟通都能根据唯一的客户知识库得到一致的服务。流程的第二个内容是研究与开发管理，研究与开发管理中对知识创新的管理显然属于知识管理的范畴。第三个内容就是采购与物流管理，与知识管理密切相关的主要是供应链管理。供应链管理为什么实施起来很难？就是因为数据的标准很难统一。如果一个企业内或企业间没有一个统一的数据标准，那么这个接口做起来就很难。这里的接口和标准，就是知识管理要考虑的问题。除此之外，供应链企业之间知识转移、采购文档与模板也都是知识管理的重要内容。流程管理的第四个内容是生产制造管理，主要指企业资源计划系统 ERP。虽然 ERP 具有现代管理思想，但它同时也是一个大型的运算器。这个大型运算器里有很多的算法、很多的流程，这些算法和流程就是已经规范化的企业最佳实践，是知识管理需要重点研究的内容。

居于企业知识管理"灯笼"模型中心的，是知识管理本身。它就像一根蜡烛，照亮了整个知识管理思想体系，也照亮了企业管理这个更大的空间。"知识管理灯笼"的含义，不仅仅在于说明知识管理的思想在企业经营管理的各个领域中都有所体现，也说明进行知识管理研究不能将眼光仅仅局限于"知识管理"本身，还应该时刻关注知识管理以外的其他经营管理领域，时刻注意这些孕育了知识管理的领域中的新动向，同时注意将知识管理的理论运用于其他领域，这样才能够避免走入"为了管理知识而进行知识管理"的误区，才能够保证知识管理研究广泛深入地进行。

3.2.3 "知识流小车"模型

所谓知识流的管理，是指为保证知识在企业中从获取、产生、共享、创新、利用到知识挖掘和衰亡的整个知识生命流程畅通无阻而采取的保障措施。企业中的知识流程可以用"知识流小车"模型（图3.10）来加以形象的概括。

图中的实线是知识主体的转移过程，虚线是知识价值的转移（让渡）过程，一对实线和虚线合起来表示一个知识交易的过程。在"知识流小车"的最上部，企业从供应商、客户、竞争对手（包括潜在竞争对手在内）那里获取有关竞争战略的企业外部知识；从私立知识机构（培训机构、信息中介和咨询公司等）和公共知识机构（国家统计局、政府官方网站、公共服务性机构、行业协会和民间组织等）那里获取有关社会、市场、行业和其他方面的知识，这些企业外部知识通过企业内的各种知识获取途径内部化为企业内部知识，以公共知识库或"企业记忆"的形式存在。同时，企业也可以通过其内部和外部的知识发布渠道，将有关本企业的知识发布出去，成为企业外部知识。这样，就在企业和企业外部实体之间，形成一个知识流环。

在"知识流小车"的中间，企业员工可以借助企业内部的组织学习或激励机制，将组织记忆中的一部分显性知识内在化为个人的隐性知识；也可以由企业将员工们的个人知识转化为企业的公共知识，并最终融入组织记忆之中。这样，通过显性知识、隐性知识的转化，在员工个人知识和企业的公共知识库（组织记忆）之间，就形成了第二个知识流环。

在"知识流小车"的底部，是三个"轮子"，分别是：知识创新、知识共享和知识应用。它们对于整个企业知识系统而言至关重要，正是这三个轮子持续不停地运转，才保证了企业知识系统正常的新陈代谢，推动了整个企业知识流的良性流动。

由"知识流小车"模型可以看出，企业知识流的管理有两个要点：一是保证知识创新、知识共享和知识应用的顺利进行；二是外部知识内部化和内部知识的显隐性转化（宽泛而言，这部分内容也可以归为知识共享的一个部分）。前者是"车轮"，后者是"车身"。没有车轮只有车身，是一辆开不动的死车；没有车身只有车轮，是一辆没有用的废车。

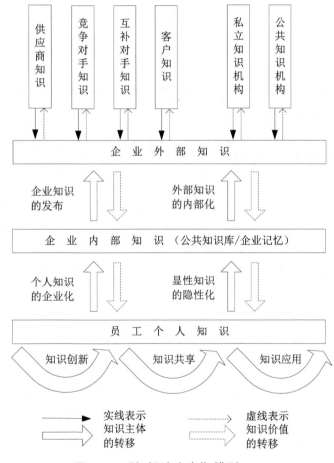

图 3.10　"知识流小车"模型

来源：左美云

知识在组织中经历了产生、发展、消减和消亡的整个过程。企业组织内部的知识来源有两个：一个是企业外部知识源，具体来说包括供应商、客户、竞争对手、私立知识机构（如各种培训机构）和公共知识机构（如公共图书馆）等；另一个是企业内部知识源，包括尚未挖掘整理的企业内部公共知识、企业员工的隐性知识等。

企业通过各种渠道从企业外部搜集知识，这是外部知识内部化的过程；企业从内部挖掘知识，是个人知识企业化的过程。与此同时，企业通过大众媒介、财务报表、股东大会等传播渠道，不断向外界发布各种有关企业的知识。在企业内部，员工通过将企业公共知识库（组织记忆）中的显性知识隐性化，学习文化和技能。

员工个人知识在企业内的扩散和壮大有三种途径：知识创新、知识共享和知识应用。这也是知识生命周期中最关键的步骤，正是通过知识创新、共享和应用，知识才成为与组织绩效密切相关的因素，组织记忆也不断得以更新和发展。超过时限的知识，可以作为历史数据进行知识挖掘，也可以通过知识备份手段保存起来。这样，知识在组织内就基本走过了它的整个生命历程。

3.3　知识管理标准

本节先概述了知识管理的国内外标准，之后特别介绍了欧洲知识管理最佳实践指南和中国国家标准。

3.3.1　国内外标准概述

什么是知识？什么是知识管理？知识管理模型是什么？知识管理的术语定义是什么？影响知识管理的关键因素是什么？知识管理的目标及原则是什么？知识管理可以为企业组织及个人带来怎样的价值与发展驱动？推动知识管理顺利高效实施的组织架构、流程、活动及相关文化制度应该是怎样的？组织应该构建怎样的知识管理概念及过程模型？……知识管理标准正是为了解决这些问题而提出来的。

标准是对重复性事物和概念所作的统一规定。它以科学、技术和实践经验的综合成果为基础，经有关方面协商一致，由主管机构批准，以特定形式发布，作为共同遵守的准则和依据。知识管理标准是对知识管理领域的概念、术语、原理、方法、规则、模式、流程和文化等方面的统一规定，由标准主管机构批准并发布的共同遵守的准则和依据。自 2001 年以来，欧洲、英国、澳大利亚、中国、APQC、OECD 和 GKEC 等国家或组织把知识管理的思想、理论和实践经验加以提炼和综合，制定了相应知识管理标准体系，这些标准体系的建立极大地促进了知识管理实践在全球范围内的共享、交流和提升。

根据 UNICOM 研讨会 Frithjof Weber 的论文，将这些国家或组织的知识管理标准分为三层（图 3.11）：①描述知识管理概念，②列举知识管理元素，③知识管理的支撑（非知识管理）[①]。与本小节相关的如图第 1 层所示，其中虚线部分的中国国家标准和欧盟的最佳实践是笔者根据最新的发展情况对原图的补充。

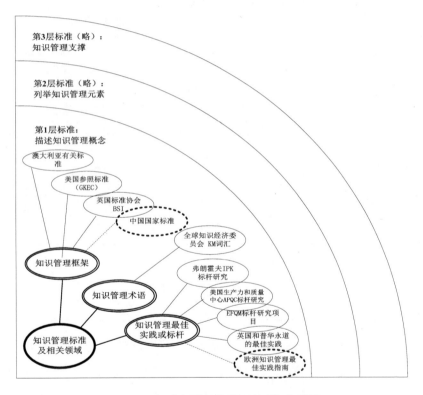

图 3.11　全球主要知识管理标准扇形图

来源：本书作者基于 Frithjof Weber（2002）原图的补充

---

① Frithjof WeberR. Standardisation in Knowledge Management- Towards a Common KM Framework in Europe[S]. Proceedings of UNICOM Seminar, 2002

有较大影响的国家或组织的知识管理标准体系如表 3-6 所示：

表 3-6 有较大影响的国家或组织的知识管理标准体系对比表

时间	标准名称	说明
1996	世界经济合作与发展组织 OECD	严格来说，OECD 并没有以标准的方式发布对知识管理的指南，但其在《以知识为基础的经济》中对知识管理的阶段描述是知识管理理论和标准的基石，也是中国国家标准仅有的三篇参考文献之首。
2002	全球知识经济委员会 GKEC①	美国国家标准组织（ANSI）已正式批准 GKEC 知识管理方案为美国国家标准，此标准于 2002 年 1 月 15 日生效，包括词汇、语法、方法、高级培训等部分。
2002	英国标准化组织 BSI 关于知识管理标准化的声明②	BSI 的知识管理标准包括：《PAS 2001：最佳实践指南》《PD 7500 知识管理 词汇》《PD 7501 实践指南 管理文化和知识管理》《PD 7502 实践指南 知识管理评价》《PD 7503 建筑行业引入知识管理》等。
2001 ~ 2004	澳大利亚标准国际有限公司 SAI 制定的知识管理标准	2001 年发布了第一本知识管理方面的手册 HB275-2001 知识管理能动性框架，2002 年发布 HB 165-2002 知识管理案例研究，2003 年发布 AS 5037(Int)—2003 知识管理标准，2004 年基于英国 BSI 的 PD7500 知识管理词汇发布"HB 189—2004 知识管理术语 指南"③，并将 BSI 的 PD7500 改编为澳大利亚的 MB-007 知识管理标准。
2004	欧洲知识管理最佳实践指南	详见本书其他章节
2009	中国国家标准	详见本书其他章节

通过对不同国家或组织的知识管理标准进行研究，分析这些知识管理标准的体系架构、理论基础和实践方法，借鉴其成功的国际经验，有利于我国知识管理理论和标准的建立与完善。本书已介绍了 APQC 知识管理模型和 Fraunhofer 知识管理模型，下面将介绍具有代表性的欧洲知识管理最佳实践指南和中国国家标准。

---

① www.GKEC.org
② Toby Farmer. BSI Position Statement onStandardization withinKnowledge Management[S]. www.bsigroup.com. 2002: 10
③ SAI. Knowledge Management Terminologyand Reading List—An Australian Guide[S].2004

3.3.2 欧洲知识管理最佳实践指南

欧洲标准化委员会（European Committee for Standardization，CEN）由欧洲经济区和欧洲自由贸易委员会的国家标准组织成立。欧洲标准化委员会制定的标准，包括技术规范、技术报告和工作组协议，并得到欧洲成员国的一致认可。一旦欧洲标准颁布，所有成员国"必须把这些标准当作国家标准来实施，并把相同问题上与欧洲标准相冲突的国家标准取消[1]。"在商业方法领域中，标准大都被认为是"最佳实践"，最广为人知的是 ISO 9000 系列及相关质量标准。因此，2004 年发布的欧洲知识管理实践归纳提炼后的《欧洲知识管理最佳实践指南》（以下简称"指南"）就是 CEN 成员国的知识管理标准[2]。

《指南》由五个系列标准组成，"引言"部分每个标准都是完整的，可以独立使用，但同时使用可以更加系统深入地理解各标准。五个标准侧重点不同，在内容上相互补充、相互兼容，为中小企业实施知识管理提供了系统的指导。相关标准及背景、方法、成果对比分析如表 3-7、3-8 所示[3]：

表 3-7 欧洲知识管理标准列表

标准号	标准名称	内容简介	出版时间
CWA/ I.S. CWA 14924-1：2004	欧洲知识管理最佳实践指南：知识管理框架	为组织、个人层面的知识管理提供整体背景和框架	2004.3
CWA/ I.S. CWA 14924-2：2004	欧洲知识管理最佳实践指南：知识管理文化	指导读者如何创造适合于引进知识管理的文化环境	2004.3
CWA/ I.S. CWA 14924-3：2004	欧洲知识管理最佳实践指南：中小企业的知识管理实施	为中小企业提供实施知识管理的项目管理方法论	2004.3
CWA/ I.S. CWA 14924-4：2004	欧洲知识管理最佳实践指南：知识管理评估	帮助组织评估知识管理的进展	2004.3
CWA/ I.S. CWA 14924-5：2004	欧洲知识管理最佳实践指南：知识管理术语	总结主要的知识管理术语和概念，帮助读者通读指南	2004.3

来源：CEN

---

[1] David J. Skyrme. KM Standards: Do We Need Them? [EB/OL]. http://www.skyrme.com/updates/u65_f1.htm. September 2002
[2] 欧洲标准化委员会网站：http://www.cen.eu
[3] CEN. European Guide to Good Practice in Knowledge Management [S]. CWA/ I.S. CWA 14924:2004

表 3-8 标准的背景、方法和成果表

标准名称	背景	方法	成果
知识管理框架	本手册目的在于通过参考各种不同的观点，为欧洲企业尤其是中小企业实施知识管理提供一个全面的框架。阐述组织绩效、增值活动、财务经济标准、人与信息系统交互、人与组织的交互，社会—组织问题包括法律问题、领导力、权力分配、管理风格、知识共享、激励与奖励体系、专业文化、道德与价值。通过全盘考虑这些因素，可以形成一种社会与文化驱动的知识管理，达到一种平衡的目的。	欧洲与其他地区存在许多有趣、可应用的框架，本项工作将识别对欧洲组织、特别是中小企业有实用意义的框架（或框架集），此框架将为不同的业务背景下的知识管理提供决策参考。	对组织处理知识管理项目实施中涉及的经济、技术、组织、社会文化问题及其之间的关系提供有实践指导意义的框架。
知识管理文化	主要目的是指导组织中各层次的人如何最大限度发挥自己的能力和关系网来很好地管理知识。价值、信任、信仰、组织制度等对知识管理成败起到最基本的作用，为了使知识管理起到真正的增值作用，需要创新适宜的组织文化。这意味着需要使用流程、组织结构等手段促进信息向知识转变，分享、转移和创造知识。其他流程如变更管理、实践社区、组织学习等对于知识管理也很重要。最后，技术对于文化的影响也会决定知识管理的成败，因此，需要研究如何利用技术有效驱动知识管理。	欧洲与其他地区对企业文化已经做了许多叙述。本项工作将识别一组实用的指南帮助知识主管和业务主管处理知识管理的组织、文化问题，本部分将用简单的语言撰写案例分析、案例故事、经验教训，对关键点进行阐述。	知识管理文化包括： • 获取最高管理层的支持； • 将知识管理推向组织； • 知识管理与组织学习； • 变更管理； • 激励知识型员工和组织达到目标 • 知识管理措施与现有文化的结合； • 有效地使用社区； • 利用信息技术驱动知识管理 • 识别和提高相关技能和行为。
知识管理实施	本项工作将帮助中小企业、集群判断是否适合启动知识管理项目，建立知识管理最佳案例，识别和激励知识管理的关键角色，成功地在企业内外实施知识管理，评估他们的贡献。本项内容是激励欧洲中小企业全面开展知识管理实践的关键。	本项工作收集具有代表性的中小企业关于知识管理的优秀实践、教训、问题解决历史和经验、投入的指南，最终形成指南指导各种不同业务环境的中小企业实施成功的知识管理。	知识管理实施指南包括： • 欧洲知识管理成熟度表格； • 原则、方法论、最佳实施，提升意识的培训资料； • 评估指南； • 技术部分； • 案例故事和案例研究。

标准名称	背景	方法	成果
知识管理评估	知识逐渐被企业看作组织的核心资产，如何评测和跟踪组织的知识绩效，如何评测知识管理对业务的影响等问题都随之产生。在启动知识管理项目前，领导会关心应用知识管理是否能够提升企业绩效、组织创新。需要跟踪项目的影响力、评测项目的成果。	本项工作识别为大家所认可。能帮助知识主管、业务领导评价知识管理对组织绩效、创新能力的提升程度的关键指标，描述评估什么、如何评估、为什么评估、何时评估。	欧洲知识管理评估指标和方法指南。它包括一组同时可以用于欧洲组织战略和操作层的指标体系，以及最适宜进行评估的部门。便于中小企业业务主管利用评估子集快速启动评估。
知识管理术语	知识管理所面临的一个挑战就是界定清楚知识管理涉及的术语和概念，如果达成统一的术语体系，中小企业将得到很大的受益。	词表包括框架、评估、实施、文化，并兼顾中小企业在知识管理交流中的实用性。	由30个词汇和定义组成的欧洲知识管理词表

来源：CEN

CEN 认为一个完整的知识管理体系由三个层面组成，如图 3.12 所示：

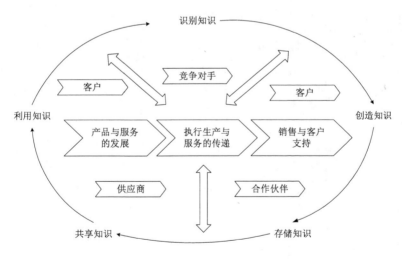

图 3.12 欧洲标准委员会知识管理框架模型图

来源：CEN

（1）业务焦点层面：知识管理应该着眼于组织的价值增值过程，如战略管理、产品服务创新管理、制造和服务传递、销售和客户支持等，这些过程中的知识应该得到重点关注和管理。

（2）知识活动层面：在欧洲的很多组织中存在五种核心知识活动，即识别、创造、存储、共享和使用，在每个活动层面都存在一系列的知识管理方法和工具。

（3）使能因素层面：使能因素层面包括个人和组织知识能力两个方面——个人知识能力包括目标、技能、行为、工具和时间管理等，而组织知识能力则包括使命、愿景、战略、文化、流程和组织评估、技术和基础设施、知识资产等方面。

3.3.3　中国国家标准

中国已发布的知识管理国家标准如表 3-9 所示：

表 3-9 知识管理的国家标准

编号	名称	发布日期	实施日期
GB/T 23703.1-2009	知识管理　第 1 部分：框架	2009.5.6	2009.11.1
GB/T 23703.2-2010	知识管理　第 2 部分：术语	2011.1.14	2011.8.1
GB/T 23703.3-2010	知识管理　第 3 部分：组织文化	2011.1.14	2011.8.1
GB/T 23703.4-2010	知识管理　第 4 部分：知识活动	2011.1.14	2011.8.1
GB/T 23703.5-2010	知识管理　第 5 部分：实施指南	2011.1.14	2011.8.1
GB/T 23703.6-2010	知识管理　第 6 部分：评价	2011.1.14	2011.8.1
GB/T 23703.7-2014	知识管理　第 7 部分：知识分类通用要求	2014.5.6	2014.11.1
GB/T 23703.8-2014	知识管理　第 8 部分：知识管理系统功能构件	2014.5.6	2014.11.1
GB/T 34061.1-2017	知识管理体系　第 1 部分：指南	2017.7.31	2018.2.1
GB/T 34061.1-2017	知识管理体系　第 2 部分：研究开发	2017.7.31	2018.2.1

下面重点介绍表 3-9 列出的国家标准《知识管理　第 1 部分：框架》和《知识管理　第 6 部分：评价》。

一、《知识管理　第 1 部分：框架》

《知识管理　第 1 部分：框架》标准具体包括：范围、规范性引用文件、术语和定义、知识管理目标和原则、知识管理模型、知识资源、知识流程和活动、知识管理的支持要素等 8 部分。其中：

1. 术语和定义

对知识、知识管理、组织、管理体系、显性知识、隐性知识等最基本的术语进行了定义，更多的术语将在《第 2 部分：术语》标准中定义。

2. 知识管理目标和原则

（1）目标。知识管理应把知识作为组织的战略资源，作为一种管理思想和方法体系，它以人为中心，以数据、信息为基础，以知识共享、知识重用及创新为目标。可实现组织可持续发展、提高员工素质及工作效率、增强用户满意度、提升组织的运作绩效。

（2）原则。知识管理领导作用、战略导向、业务驱动、文化融合、技术保障、知识创新、知识保护、持续改进等原则。

3. 知识管理模型

标准将知识管理模型分成概念模型和过程模型，概念模型静态地描述了组织知识管理的组成要素以及要素之间的层次关系，过程模型动态地描述了组织知识管理建设过程。

（1）概念模型（图 3.13）。

知识资源是知识管理的核心，位于模型的中心地位；然后是围绕知识资源所开展的一系列活动，如鉴别、创造、获取、存储、共享、使用等。知识管理的实施，应从三个维度建设组织内的知识管理基础设施，即组织文化、技术设施、组织结构与制度。

图 3.13 《知识管理框架》国家标准的概念模型图

来源：中国国家标准

（2）过程模型（图 3.14）。

该模型借鉴了质量管理中的 PDCA 循环，即将组织知识管理建设划分为策划、实施、评价和改进四个环节。知识管理建设并非一蹴而就的事情，也需要结合组织自身情况不断调整改进，并推动知识管理工作的持续开展。PDCA 目前已经成为广泛采用的质量管理改进方法，正符合知识管理建设的实际情况。

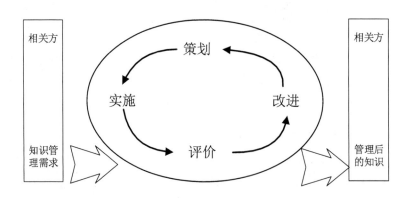

图 3.14 《知识管理框架》国家标准的过程模型图

来源：中国国家标准

4. 知识资源

知识资源作为知识管理的核心对象，任何组织开展知识管理都必须要把知识资源说清楚。本部分从三个维度来对知识资源进行描述，有助于组织用户去界定自己的知识资源。

（1）首先是知识类型维度，标准中采用了 OECD 关于知识的分类，把知识分为事实知识、原理知识、技能知识、人际知识。

（2）其次是知识表达维度，根据知识表达的不同方式分为显性知识和隐性知识。

（3）第三是知识来源维度，以组织为边界分为组织内部知识和组织外部知识。

这三个维度都是基础的分类，组织在实际应用中还需要在此基础上进行进一步分类，尤其需要按照组织的业务特征、组织的知识资源特征做具体分析，制定符合组织认知习惯的分类体系，从而清晰地描述组织知识资源。

5. 知识流程和活动

本部分对概念模型中的流程活动要素进行了说明，包括知识鉴别、知识创造、知识获取、知识存储、知识共享和知识应用。

6. 知识管理的支持要素

本部分对概念模型中的支持要素进行了说明，包括组织结构与制度、组织文化、技术设施。

二、《知识管理　第 6 部分：评价》

1. 评价原则

由于知识自身的复杂性、抽象性，对知识的评价与组织的经济类型、规模、业务领域、文化背景等多种因素都有密切的关系，因而较难构建一个普通性的参考模型，用于各种组织的知识或知识管理的评价。一般来说，遵循下列原则有助于对知识和知识管理作出评价：

（1）需求导向

知识的价值是相对的。某些知识对于特定的机构在特定应用中发挥了重要的作用，但在其他应用环境中作用可能较小，也可能毫无用处。

不同的组织、部门、人员对知识的需求不同，知识管理方式也不尽相同，在评价知识或知识管理时，应针对特定应用领域进行评价。

（2）促进创新

创新是一个组织持续发展的主要源泉之一，也是知识管理的重要目标。知识管理促进创新，对管理创新、组织创新、产品创新、营销创新等都有促进作用，创新的效果可作为知识或知识管理评价的重要依据。

（3）注重实效

知识或知识管理的作用一般难以精确计量，主要通过其他活动来实现其价值。价值不是知识的内在特性，知识的价值体现在知识或知识管理的应用效果中。

2. 评价框架

对于评价，首先应明确评价的对象是知识还是知识管理。对于这两种评价对象，有两种评价方法，即通过评价最终结果(结果态)或评价在达到最终结果的过程中的某一状态(中间态)。如图 3.15 所示。

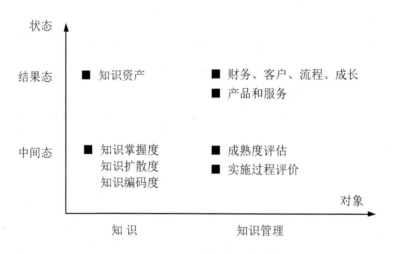

图 3.15　知识管理评价框架

对知识结果态的评价，主要是评价知识资产对知识在实施过程中间状态的评价，可以是对知识状态或知识质量的评价。

对知识管理结果态的评价，可以通过评价组织的核心竞争力，或财务、文化、创新等相关方面的指标进行。对于知识管理中心态的评价，可以评价知识管理的实施过程，或者通过组织实施知识管理的成熟度来进行。

3. 结果态评价

知识资产是能够转化为市场价值、为组织带来利润的知识。知识资产包括员工及员工知识，以及有关流程、专家、产品、客户和竞争对手的信息和知识。知识资产可直接促进创新、新产品开发和组织资产增长。组织的知识可以在特定的业务领域直接转化为有形的固定资产。

知识资产通常可以分为：

（1）人力资产：由全体员工的技能、经验、能力、才干、专长、适应力等组成；由单独的员工个体组成的资产集合就是组织的整体能力；

（2）结构资产：组织的制度、结构、业务流程和文化，以及专利、版权、软件使用权等知识产权资产；

（3）关系资产：组织与外界沟通联络的所有关系网络，包括供货商、合作伙伴、客户（品牌、销售渠道等）。

知识资产评价的常用模型有：

（1）无形资产监控器（IAM）

无形资产监控器是一种操作性很强的评价无形资产价值的方法，以简单、直观的方式展示评测无形资产相关指标。无形资产评测指标的选择依据组织战略而定，其形式与格式特别适用于拥有大量无形资产的组织。

无形资产监控器可以整合到管理信息系统中。无形资产监控器的数据表不超过一页纸，带有大量建议和评论，仅少量的建议指标可选。最关注的领域为增长率、创新、效率和稳定性，目的是获得一个广泛的未来展望，如表 3-10 所示。

表 3-10 无形资产监控器

	市场价值			
	固定资产	无形资产		
		外部结构	内部结构	竞争力
增长率				
创新				
效率				
稳定性				

（2）斯堪迪亚（SCANIA）导航器

斯堪迪亚导航器是关键评测的集合，并包含了绩效与获得成果的历史视图。斯堪迪亚导航器的架构简单但又非常精确，通过五个焦点领域捕获了不同的关注点。

每个焦点领域模拟了价值增值过程。斯塔迪亚导航器有助于对组织和在五个焦点领域的价值实现达成一致认识。

斯塔迪亚导航器的五个焦点为：财务、顾客、过程、更新和发展、人力资源。

（3）巴顿（Patton）方法

巴顿方法将产生"最佳实践"作为潜在的知识创造的评价方法。假设准确定义了最佳实践的概念，我们可以评测从概念化的实践转换成独立于语境的通用知识。

按照巴顿方法，知识可以应用到未来的工作并且可以按照特定规则进行筛选：

——评价观察结果（按照程序模式）；

——基础和应用研究；

——实践知识和实践者的经验；

——程序参与者/客户/潜在的受益者的经验汇报；

——专家意见；

——跨学科的联系和模式；

——学习到的经验的重要性评估；

——获得成果的联系优势。

调研问卷的问题：

——经验的内涵；

——"学习到"是什么意思？

——通过谁学习到的知识？

——有何证据支持每个知识？

——知识的应用语境范围（在什么条件下适用？）

——知识是否特定地、可靠地、有价值地来指导某些领域的实践？

——还有什么人关注这项知识？

——他们想看到什么证据？

——这项知识与其他经验、趋势是怎样关联的？按照特定规则，怎样确定这项知识优先于其他的知识？

（4）平衡计分卡

1992 年，开普兰（Robert Kaplan）和诺顿（Norton）超越传统以财务量度为主的绩效评价模式，提出了一种智力资本的评估方法——平衡计分卡（Balanced Score Card，BSC）。BSC 是一套战略计划和管理系统，特别是在商业、工业、政府和非营利组织等领域，用于使组织的业务活动符合组织战略，以便提高内部和外部的通信交流、监控战略目标指导下完成的组织绩效。这是一种为高级管理人员提供的评估组织绩效的方法，也是当下流行的企业战略规划与执行的工具。

平衡计分卡以组织的共同愿景与战略为核心，运用综合与平衡的思想，依据组织结构，将组织的愿景与战略转化为各责任部门在学习和成长、内部业务流程、客户、财务等四个视角的具体目标，并设置相应的四张计分卡，将组织的战略落实为可操作的衡量指标和目标值的一种新型绩效管理体系，其基本框架如图 3.16 所示。

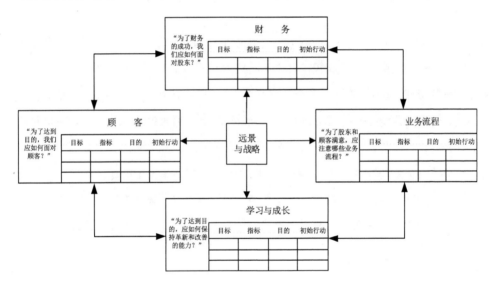

图 3.16　Kaplan & Norton 平衡计分卡

① 学习和成长视角

这个观点包括与个人和公司自我提高相关的员工培训和公司文化。在一个由知识型员工构成的组织中，员工(唯一的知识库)是主要的知识资源。在当今技术更新如此迅速的时代，该观点对于持续学习模式下的知识型员工来说尤为重要。

② 内部业务流程视角

基于这个观点的指标允许经理知道他们的业务运转情况、产品和服务是否符合客户的需要(使命)。这些指标必须由非常了解这些业务的人员仔细设计,必须由内部人员而不是外部的咨询顾问完成。

③　客户视角

通过顾客视角看待一个企业,从实践（交货周期）、质量、服务和成本几个方面关注市场份额以及客户需求和满意度。

④　财务视角

及时和准确的财务数据总是重要的,要求部门经理们通过各种手段来提供。实际上,对财务数据有足够多的管理和处理方式。随着公司数据库的应用,更多的处理将通过自动化的方式。此外,与财务指关的附加的数据,如风险评估、投资回报数据等也归入此类。

由各主管部门与责任部门共同商定各项指标的具体评分规则。一般是将各项指标的预算值与实际值进行比较,对应不同范围的差异率,设定不同的评分值。以综合评分的形式,定期(通常是一个季度)考核各责任部门在学习和成长、业务流程、客户、财务等四个方面的目标执行情况,及时反馈,适时调整战略偏差,或修正原定目标和评价指标,确保组织战略得以顺利与正确地实行。

作者认为,国家标准只是一种对知识管理概念和框架模型的统一设定和方法论,在具体的知识管理系统建设上,并没有固定的模式可以照搬硬套,各类组织为了建设成功的知识管理系统,需要根据自身实际对知识管理进行理解和定位。

第四章 知识管理云的相关理论

从系统工程角度看，知识管理是一种管理思想，知识管理学科是一门多学科交叉的学科，有诸多理论与其紧密相关或对其产生重要影响，如组织学习与学习型组织、人力资本、知识资本、全面质量管理、流程管理与业务流程重组、信息管理、战略与文化等。综述这些理论的本质，以及这些理论与知识管理的关系，有助于不同专业的读者选择是否从这些理论维度研究与实施知识管理，或者从全局了解其他学者对知识管理的多维度研究。

4.1 知识管理战略理论

很多学者基于战略视角研究知识管理，战略角度也是当下知识管理的研究热点之一[①]。本节介绍了知识管理战略的三大导向、七大研究学派，并重点介绍了战略学派及其构建策略。

4.1.1 知识管理战略的研究学派

著名学者 Earl（2001）将企业不同的知识管理战略分为三大导向和七大研究学派，并对各学派的重点、目标、关键成功因素等特点进行了比较，如表 4-1 所示。

4.1.2 知识管理的战略学派[②]

战略学派的知识管理主要侧重关注不同的组织面向不同的战略性目标。战略性目标可以包括直接经济目标，但决不局限于单纯的直接经济目标。与经济学派相比，战略学派的视野更宽，思路更广，或者可以说，经济学派也只是战略学派其中一个重要分支而已。比如，一个组织的战略性目标是主要围绕着如何发展核心能力或核心竞争力。这就要求一个组织不仅要关注资源经济，更要关注可持续的能力发展，

---

① 注：这方面专著很多，如：[加]Stephanie Barnes 著．曹丽蓉等译．知识管理战略制胜(Designing a Successful KM Strategy) [M].北京：电子工业出版社,2016
② 陈建东.知识管理理论流派初探[J].中国科技论坛,2007（2）

比如关心人的能动性，关心诸如如何创造(与竞争对手相比)更优异环境来吸引人才、培养人才以及更有效地进行内部吸收、转化和共享隐含知识等问题。战略学派主要是由战略管理的理论研究出发，有机结合了行为学派和技术学派的部分观点(如应用信息技术、注重发挥人的能动性)，并在不断改进管理和有效指导具体的实践活动的基础上发展而来。

表 4-1 知识管理战略七大学派的特点比较

学派 特点	技术导向			经济导向	行为导向		
	系统学派	制图学派	工程学派	商用学派	组织学派	空间学派	战略学派
重点	信息技术	知识地图	流程的知识管理	知识的价值收入	知识的学习网络	讨论知识的空间	组织的核心能力
目标	知识库的建立	知识目录的建立	知识流的流畅	无形智力资产管理	知识收集和分享	知识交换空间的提供	知识能力
单位	特殊领域知识	企业集体的知识	知识管理流程活动	知识产权	知识学习群体	提高资源与地点	企业竞争优势
关键成功因素	知识内容与共享机制	分享动机和人际关系	知识学习和知识传递	正式的智力财产管理制度	互动文化和知识中介	鼓励参与有目的的知识讨论	知识化核心能力
信息技术的贡献	知识库专家系统	企业内部的知识地图	分享知识库和资料库	智力财产管理系统	群组软件和内部网络	呈现和获取系统	促进知识综合绩效产生
哲学观点	知识编码	知识联结	知识能力	知识的商业价值	知识的协同合作	知识的接触	知识的意义

来源：Earl(2001)

目前战略学派的知识管理研究文献丰富，其思考问题的角度也比较宽泛。一方面，广义地说，战略研究一直围绕寻求与维持竞争优势这一核心概念。20 世纪 80 年代中期以来，不论是原本出自什么学派，它们都具有十分关心战略管理的方面，它们对战略管理的研究和争论摹本上是围绕这一核心问题展开的，其中，基于能力的战略和战略联盟是两股主要研究潮流。另一方面，战略研究注意到了某些理论上的缺陷(比如，以往思维方式的线性化而非立体化，既忽视人的能动性，也忽视对环境变化的混沌性和不可预见性等)；也进一步要求对知识管理追根溯源，探究知识管理的终极目的(即知识创新是知识管理的最终目的)。可以说，由该学派的思路拓展，启迪了知识战略，增强了知识决策。

该学派的代表人物众多，难分主次。由于该学派能用系统、全面的观点实施知识管理，成为近几年来知识管理发展的主流。比如，企业战略联盟最早起源于日本企业界的合资浪潮中。一些日本企业在寻找合资伙伴时，发现也可以只购买先进的技术，这便是战略联盟的雏形。战略联盟的概念虽然起源于日本，却首先在美国企业界盛行。20 世纪 90 年代以来，美国国内及跨国性质的战略联盟，每年以 25%的增长率快速发展。"战略联盟"这一概念，也由美国 DEC 公司总裁简·霍普兰德和管理学家罗杰·奈格尔最早提出。

在理论研究上，企业战略联盟的代表人物为数不少。20 世纪 80 年代中期，以沃纳菲尔特、格兰特、巴尔奈等学者的研究促成了战略管理理论的新流派——资源基础理论的产生。这一理论认为资源不仅指有形资产，而且还包括无形资产，有形资产和无形资产共同构成企业的潜在能力。同时，各企业的资源具有极大的差异性，也不能完全自由流动。企业的可持续竞争优势就来源于选择性资源的积累和配置以及要素市场的不完善。战略联盟使企业资源运筹的范围从企业内部扩展到外部，在更大范围内促进资源的合理配置，从而带来资源的节约并提高其使用效率。

另一方面知识联盟方面的代表人物也为数不少。帕维特、纳尔森、福斯和格兰特等人提出的企业知识理论认为，生产的关键投入和企业价值最重要的来源是知识，社会生产是在知识的引导下进行的。企业知识可被分为外显知识和隐含知识两大类。企业拥有的许多知识属隐含知识，难以表达，难以转移，只有通过应用和实践才可外现并获得。以进行知识转移和共同创建新知识为目的的结盟通常被称为知识联盟。通过知识联盟转移的知识被称为"联盟知识"。通过战略联盟和对方建立合作关系是获取隐含知识的良好途径。国内学者徐建培在其博士论文中对战略联盟、大学知识联盟进行了系统研究和深入阐述[①]。

---

① 徐建培.大学知识管理研究[M].北京：高等教育出版社，2005：第 5.3-5.5 节

4.1.3　知识管理战略的构建[①]

构建企业的知识管理战略，即如何从全局、最大化企业价值的角度对企业内外知识进行管理。对于企业内外知识的管理，最重要的是控制企业内外的知识流，从而进行知识转移，同时对转移路径上存在的问题、困难进行管理，实现顺畅的知识共享，并将这些知识在组织层面上沉淀下来，实现知识的创新和增值。首先要界定知识转移过程中的三个区域：个人（个人所具有的知识）、企业内部（企业所具有的知识）和企业外部（供应商、顾客等所具有的知识）。在这三个区域中的九种知识转移都可以为企业创造价值，每一种转移战略都能增加企业的独特知识，进而增强企业的能力。这九种知识战略是：

（1）个人之间的知识转移。如师徒关系、AB岗等。

（2）个人向外部结构的知识转移。如帮助顾客学习产品知识、进行产品使用培训等。

（3）从外部结构到个人的知识转移。如顾客满意度调查、顾客资料移交等。

（4）从个人能力到内部结构的知识转移。如内部讲座、百问百答等。

（5）从内部结构到个人能力的知识转移。如培训、e-learning、从知识系统进行学习等。

（6）外部环境之间的知识转移。如顾客、供应商和利益相关者之间的交流、对话等。

（7）从外部结构到内部结构的知识转移。如组建战略合作伙伴、研发联盟、联合科技研发等。

（8）从内部到外部的知识转移。如组织的系统服务于顾客等。

（9）内部结构之间的知识转移。如建立跨部门流程的信息系统、组织的流程优化或整合等。

知识管理战略的目标是使价值创造最大化。大部分企业中都存在上述九种知识转移，它们常常包含在一个连贯的战略中，但是企业中还存在很多与之相抵触的现

---

① 王海芳.论企业知识管理战略的构建[J].科技管理研究,2007No.3

象，比如：许多企业还存在历史遗留下来的系统或者公司文化阻止这种价值创造过程。从个人的观点来看，知识分享也许意味着损失，如工作机会的丧失、外部性和失去重视，如果组织的气氛是高度竞争性的，那么投资在一个复杂的 IT 系统进行知识共享就是毫无意义的，共享的只会是垃圾；鼓励个人竞争的报酬系统会极大地阻碍知识共享的努力；缺乏标准或者分类不清也会减少文档处理系统的价值；禁止商业秘密共享的红头文件也会使与顾客共享知识的计划达不到预期的效果。

4.2　学习型组织与系统思考理论

学习型组织（Learning Organization）是指为了适应外在环境的不断变化，通过持续性的学习，使组织中的个人、工作团队、组织整体之间能有良好的互动，从而强化组织的创新和成长，与工作相结合，引导组织行为改变，以维持并提高核心竞争力的组织。[①]

学习型组织与系统思考理论是公认的研究知识管理的基础性理论。本节分析了学习型组织与第五项修炼、系统思考、组织学习理论的关系，并在此基础上，总结了学习型组织的内涵以及与知识管理的关系。

4.2.1　学习型组织与圣吉的第五项修炼[②]

学习型组织理论因管理大师彼得·圣吉（Peter M. Senge）1990 年《第五项修炼——学习型组织的艺术与实务》一书而广为人知。圣吉认为通过这五项修炼就可以建立学习型组织——一种能在变动环境中持续扩展群体创造、创新能力并在工作中活出生命意义的组织。这五项修炼实际上是改善个人和组织的思维模式，使组织朝向学习型组织的五项技术，使传统企业转变成学习型企业的方法，使企业通过学习提升整体运作"群体智力"和持续的创新能力，成为不断创造未来的组织。对这五项修炼解读如下：

（1）第一项修炼是自我超越（Personal Mastery）：自我超越是学习不断理清

---

① 国家标准 GB/T 23703.2-2010.知识管理第 2 部分：术语[S].2011
② 百度百科、维基百科。

并加深个人的真正愿望，集中精力、培养耐心和客观地观察现实的过程。它是学习型组织的精神基础。自我超越的精要在于学习如何在生命中产生和延续创造力，从而不断实现内心深处最想实现的愿望。有了这种精神动力，个人学习就不是一蹴而就，而是一个永无尽头、持续不断的过程。个人学习是组织学习的基础，员工的创造力是组织生命力的不竭之源，组织学习根源于个人对学习的意愿与能力，也会不断学习。

（2）第二项修炼是改善心智模式（Improving Mental Models）：心智模式是指存在于个人和群体中的描述、分析和处理问题的观点、方法和进行决策的依据和准则。它不仅决定着人们如何认知世界，而且影响人们如何采取行动。改善心智模式就是要发掘人们内心深处的认知，并客观地审视，及时修正，使其能反映事物的真相，借以改善自身的心智模式，更利于自己深入地学习。改善心智模式的结果是，使企业组织形成一个不断被检视、能反映客观现实的集体的心智模式。

（3）第三项修炼是建立共同愿景（Building Shared Vision）：共同愿景是指组织成员与组织拥有共同的目标。共同愿景为组织学习提供了焦点和能量。在缺少愿景的情况下，组织充其量只会产生适应性学习，只有当人们致力实现他们深深关切的事情时，才会产生创造性学习。建立共同愿景的修炼就是建立一个为组织成员衷心拥护、全力追求的愿望景象，产生一个具有强大凝聚力和驱动力的伟大"梦想"。有了这样的共同目标，大家才会发自内心地持续学习、努力超越、追求卓越，从而使组织欣欣向荣。否则，一个缺乏共同愿景的组织必定人心涣散，相互掣肘，难以持续发展壮大。

（4）第四项修炼是团队学习（Teaming Learning）：团队学习是建立学习型组织的关键。彼得·圣吉认为，未能整体搭配的团队，其成员个人的力量会被抵消浪费掉。在这些团队中，个人可能格外努力，但是他们的努力未能有效转化为团队的力量。当一个团队能够整体搭配时，就会汇聚出共同的方向，调和个别力量，使力量的抵消或浪费减至最小。整个团队就像凝聚成的激光束，形成强大的合力。当然，强调团队的整体搭配，并不是指个人要为团队愿景牺牲自己的利益，而是将共同愿景变成个人愿景的延伸。事实上，要不断激发个人的能量，促进团队成员的学习和个人发展，首先必须做到整体搭配。在团队中，如果个人能量不断增强，而整体搭配情形不良，就会造成混乱并使团队缺乏共同目标和实现目标的力量。团队学习的修炼首先从对话开始，即团队所有成员敞开心扉，进行心灵沟通，从而进入真正统一思考的方法或过程。团队是组织的基本学习单位，团队不能学习，组织自然也不能学习。

（5）第五项修炼是系统思考（Systems Thinking）：系统思考是一种分析综合系统内外反馈信息、非线性特征和时滞影响的整体动态思考方法。它可以帮助组织以整体的、动态的而不是局部的、静止的观点看问题，因而为建立学习型组织提供了指导思想、原则和技巧。系统思考将前四项修炼熔合为一个理论与实践的统一体。他指出现代企业所欠缺的就是"第五项修炼"系统思考的能力，这是一种整体动态的搭配能力，缺乏它使得许多组织无法有效学习。原因是因为现代组织分工、负责的方式将组织切割，而使人们的行动与其时空上相距较远。当不需要为自己的行动结果负责时，人们就不会去修正其行为，也就无法有效地学习。

4.2.2　学习型组织与丹尼斯的系统思考[①]

丹尼斯·舍伍德的《系统思考》弥补了圣吉《第五项修炼》与现实世界之间的距离，展示了处理复杂现实问题的最佳理论：系统思考。该书根本不同于那种充满学究气、象牙塔中的理论活动，其解析的系统思考极其务实，并以令人信服而有趣的方式向人们展示了如何使用系统循环图、系统动力学建模这两种极其实用、务实的图形化工具来理解复杂系统。该书描述的方法论有三步：结合自己的实际绘制系统循环图；通过系统循环图来揭示系统中相互连接的因素，从而应对复杂问题；通过建立计算机仿真模型来加速系统思考。

系统思考又被称为"见树又见林的艺术"，它要求人们运用系统的观点看待组织的发展，引导人们从看局部到纵观整体，从看事物的表面到洞察其变化背后的结构，以及从静态的分析到认识各种因素的相互影响，进而寻找一种动态的平衡。从字面上看，系统思考是一种思维方式，实质上系统思考更重要的是一种组织管理模式。它要求将组织看成是一个具有时间性、空间性、并且不断变化着的系统，考虑

---

① Dennis Sherwood.邱昭良译. Seeing The Forest For The Trees.系统思考[M].北京：机械工业出版社，2014

问题时要整体而非局部、动态而非静止、本质而非现象的思考。就像中医疗法，把人体看成一个有机的系统，五脏六腑气血脉相通，任何一个部位出现异常，都有可能是其他因素引起而不仅仅是该部位问题所致的。

系统思考的精髓是用整体的观点观察周围的事物，可帮助人们制定睿智决策、理解复杂系统、处理复杂事务。借助系统思考，可以对复杂的世界进行了解，并做出团队集体的学习，而非狂妄地想要预测未来。该书还提供了很多经典的案例，包括管理繁忙的内勤工作、协调外包项目、制定业务战略、全球变暖问题等。

4.2.3　学习型组织与加文的组织学习

学习型组织与组织学习是关系紧密但并不完全相同的两个概念。一种有效的区分方式是将组织学习看作是组织的一系列流程和活动，将学习型组织视为一种最终的状态。二者的区别如表 4-2 所示：①

表 4-2 学习型组织与组织学习的区别

组织学习	学习型组织
方式	结果
流程或活动	理想形式
可实现	很容易因为改变而迷失方向
描述研究	规范研究
归纳	演绎
学术导向	实践导向
主要采用定性方法	主要采用定量方法
理论导向	行动导向

来源：Jashapara（2013）

戴维·加文（Garvin，1993）发表于哈佛商业评论中的一篇文章②中定义"学习型组织是善于创造、获取、转移知识并通过新知识和见解修正行为的组织"，将学

---

① Ashok Jachapala.知识管理：一种集成方法（第二版）[M].安小米译. 北京：中国人民大学出版社，2013. 155
② David A. Garvin. Building a Learning Organization.Harvard Business Review.1993,71(4),78-91

习型组织的概念回溯到组织学习的各个方面，他提出学习型组织中组织学习的五种重要活动为：

（1）系统地解决问题

（2）实验新方法

（3）从过去的经验和错误中学习

（4）学习他人的经验和标杆

（5）跨组织快速转移和分享知识

二者的联系用下图表示：

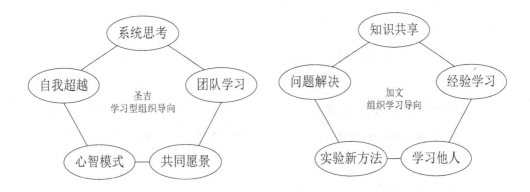

图 4.1 学习型组织与组织学习的联系

4.2.4 学习型组织的内涵

从以上对学习型组织与第五项修炼、系统思考、组织学习的解析，可总结学习型组织的内涵如下：

（1）组织学习的基础——团队学习

团队是现代组织中学习的基本单位。许多组织开展了关于组织现状、前景的热烈辩论，但团队学习依靠的不是辩论，而是深度汇谈①。深度汇谈是一个团队的所

---

① 注：美国量子物理学家戴维·伯姆（Bohm. D）在他的《论对话》一书中提出"深度汇谈"（dialogue）的理念。《第五项修炼》中引用了"dialogue"的理念并将它翻译成"深度汇谈"以区别于我们日常的"对话"。

有成员，摊出心中的假设，而进入真正一起思考的能力。深度汇谈的目的是一起思考，得出比个人思考更正确、更好的结论；而辩论是每个人都试图用自己的观点说服别人同意的过程。

（2）学习型组织的核心——内部建立"组织思维能力"和"自我学习机制"

组织成员在工作中学习，在学习中工作，学习成为工作新的形式。

（3）学习型组织的关键特征——系统思考

只有站在系统的角度认识系统，认识系统的环境，才能避免看问题的片面化。

（4）学习型组织的精神——学习、思考和创新

学习是团体学习、全员学习，思考是系统、非线性的思考，创新是观念、制度、方法及管理等多方面的更新。

（5）学习型组织的方法——发现、纠错、成长

组织学习普遍存在"学习智障"，如：局限思考；归罪于外，不追究自身的原因；缺乏整体思考的主动积极性；专注于个别事件、整体事件；煮青蛙的故事，不能察觉来自渐进变化的威胁；经验学习的错觉；管理团队的迷思。这是由于个体思维的误区，未找到关键要点。如何去除其中的限制因素障碍，获得组织肌体的修复，找到合适的成长环路，这需要个体之间不断去学习、探索。方法只能在动态的过程里找到，最后成长。发现、纠错、成长是一个不断循环的过程。也是学习的自然动力。

4.2.5　学习型组织与知识管理

知识管理和学习型组织都是知识经济时代的产物，学习型组织是实现组织知识管理最有效的组织形式和载体，组织知识管理是创建学习型组织的关键和核心。面向知识的管理已经成为管理的主题，知识管理要求企业或组织成为学习型组织，学习型组织的创立又是企业或组织进行知识管理的保证。

知识与认知学习是天然地联系在一起的。认知学习的结果即表现为知识。通过认知学习获得知识是认知学习的最终目的，是企业知识管理理论的基本要求。通过学习，个人可以改变其知识存量和知识机构，突破有限理性的约束，而学习型组织

则是创造与共享企业知识的有效途径。所以，学习型组织的构建保证了企业知识管理的有效进行。它有利于企业获取知识、创造知识、积累知识，使组织能够有效地、持续地创造新知识，便于形成乐于学习的文化氛围。学习型组织是一个自由的、开放的知识交流系统，而知识的有效交流和传播对于知识是至关重要的。

4.3　知识管理与智力资本理论

智力资本一词公认由加尔布雷思（John Kenneth Galbraith）于 1969 年提出，他指出智力资本在本质上不仅仅是一种静态的无形资产，而且是一种思想形态的过程，是一种达到目的的方法。智力资本真正受到广泛关注，是在 20 世纪 90 年代知识经济的概念提出之后，而且基于智力资本角度也是研究知识管理的热点之一。智力资本的英文为 Intellectual Capital，有三种常见的中文翻译：智力资本、知识资本、智慧资本。也有很多学者采用了知识资本的译法，本书采用智力资本的译法。本节介绍了智力资本的概念内涵、分类以及与知识管理的关系。

4.3.1　智力资本理论的内涵[①]

一、概念

智力资本三种角度的代表性定义如下：

（1）知识和能力角度。斯图尔特（Thomas. A. Stewart）被公认为智力资本的先驱者，1997 年他在著作中对智力资本做了如下定义[②]："智力资本是公司中所有成员所知晓的能为企业在市场上获得竞争优势的事物之和，是能够被用来创造财富的智力材料（Intellectual Material）——知识、信息、知识产权（Intellectual Property）、经验（Experiment）。"

（2）价值角度。艾德文森和马隆（Edvinsson&Malone，1997）：智力资本是对知识、实际经验、组织技术、顾客关系即专业技术的掌握，让企业在市场上具有竞争力的能力。企业市场价值与账面价值的差距即是企业的智力资本。

---

① Intellectual Capital 有三种常见的中文翻译：知识资本、智力资本、智慧资本。本书采用智力资本的译法。

② Stewart（1997）. Intellectual Capital: The New Wealth of Organizations[M]. New York: Doubleday/Currency

（3）无形资产角度。布鲁金（Annie Brooking，1996）认为智力资本是使公司得以运行的所有无形资产的总称，具体包括市场资产、知识产权资产、人才资产、基础结构资产四大类。

二、内涵

智力资本具有一般资本的特征，是一组以员工和组织的技能和知识为基础的资产，可以长期使用，在生产过程中可以增值；同时它又具有特殊的性质，主要表现在它不像有形资本那样可以进行直观的数量化，但它对生产效率提高的作用比传统的物质资本要大得多。智力资本与无形资产很容易混淆，世界经合组织 OECD 的定义将智力资本看作是企业所有无形资产的子集。

赵罡等[①]认为智力资本是相对于传统的物质资本而言的，是指能够为企业创造价值的所有无形资源的总和，是一种综合能力，一种能够创造价值或效用的能力，也是智力和知识相互融合而带来效益的资本。由于智力资本超出了人力资本的含义，突出了技术创新、管理创新的作用，对企业价值创造的解释力更强。智力资本内涵主要从资本市场、知识管理和知识创造与创新三个角度展开：

（1）从资本市场的角度解释智力资本——注重企业本身存在的价值

从资本市场的角度来考察智力资本，是财务会计的常见角度。强调其本身的价值而不是如何创造价值；强调智力资本对公司市值、资产负债表等的影响，而不注重如何通过智力资本的创造来提高企业的创新和核心能力；其关注的重点是投资回报和风险，而不是如何实现企业的长期发展。

（2）从知识管理的角度解释智力资本——强调如何实现企业价值的增值

从知识管理的角度来解释智力资本，通常是指通过计算机信息系统的管理来实现价值的增值。这种观点注重数据或信息的收集、识别和传递，以及计算机信息网络在信息管理中的作用。这也是第一代知识管理的思想，其前提基础是企业的知识已经存在，企业所要做的就是如何将它们挖掘出来，并通过特定的方式向员工传授；强调的是供给方面的战略，注重现有知识的分配；其关注的重点是企业价值实现的过程以及如何实现企业价值的增值。

---

① 赵罡，陈武，王学军. 智力资本内涵及构成研究综述[J].科技进步与对策,2009(2)

（3）从知识创造和创新的角度解释智力资本——强调如何产生知识

这种观点注重研究智力资本中的人力资本、关系资本和结构资本，对企业创新能力提升的影响；关注的重点是企业持续的创新能力和竞争优势的获取。从知识和创新的角度解释智力资本，注重企业的长远发展和创新能力的提高。

三、智力资本的评估方法——平衡计分卡

详见§3.3.3中的平衡计分卡部分。

4.3.2　智力资本的分类

斯图尔特（Stewart）提出了智力资本的"H—S—C"结构，即企业的智力资本价值体现于企业的人力资本（human capital）、结构资本（instructional capital）和顾客资本。很多研究基于斯图尔特所提供的分类架构进一步阐述、调整与研究。

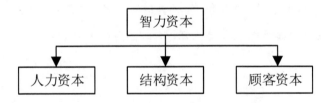

图 4.2　Stewart 的智力资本分类法

布鲁金（Van Buren）把智力资本的意义体现在一个简洁的公式中，即"企业=有形资产+智力资本"。具体包括市场资产、知识产权资产、人才资产、基础机构资产四大类。

布鲁金将智力资本分为：人力资本、结构资本、创新资本、流程资本以及顾客资本（图4.3）：

（1）人力资本，包含组织内成员的知识、技能以及经验；

（2）结构资本，包含组织内信息科技的运用、公司声誉、知识库建立、组织思维、专利、著作权、系统、工具以及经营哲学；

（3）创新资本，包含组织创新能力以及创新成果；

（4）流程资本，指组织工作流程、技术设计流程；顾客资本，指与顾客的互动关系。

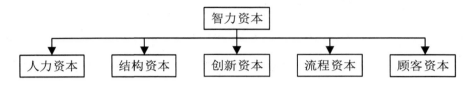

图 4.3 Van Buren 的智力资本分类法

4.3.3 智力资本与知识管理

智力资本中含有大量的知识，智力资本中的人力资本的知识基本上对应于隐性知识中的个人默会知识，结构资本和客户资本对应于显性知识与隐性知识中组织暗含知识的总和。

1. 联系

鲁斯（Roos, 1997）将战略视角和评估视角分开来关注智力资本：战略视角关注如何通过智力资本来提升组织价值，而评估视角则关注智力资本的定性或定量的机制。这可以很好地诠释智力资本与知识管理的关系（图 4.4）。

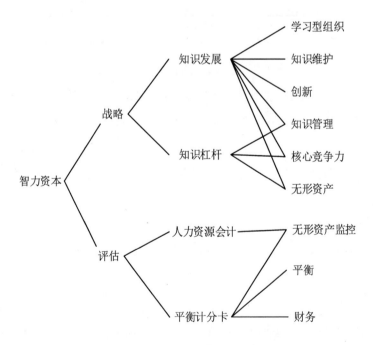

图 4.4 Roos 智力资本的概念根基

2. 区别

（1）内容不同。知识是人们在实践中获得的认识和经验；智力资本是组织起来有用的知识。显然，智力资本并不是知识的全部，而是知识的子集，是资本化了的知识。

（2）状态不同。智力资本比知识更具有相对稳定性，智力资本可以看成是"存量"，而知识是"流量"，更多体现为流动性、共享性。

（3）获取成本不同。知识一般来说具有流动性和共享性，获得它需要支付较少的成本；智力资本强调创新，在一定时期和一定范围内具有较强的独占性，所以智力资本的获得要付出较大成本。

（4）角度不同。两者都是针对无形资产，但角度不同，智力资本是从价值、资本的角度展开研究，知识则偏重信息的获取、分析、共享、能力等角度。

4.4　知识管理与全面质量管理理论

在工程设计企业中，设计服务质量是工程设计企业生存和发展的生命线，是发挥工程咨询设计作用的重要前提，是提高工程咨询设计企业核心竞争力的必由之路。而质量管理理论自身就是知识，其代表性的 PDCA 循环也是很多国家知识管理标准中知识循环的重要依据性理论。

本节介绍了全面质量管理的概念、基本方法和与知识管理的关系。

4.4.1　全面质量管理的概念

全面质量管理（Total Quality Management，TQM）是指导生产管理的著名科学管理理论，最先是 20 世纪 60 年代初由菲根堡姆提出，成为 20 世纪 80 年代管理理论与实践的主旋律，之后逐渐深入贯彻到生产和工作的各个环节并形成了若干标准。菲根堡姆对全面质量管理的定义是："为了能够在最经济的水平上，并考虑到充分满足顾客要求的条件下进行市场研究、设计、制造和售后服务，把企业内各部门的研制质量、维持质量和提高质量的活动构成为一体的一种有效的体系"。全面质量管理以质量为中心，以全员参与为基础，从全局出发，以系统观点考虑问题并重视人的作用，目的在于通过让顾客满意和本组织所有成员及社会受益而达到长期成功。

全面质量管理具有全过程、全员性和全方法的特性。首先，全面质量管理的涵义是全面的，不仅包括产品服务质量，而且包括工作质量，用工作质量保证产品或服务质量；其次，全面质量管理是全过程的质量管理，不仅要管理生产制造过程，而且要管理采购、设计直至储存、销售、售后服务的全过程。

人们对质量概念的认识也经历了一个不断发展和深化的历史过程。有的设计人员往往在追求速度的同时以牺牲质量为代价，在成长过程中，逐渐认识到质量关系重大，关乎企业的生死存亡。

4.4.2　全面质量管理的基本方法：PDCA 循环

全面质量管理的基本方法是戴明（W. Edwards. Deming）提出的 PDCA 循环，又称戴明环。PDCA 循环应用了科学的统计观念和处理方法。作为推动工作、发现问题和解决问题的有效工具，典型的模式被称为四个阶段、八个步骤和七种工具。

1. PDCA 循环的四个阶段

（1）计划（Plan），是指制定质量目标、活动计划、管理项目和实施方案；

（2）执行（Do），是根据制定的计划和要求，贯彻实现目标任务；

（3）检查（Check），是对执行的结果进行检验，将任务完成情况与预定的目标对照，找出问题或成败关键；

（4）行动/处理（Action），一是整理成功经验，制定成标准用以指导下次的实践，二是将没有解决的问题转入下一个循环，作为下一个阶段的计划目标。

知识型企业遵循 PDCA 过程，在业务过程中持续改进，在精细化设计的基础上追求规范化管理。在 PDCA 过程中，引入 K、S 两个要素，K（Knowledge）是指知识，S（Share）是指共享，形成 PDCA-KS 过程[①]：在知识型企业中，PDCA 循环离不开知识管理，只有最大程度地积累知识（K）、充分地共享知识（S），才能使企业的业务水平不断提升。

2. PDCA 循环的八个步骤

---

① 长城战略的 KMP 解决方案[EB/OL]. http://www.chinakm.com/GEIKM/

（1）分析现状，发现问题；

（2）分析质量问题中各种影响因素；

（3）分析影响质量问题的主要原因；

（4）针对主要原因，采取解决的措施；

（5）执行，按计划的要求去做；

（6）检查，把执行结果与要求达到的目标进行对比；

（7）标准化，把成功的经验总结出来，制定相应的标准；

（8）把没有解决或新出现的问题转入下一个 PDCA 循环中去解决

3. PDCA 循环的七种工具

在质量管理中广泛应用的直方图、控制图、因果图、排列图、关系图、分层法和统计分析表等。

4.4.3　全面质量管理与知识管理

全面质量管理关注的虽然是质量问题，但是不管是质量方法，还是管理理念，实际上都是来自于知识的提炼，因此全面质量管理本质上也是对知识的关注。在全面质量管理中，虽然论及的是质量工作，并没有指出知识活动，但是，质量工作中暗含的实质就是知识活动的客观规律。比如在工程设计企业特别关注的设计变更单、成品校审单、质量反馈卡片等资料，这些都是各级校审人员智慧的结晶。

4.5　知识管理与流程重组理论

科学的突破性变革会导致生产管理方式的变革。正如第一次产业革命出现了工场制度；第二次产业革命产生了工业生产流水线；目前的产业革命通过社会信息化为人类导入一个全新的知识经济时代，为工业社会而设计的以控制职能为主体的生产管理形式必将变革。由于生产管理方式以流程管理为主，而流程管理又包括业务流程规范、业务流程改善和业务流程重组三个层面，因此业务流程重组自然成为变革的重要载体。如果说全面质量管理等概念是 20 世纪 80 年代管理理论与实践的主旋律的话，业务流程重组则无可争辩地成为 20 世纪 90 年代企业管理的新主旋律。

本节将介绍业务流程重组的概念及其与信息系统、知识管理的关系。

4.5.1　业务流程重组的概念

业务流程重组（Business Process Re-engineering，BPR）的思想由哈默（MichaelHammer，1993[①]）和钱皮（Champy）提出，也被译为业务流程再造[②]。其定义为：对企业的业务流程进行根本性再思考和彻底性再设计，从而获得在成本、质量、服务和速度等方面业绩的飞跃性改善，使得企业能最大限度地适应以顾客、竞争、变化为特征的现代企业经营环境。该思想作为一种激进地变革企业、提高企业竞争力的方式得到社会广泛关注，并在不少企业付诸实施。

Hammer提出公司迎接挑战的出路是突破以亚当·斯密分工理论为基础的职能管理组织机构设计思想，他强调组织应以业务流程而不是以职能部门为中心去安排工作。他认为，美国公司的种种业绩问题，就是分割流程的结果，专业化分工把整个流程分割得鸡零狗碎，这种企业结构由于遏制了企业内部的革新和创新性而使自身凝固化，整个流程无人负责，参与某一个流程的员工和部门领导的注意力都在自己的小范围，没有人关注顾客的需要和企业整体的利益。内部结构分得过细后，部门分离，高级管理层与生产、客户的距离越来越远，沟通出现困难，需要大量的人力和资源把分工细化以后的职能粘合，甚至于"今天的企业组织达到了如此的地步：企业内没有一个人能认识到外部环境中出现的重大变化。"[③]

业务流程重组不是为了改变而改变，而是为了改进而改变。业务流程重组主要有两种方法：一是在研究现有的业务流程的基础上，通过根本性的思考，对业务流程重新设计；二是根据企业的特色管理方式，以顾客需求为导向从最开始来描绘企业业务流程的理想模式。但是，变革的道路从来不是一帆风顺，Hammer认为在进行企业改革的公司中大约有50%-70%的公司没有取得预期的明显效果[④]。

4.5.2　业务流程重组与信息系统

Hammer指出，企业的业务流程重组需要企业资源规划计划（Enterprise

---

① M.Hammer，J.Champy.Reengineering the Corporation[M].Harper Business Press,1993
② 本书采用国标 GB/T 23703.2-2010《知识管理第 2 部分：术语》中业务流程重组的译法。
③ 胡汉辉,刘怀德.流程重组的多维性：中国企业变革的特点[J].科研管理,2002
④ 迈克尔·哈默，詹姆斯·钱皮.改革公司(Reengineering Corporation)[M].上海：上海译文出版社，1997

Resource Planning，ERP）或管理信息系统（Management Information System，MIS）等新信息系统的支撑。但 Hammer 同时指出，对信息技术方面的投资收益往往令人失望的最重要的原因就是公司只用 IT 技术使传统管理流程电子化或自动化（这并不等同于信息化），而对现有的工作流程不做任何改变，计算机充其量只是使它运行得更快，而没有考虑到利用了信息系统后所有的管理生产环境和以前完全不同了，相应的合理流程就可能不同。

企业信息化不是用计算机简单地模拟现有管理方式，而要对现有管理模式进行整合和变革。企业的信息化是为了配合企业整体战略目标服务的，企业信息化系统的导入更多的是作业方式和管理理念的导入，是用计算机手段去实现企业的管理运作，其业务流程、实现方法与原来相比都有变化。因此，企业在信息系统建设前期首先应梳理自身的管理模式，然后再建设系统。

BPR 与 ERP/MIS 有着紧密的关系，那么 ERP/MIS 的业绩如何？据统计，美国年营业额在 5 亿元以上公司的 ERP 系统采用成本超过预计成本 178%，安装时间超过预计时间 30%，使用后公司亏损率达到 59%。国内企业实施 ERP 的失败率也高达 50%[①]。对 ERP/MIS 与 BPR 的问题，Hammer 认为，如果想成功地安装 ERP 系统，就不能把它当作一个仅与软件有关的项目来看，它更代表着一种先进的管理思想与方法体系，一个包含企业业务流程重组的项目。因此，流程的再设计和标准化对信息系统的成败有重大影响。

4.5.3 业务流程重组与知识管理

对于知识型企业，知识管理的过程伴随着业务流程重组的过程。体现在如下方面：

（1）工程设计企业的知识活动寄生于企业业务流程之中，尽管知识活动本身也是一个独立的过程，但更多地表现为与业务流程的融合，业务流程重组必然对知识活动有重要影响。

（2）业务流程重组关注了被割裂和被浪费的知识，在重组中有了更多积极的

---

① 邱均平,刘焕成.ERP:中国企业信息化的发展方向[J].情报科学,2001,19(10)

知识活动。在职能部门中被割裂的知识，在业务流程重组中被连续起来。

（3）知识在业务流程中畅通地流动，每个业务过程都可以接受知识为其用，又可产生知识为他用。从集中的知识活动，到一定规模的知识支流，再到强壮的知识流程，知识的规模不断发展壮大，当集中的知识终于成为知识流程时，知识流程也就对企业活动产生着重要的影响。

因此，从并存，到包含，再到被包含于，业务流程与知识流程的关系，反映了知识流程的发展过程，揭示了知识流程发展的规律。

4.6　知识管理与标准化管理

标准化工作是当前企业中被最为广泛认可并执行的知识管理的策略之一。本书认为的标准化管理包括两个层面：一个是组织或企业层面以制度、规范等为代表的标准，另一个是专业或团队层面以模板、手册等为代表的业务建设成果或专业知识规范化的标准化工作。很多企业的标准化归口管理部门往往只关注制度规范的标准化，而忽略了后者。本书认为，前者更多的是显性知识的规范化管理，往往多年不变；而后者更多的是隐性知识不断显性化、显性知识不断组织化并效益化的过程，往往更能与时俱进、更有价值。

本节首先介绍了标准与标准化的内涵，尤其是本书对标准的两个层面的认识，最后介绍了与知识管理的关系。

4.6.1　标准与标准化的内涵

国家标准 GB/T 20000.1-2014 对标准的定义是：标准是通过标准化活动，按照规定的程序经协商一致制定，为各种活动或其结果提供规则、指南或特性，供共同使用和重复使用的一种文件。

国家标准 GB/T 3935.1—83 对标准的定义是：标准是对重复性事物和概念所做的统一规定，它以科学、技术和实践经验的综合为基础，经过有关方面协商一致，由主管机构批准，以特定的形式发布，作为共同遵守的准则和依据。

国家标准 GB/T 3935.1-1996 对标准的定义是：标准是为在一定范围内获得最

佳秩序，对活动或其结果规定共同的和重复使用的规则、导则或特性的文件。该文件经协商一致制定并经一个公认机构的批准。它以科学、技术和实践经验的综合成果为基础，以促进最佳社会效益为目的。

国际标准化组织（ISO）对标准的定义是：标准是由一个公认的机构制定和批准的文件。它对活动或活动的结果规定了规则、导则或特殊值，供共同和反复使用，以实现在预定领域内最佳秩序的效果。

本书建议从以下两个层面理解企业标准化：

一、组织或企业层面以制度、规范等为代表的标准

1. 概念

标准化的定义是：为了在一定范围内获得最佳秩序，对现实问题或潜在问题制定共同使用和重复使用的条款的活动[①]。同时在定义后注明：（1）上述活动主要包括编制、发布和实施标准的过程；（2）标准化的主要作用在于为了其预期目的改造产品、过程或服务的适用性，防止贸易壁垒，促进技术合作。

通俗地说，企业标准化是以获得公司的最佳生产经营秩序和经济效益为目标，对企业生产经营活动范围内的重复性事物和概念，以制定和实施企业标准，以及贯彻实施相关的国家、行业、地方标准等为主要内容的过程。

2. 主要活动

主要活动是执行和实施组织标准，以及贯彻实施相关的国家、行业、地方标准等。

3. 主要内容

标准化成果主要以制度、标准为主。主要分为管理标准、技术标准和工作标准三大类。

（1）管理标准是对标准化领域中需要协调统一的管理事项所制定的标准。这些管理事项以标准的形式表现为行政管理标准、人资管理标准、财务管理标准、生产组织标准、经营管理标准、科技管理标准、信息化管理标准、安全管理标准、质量管理标准、职业健康环境管理标准等。制定管理标准的目的是为合理组织、利用

---

① 中国国家标准.标准化工作指南第 1 部分：标准化和相关活动的通用词汇[S].2002

和发展生产力,正确处理生产、交换、分配和消费中的相互关系及科学地行使计划、监督、指挥、调整、控制等行政与管理机构的职能。管理标准按照范围可以分为国家法律法规、区域标准、行业标准、地方标准和企业标准等。

（2）技术标准是对标准化领域中需要协调统一的技术事项所制定的标准,是从事生产、建设及商品流通的一种共同遵守的技术依据。技术标准的分类方法很多,按标准化对象特征和作用,可分为基础标准、产品标准、方法标准、工艺标准、安全卫生与环保标准等;按标准的强制程度,可分为强制性与推荐性标准;按照范围又分为国际标准、区域标准、国家标准、行业标准、地方标准和企业标准等。

（3）工作标准是对标准化领域中需要协调统一的工作事项所制定的标准。分类包括管理岗位标准（如部门职责标准、管理人员工作标准等）、作业岗位标准（如作业人员通用工作标准、职能作业人员工作标准等）、业务角色标准（如工程动态角色工作标准等）。

二、专业或团队层面以模板、手册等为代表的业务建设成果

1. 概念

本书认为,专业或团队层面的标准化是在专业或团队范围内,根据专业特点或团队特性,对影响专业或团队生产经营管理活动的重复性事物和概念,通过讨论、学习等方式进行提炼后,相对固化为可重复执行的对象,如模板、流程、守则、范本、惯例、设计要点、校审要点、操作手册、应用指南等。虽然或不宜提炼到企业标准的层面,但在一定的范围内为大家遵照和应用。有的企业仅关注企业层面的制度标准建设,常常达不到可以直接执行操作的深度,而专业业务建设或团队建设的标准化成果则可以达到直接操作执行的深度,是对企业层面标准制度的一种有益补充。

2. 主要活动

主要活动是组织内部通过业务建设的各项活动,对若干工作内容和流程进行统一并相对固化。

3. 主要内容

标准化成果可以分为专业技术模板（工作计划模板、标准卷册目录模板、卷册任务书模板、作业指导书模板、设备技术规范书模板、提资模板、计算书模板、设

计评审纪要模板、设计总结模板)、设计手册(通用手册,项目经理手册,专业设计准则)、流程、范本、惯例、设计要点、校审要点、操作手册、应用指南、学习报告等。

4.6.2 标准化与知识管理

标准化就是统一流程、统一平台、统一标准、统一模板。通过这些统一,一些优秀的经验等隐性知识就会被提炼成显性知识,并逐渐得到规范化、应用和补充。标准化提炼出的制度、规范、标准以及模板、流程等,是知识管理体系的基石,也是知识分类体系中最基础的必要组成部分。

标准化、制度化应始终贯穿于知识管理实施全过程。制度化既是知识管理项目实施的结束,又是组织知识管理的一个新开端,同时也是一个自我完善的过程。要完成这一工作,组织应修订战略,并进行组织构架及业务流程的重组,准确评估知识管理在组织中实现的价值。在此基础上,知识管理将有力促进每一位员工的发展,有力促进组织核心竞争力的提升。

4.7 知识管理与文件及档案管理

毫无疑问,文件和档案是企业最显而易见的显性知识,一般企业都建设有档案管理系统,档案管理往往侧重于结果的管理,还具有时效性、保密性等国家标准要求。有的信息化比较先进的企业建设有文档管理系统,该系统侧重于文件的过程管理,目的是文件的高效、规范化管理,而且是包括审批流程的过程管理,并在流程结束后自动将文件导入到档案管理系统中进行专门管理。

1. 文档管理(侧重于过程管理)

文档管理是企业重要的智力资产。在企业中,文档一般都以电子文档的形式存在。从内容上,可能是商务合同、会议记录、产品手册、客户资料、设计文档、推广文案、竞争对手资料、项目文档、经验心得等。这些文档可能是过程性质的,也可能是公司正式发布的文件,可能处在编写阶段,也可能是已经归档不能再修改的。文档的状态包括草稿、正式、锁定、作废、归档、删除等。文档管理就是指这些文档、电子表格、图形和影像扫描文档的存储、分类和检索。文档的管理要素主要包括文档分类、文档流程、文档标识、文档编码、文档存储、文档检索、文档模板等。文档管理的关键问题就是解决文档的存储、文档的安全管理、文档的查找、文档的在线查看、文档的协作编写及发布控制等问题。

文档管理的企业各类重要显性知识文档，是企业知识管理最为基础的一项内容。企业文档作为企业活动的记录，凝结了企业员工在从事各项活动过程中获得的认识、体会、经验和教训，是企业知识的"沉淀容器"。正如 IBM Lotus 公司在其企业知识管理软件产品白皮书中所说："文档是知识的容器，是已经物化的显性知识，其中蕴涵了大量本企业的知识财产。适时地、不受地域和组织形式的限制获得基于文档内容的知识，正是知识管理的一个主要目标。"

工程设计企业的文档管理范围包括企业内部产生的产品文档、产品原始文档、工程总承包项目文档、科技、标准化项目文档、专业技术类文档、管理类文档，及内外沟通需要管理的文档等组织的显性知识。

文档管理也是知识收集和获取的重要方式之一。最新调查发现，在企业存储的大量数据信息中，结构化数据仅占数据信息总量的15%，存储在各系统的数据库中；另外85%的数据信息是非结构化的，以电子文件的形式存储在磁盘上。如何管理这些非结构化电子信息，成为文档管理的一大难题。由于推动知识管理首先需要成熟的文档管理软件，而国内相应成熟的产品少，部署成本高，应用推广难，导致多数企业仍面临窘境。由于文档存储不规范、查询交流不方便、版本混乱等弊端，极大地限制了员工工作能力和企业工作效率的提升。

2. 档案管理（侧重于结果管理）

《中华人民共和国档案法》定义档案"是指过去和现在的国家机关、社会组织以及个人从事政治、军事、经济、科学、技术、文化、宗教等活动直接形成的对国家和社会有保存价值的各种文字、图表、声像等不同形式的历史纪录。"美国档案工作者协会对档案的定义为"由个人、家庭或组织在公共或私人事务中建立或接收的材料，其信息具有持久价值或可作为创造者的职能和责任的证据而保存下来"。

档案管理是档案馆（室）直接对档案实体和档案信息进行管理并提供利用服务的各项业务工作的总称。一般包括档案收集、档案整理、档案价值鉴定、档案保管、档案编目和档案检索、档案统计、档案编辑和研究、档案提供利用等八个方面。

　　档案管理有助于沉淀、积累知识，有助于传播、交流知识，有助于理解、挖掘知识。以致有人认为知识管理就是档案管理，实际不然，"档案管理"管理起来的知识很有限，只是企业组织知识的一小部分。现行的档案管理模式其实是介于实物管理和信息管理之间的一种管理模式，主要体现在收集、整理、馆藏和利用四方面的工作。而知识管理工作则包含更多内容，知识管理模式下的档案管理是在知识管理理念指导下，将现行档案管理和信息技术、知识管理技术融合后，解决档案重藏轻用等问题，还包括激励员工、营造良好氛围等。

　　3. 知识管理与文件、档案管理

　　知识管理要求将包括文件、档案在内的一切载体形态的知识纳入管理范围，并将不同载体形态的知识进行整合与集成，建构一个整体的知识资源体系。知识管理强调在企业各项生产、经营、管理活动中创造知识、应用知识，使知识直接服务于企业价值创造活动。

　　企业文档管理和档案管理，控制着组织内部大量文档的生成、办理、日常保管和利用，是隐性知识向显性知识转换的重要渠道，是显性知识有效管理的重要手段。知识管理是以有效的文档管理和档案管理为基础，在企业重点领域显性知识规范和结构化存储条件下，拓展知识管理在知识流转共享应用环节、隐性知识管理、知识文化培育等方面的创新应用。这样，企业知识资产的管理才能更有保障，企业知识的运作与流动才能更高效。文档管理和档案管理对组织能否实现知识管理至关重要。

4.8　知识管理与组织文化

　　虽然放在本章的最后，但本书认为，组织/企业文化却往往是知识管理成功与否的关键。一个组织/企业如果有和谐、合作、互助、共享、开放、创新的组织/企业文化，员工就更愿意分享自己的知识，更愿意持续学习。有的企业倡导的"师徒对子""知识圈子""专家文化""百问百答""业务学习"和"能力建设"等形式多样、行之有效的文化或方式方法，更有利于知识的传递、共享和利用。虽然本书认为文化非常重要，但由于不是本书的重点，所以下面仅作简述。

1. 知识管理与组织文化

国家标准 GB/T 23703.2-2010 认为组织文化 Organizational Culture 是组织全体成员普遍接受的价值观念、行为准则、团队意识、思维方式、工作作风、心理预期和团体归属感等群体意识的总称。组织/企业文化是全体成员在探索适应外部环境和整合内部资源的过程中形成的，因一贯运行良好而被认为行之有效，并且被当作感知和思考的智慧结晶传递给组织新成员。

知识管理的实施要根据具体的组织情境，采用不同的知识管理战略和工具去适应组织文化，进而在实践过程中渐进地营造基于知识的组织文化。在基于知识的组织文化中，强调通过学习来构建组织的持续竞争优势。与正式组织结构采用的行政命令方式相比，非正式组织结构更有助于知识在个体、团队和组织之间的传递与共享，更有助于创造新知识。

2. 基于知识的组织文化特征[①]

（1）信任

员工、团队、组织之间的信任是知识交流与共享的前提。在基于知识的组织文化中，信任是知识传递得以高效进行的重要基础，特别是在隐性知识的扩散过程中。信任包括以人际关系为基础的信任、以能力为基础的信任以及以制度为基础的信任等。没有相互信任，个体之间以及个体与组织之间都难以真正地交流和共享。

（2）共享

合作共赢、共同分享。正是组织成员之间的知识共享，使得组织能够将内部分散的知识契合在一起形成合力。知识嵌入在组织管理的各个层面，只有在知识共享的基础上，组织才能共享愿景、目标、价值观、经验、思想和洞察等。在知识型组织文化下，每个人都愿意和别人分享知识，组织充满活力与创造力。

从组织的获利角度看，知识管理并不是一个立竿见影的项目，因此高层的支持至关重要，尤其是主动参与知识贡献与分享，可以消除一般员工对分享文化的疑虑（有员工想分享，容易产生或被误认为是好表现，这是他人一种狭隘的看法）。若再加上高层领导在重要会议上不断宣传知识管理的必要性，并且在重要的知识管理

① 中国国家标准.GB/T 23703.3-2010 知识管理第 3 部分：组织文化[S]..2011

活动上出席，上行下效，成效将更加显著。[①]

（3）开放

开放的理念有利于组织知识的共享与积累。允许组织内的员工、团队访问所需的知识，并在正确的机制下，对知识进行相应的修订、补充、完善，以便于知识的更新和积累。

（4）容错

容许人们在创新过程中犯错误。知识创新的过程就是不断试错的过程，创新本身存在着风险，如果不能容忍错误，人们就会畏手缩脚，不敢冒险，无法创新。不仅要容错，还要正视错误，更要从错误中反思，汲取经验。

3. 开展基于知识的组织文化的方法与工具

方法与工具主要有实践社区、专家黄页、导师制与教练制、干中学、行动后反思、讲故事与对话等。本书将在第八章知识管理技术的内容中对此予以详述。

---

① 萧秋水等著.百问知识管理[M].沈阳：辽宁科学技术出版社，2012: 77

第二篇　方　法　篇

第五章　工程设计知识管理的架构

基于第一篇介绍的相关概念、理论、模型和标准，本章构建了工程设计知识管理的架构，第六章将对该架构中的核心部分予以阐述。

本章首先分析了工程设计行业的知识性特征，提出了工程设计知识的分类体系；然后在此基础上，提出了由基础支撑、内核和外部环境构成的工程设计知识管理的体系架构；最后就体系核心的五类知识活动进行了阐述，即知识鉴别、知识获取与产生、知识存储与内容、知识共享与转移、知识应用与创新。

5.1　工程设计企业的行业特征

每个领域或行业都有自身的特征，知识管理的研究和实践要与领域特征相结合。本节介绍了工程设计企业的定义和知识性特征。

5.1.1　工程设计企业的定义

工程咨询设计覆盖国民经济和社会发展的各个领域，是发展国民经济的重要环节，其发展程度体现了国家的经济社会发展水平[①]。工程咨询设计是科技创新成果转化为现实生产力的桥梁和纽带，是现代服务业的重要组成部分，是经济社会发展的先导产业，是整个工程建设的先行者、龙头和灵魂。

工程设计企业是遵照国家经济建设的各项方针政策和标准规范，从事工程设计、工程咨询、工程监理和工程总承包，在国内外建设市场为项目业主提供全方位、多功能服务的企业[②]。工程设计企业是第三产业中的技术型、服务性、科技型企业。该行业已全部进入市场，参加竞争，优胜劣汰，在竞争中求生存、求发展。

工程设计企业模式主要包括咨询设计顾问公司模式、工程公司模式、工业集团模式、专业设计院模式等。

---

① 国家发改委. 工程咨询业 2010-2015 年发展规划纲要[Z]. 发改投资[2010]264 号.2010
② 国务院. 国函[1994]100 号.关于工程勘察设计单位改建为企业问题的批复[Z], 1994-09

工程设计行业包括煤炭、化工石化医药、石油天然气、电力、冶金、机械、电子通信广电、建筑、市政、铁道、公路交通、民航、水运、农林、水利、海洋、轻纺、建材、军工、核工业等。截至 2016 年底，全国共有 21983 个工程勘察设计企业，从业人员已超过 320.2 万人，其中专业技术人员 154 万人，高级职称人员 35.2 万人，中级职称人员 58 万人。[①]

5.1.2　工程设计企业的知识性特征

工程设计企业是典型的技术、知识密集型企业，其员工是典型的知识型员工。基于此，该行业在管理上存在一些显著的知识性特征：

（1）人才、知识和技术是工程设计企业最重要的生产要素和无形资产。

工程设计的生产过程特点是成本小、产出高。从投入角度看，成本中几乎没有物质资源等硬成本或有形资产，绝大部分成本是软成本，即各类知识资源和人的智力投入。从产出角度看，设计产品是智力劳动的结晶，是各专业技术人员运用多学科、多专业的知识与技能，利用各类设计输入资料，通过自己的经验水平进行创新的技术成果，表现形式是图纸、报告等。该特点为知识管理实施提供了良好的人力条件。

（2）员工学历层次高、具有很高的自主性。

与体力劳动者不同，技术人员都受过高等教育，部分企业员工硕博士以上学历人数已然过半，具有高学历、高技能、高素质等"三高"特征。这些知识型员工不仅富于才智，精通专业，学习能力、领悟能力都比较强，而且大多个性突出。因此，传统组织层级中的职位权威对他们往往不具有绝对的控制力和约束力。与传统企业相比，设计企业的员工更强调工作中的自我引导和自我管理，其自身工作时常会体现出强烈的自主性。该特点为知识管理的实施提供了有力保障。

（3）以知识型员工为主，员工具有较强的创新能力。

工程设计企业的员工大多是知识型员工，尤其是在项目实施过程中，客户的具体需求会刺激员工的想法，促使员工涌现出创新性的设计。有效吸收创新成果，快

---

① 国家住房和城乡建设部.2016 年全国工程勘察设计统计公报.2017

速转化为行动能力，是企业成长的需要，也是对知识型员工价值的肯定，能激励员工更加努力地工作。他们依靠自身拥有的专业知识，运用头脑进行创造性思维，并不断形成新的知识成果。因此，他们从事的大多为创造性劳动，创新是他们劳动最重要的特征。员工在易变和不完全确定的系统中充分发挥个人的资质和灵感，应对各种可能发生的情况，推动着技术的进步。创新是知识管理实施的核心和主要目标。

（4）员工计算机能力突出。

由于计算机辅助设计工具相对传统手工拥有更强的设计能力、质量和效率，因此技术人员乐于主动学习并对工作相关的各类设计工具和软件运用娴熟。通过CAD 等各类软件，设计手段十年前即已全部电子化。该特点为知识管理的实施提供了技术上的保证。

（5）业务模式以提供知识产品为主。

就设计院的主要业务而言，在工程技术上，它是相关专业技术的集成，有具体的目标性，并且要在一定的资金或条件约束下争取价值最大化或方案取得优化；在设计服务中，它比较依赖于专业人员及其经验，解决问题的方案个性化比较突出；在具体的工程设计中，它依赖于信息技术和团队协作，具有一定量的"重复"及其规模效应，业务模式以提供知识产品为主。

（6）知识自始至终参与了项目过程，知识对项目成败具有决定性作用。

项目在方案设计、方案实施这些关键环节有很高的专业知识和经验要求，往往需要具有丰富经验的资深员工才能胜任；而在技术开发环节，表现出较强的复制性，可以充分利用过去的积累，对专业知识的要求要低一些。在这类项目中，知识对项目的贡献大于人力劳动，在关键环节的知识投入将会获得巨大回报，促进项目高效、高质完成。

（7）项目复制是业务扩张的基础，项目创新是业务发展的源动力。

工程设计企业一般将第一个项目作为标杆项目，会花很大的力气去做成，然后去承接更多的项目。在后续的项目中，会延续标杆项目的做法，重用标杆项目的设计思路，一方面在继承中不断完善业务，另一方面通过继承降低成本、提高业务效率。同时，解决方案之所以具有普遍的适应性，主要在于其能针对客户的具体情况具体实施。因此，项目中还要针对客户需求进行创新性设计，以切实解决问题，达到客户目标。这种创新将不断丰富解决方案的内涵，推动工程设计企业在自主创新道路上走得更远。

（8）多专业知识的复杂性、交叉性和反馈性特征。

工程设计涉及十几个专业，设计知识具有密集型、复杂性和交叉性等特点，各项工程中的决策与建议、遇到的困难及问题往往必须整合各种专业知识才能得以解决。设计方案的制定依赖于个人知识的创新和团队的合作；设计成品需通过应用现有知识并进行创新，从而实现知识商品化；设计过程呈现非线性、反馈性和相关性等特点，项目前一个阶段产生的知识是后续阶段的基础，项目后续阶段产生的问题时常反馈到前面环节；以项目流程为导向提供知识支持。

对应于上述特征，工程设计企业在管理上也存在一些难点问题，主要归结为人难管理、事难量化、知识难管理这三难问题。这三难问题也是知识大爆炸时代诸如设计企业这种知识密集型企业在管理过程中面对的普遍问题。应建立以知识为核心的生产经营与管理体系，依靠知识管理解决三难问题，最大程度地发挥设计企业的长处。要紧紧抓住项目运作这个模式和流程这条主线。考虑到知识资源已经在项目过程中占据相当重要的位置，知识管理理应成为不可或缺的组成部分。

5.2　工程设计领域的知识分类体系

对产品的设计知识进行分类、描述和编码，是知识管理和知识工程以及其他管理规范化的基础。知识管理内容规划的核心是知识分类体系，这需结合企业的业务特点进行构建，满足日常工作及管理的要求。知识拥有多重分类的特点，知识管理系统应从多个维度对知识进行分类。以下分类体系以电力设计企业为例，其他工程设计企业类同。

5.2.1　显性知识

5.2.1.1　生产类显性知识

从设计使用角度，可对生产类显性知识做如下分类：

（1）设计依据性知识（标准规范）：表 5-1

（2）设计参考性知识（设计专业业务建设及标准化成果）：表 5-2

（3）设计过程知识（工程原始文件）：表 5-3

（4）设计结果知识（产品及工程数据）：表 5-4

其中前两类为相对固定的、多工程共有的共性类知识，一般不因具体工程的不同而改变；后两类为相对流动的生产类显性知识，主要为非共性类知识，各工程互相之间一般不尽相同。

表 5-1 设计依据性知识（标准规范）

一级分类	二级分类	三级分类	四级分类
标准规范／设计依据知识	国际标准	国际标准化组织标准 ISO	
		国际电工委员会标准 IEC	
		国际电信联盟标准 ITU	
	区域标准	欧洲标准委 CEN	
		太平洋地区标准 PASC	
		泛美技术标准 COPANT	
		非洲地区标准 ARSO	
	国家标准	中国国家标准 GB	强制性标准
			推荐性标准
			指导性技术文件
		美国标准 ANSI	
		德国标准 DIN	
		日本标准 JIS	
		英国标准 BS	
		……	
	行业标准	电力行业标准 DL	
		建设行业标准 CJ	
		……	
	地方标准/规定	江苏省标准 DB/32	
		北京市标准 DBJ01	
		内蒙标准 DB15	
		……	
	上级要求/规定	中国能建集团规定	
	本企业标准	管理标准	质量管理
			健康安全环境管理
			人力资源管理

续表 5-1

一级分类	二级分类	三级分类	四级分类
		技术标准	
		工作标准	管理人员岗位职责
			作业人员岗位职责
			部门职责
		基础标准	
	相关客户的标准/要求	发电集团标准/要求	
		电网公司标准/要求	
		同行企业标准/要求	
	法律法规	中国法律法规	
		国外法律法规	
	其他规程规范	技术规范	
		操作规程	
		定额	
	指南或导则	信息系统操作指南	
		专业设计软件操作指南	
	其他		

表 5-2 设计参考性知识（设计专业业务建设及标准化成果）

一级分类	二级分类	三级分类	四级分类
设计参考知识	图书手册	图书	
		手册	
	期刊会议文献	期刊文献	
		会议	
	科技报告或成果/创新课题/文献	本企业科技报告或成果	
		外部科技报告或成果	
	专利或专有技术		
	标准化设计工程/图集/典型工程	变电站标准化设计	
		输电线路标准化设计	
		电厂标准化设计	
		企业内参考工程	
		企业外参考工程	
	标准图集	国家标准图集	
		地方标准图集	

续表 5-2

一级分类	二级分类	三级分类	四级分类
企业标准化成果		过程文件模板	标准卷册目录模板
			卷册任务书模板
			技术规范书模板
			提资文件模板
			计算书模板
			工程总结模板
			设计评审记录模板
			工作计划模板
			作业指导书模板
			勘测设计大纲模板
			其他
		设计流程	工程立项流程
			勘测任务书流程
			提资流程
			校审流程
			会签流程
			出版流程
			归档流程
			三维设计流程
			其他
		设计模块	发电
			电网
		专项技术	项目经理手册
			设计校审要点
			工程总结与技术总结
			科技报告与科技成果
			专利与专有技术
			发电工程设计专项技术
			电网工程设计专项技术
			勘测工程设计专项技术
			技经快速报价系统
			其他
		其他	

续表 5-2

一级分类	二级分类	三级分类	四级分类
信息化资料		三维数字化设计	发电三维 AVEVA PDMS
			变电三维 Bentley
			输电三维
			建筑三维 Revit
		专业设计软件	设计软件：AutoCAD、Microstation、博超、Benteley、浩辰、天正、……
			结构分析设计软件：PKPM、StaadPro、ANSYS、SPSS……
			设计管理
		地理信息系统 GIS	
		管理信息系统 MIS	计划模块
			任务模块
			校审模块
			提资模块
			原始文件模块
		通用平台软件	
	质量资料	成品质量检查	
		质量分析卡片	
		工地质量信息反馈	
		审查意见	
		设计变更	
		贯标检查	
		经验教训	
		QC 小组	
	业务基础建设	通用设计手册	
		计算软件	
	产品样本/设备选型/厂家资料	已合作	
		未合作	
	行业及相关方资料	行业动态	
		其他	
	客户及相关方资料		
	其他参考资料	经验交流	
		会议资料	

表 5-3 设计过程知识（工程原始文件）

一级分类	二级分类	三级分类	四级分类
设计过程知识	与产品有关的要求	顾客要求	
		法律法规等社会要求	
		组织要求	
	工程设计依据性文件	工程项目立项的批准文件	
		各项勘测设计合同、合作协议及评审记录	
		各种阶段的审批文件	
		委托书、中标通知书	
		工程项目重大事项的来往文件	
		顾客信息记录表，与项目相关的院外需求评审、院领导指令	
		主设备批准文件	
	工程设计基础材料	各类规划类材料	
		调研报告、专题研究报告	
	勘测资料		
	厂家资料		
	搜资资料		
	设计施工过程中与顾客的来往的技术资料	设计前与顾客来往资料	批准和协议性文件
			基础资料和设备资料
			设计外部接口资料
			顾客提供更改资料
		设计中与顾客来往资料	
		施工中与顾客来往资料	工程联系单
			来往函件
	内部技术接口资料	专业之间的互提/接口资料	
		专业内卷册之间的接口资料	
		前道工序向后道工序提供资料	
		其他内部接口资料	
	质量控制文件和记录	各类计划	
		卷册任务书	
		作业指导书	
		校审意见	
		质量信息反馈表	
	计算书		

续表 5-3

一级分类	二级分类	三级分类	四级分类
	科研实验材料		
	施工过程材料		
	其他材料	运行回访有关材料	
		创优报奖及获奖材料	
		其他材料	

表 5-4 设计结果知识（产品及工程数据）

一级分类	二级分类	三级分类	四级分类
设计结果知识	设计产品输出	图纸	
		文稿	
	其他设计输出	现场反馈信息	
		设计经验与教训	
		工程完工总结	
	外部成品参考		
	其他		
工程（技术）数据	电力工程基本信息	主辅机主要设备选型	
		各专业主要系统特征	
		工程建筑体量	
		主要设备材料量	
		项目主要指标	
		……	
	建筑工程基本信息		
	工程图片		
	其他		
总包参考知识	供应商信息	供货商	
		分包商	
	工程造价信息		
	项目管理程序文件		

5.2.1.2 管理类显性知识

管理类显性知识分类宜按照职能"保持职能板块业务相对完整性质的最小颗粒度分",不宜按照职能部门分类。这样在发生部门职能调整时,不需调整系统,仅仅调整各粒度的归类即可。

表 5-5 管理类显性知识

一级分类	二级分类
党务	党建
	企业文化
	党员活动
	宣传
	离休
	其他
工会	班组建设
	工会活动
	退休
	职代会
	其他
团委	团建
	团员活动
	其他
战略	战略
	投资
	产值
	标准化
办公	行政
	会议
	宣传
	其他
监察	监察
	纪检
审计	审计
	法律
	其他
人资	劳动人事

一级分类	二级分类
	薪酬福利
	社会保险
	教育培训
	专家与职业资格
	组织/工作标准
	其他
财务	资产
	税收
	核算
	预算
	其他
市场	营销
	计划
	统计
	资质管理
	其他
国际	综合管理
	营销管理
	项目管理
	物流管理
	其他
科技	科技
	专利/报奖
	企业刊/学会
	技术标准
	其他
三标	质量
	环境
	职业健康

安全	其他		后勤	总务
	安全生产			安保
	其他			车辆
信息	硬件			物资
	通用软件		公共管理	综合管理
	网络			行政管理
	网络与信息安全			安全管理
	信息系统			生产管理
	辅助设计软件			质量健康环境管理
	其他			标准化管理
文档	文控			科技信息化管理
	档案			档案管理

5.2.2　隐性知识

1. 工程设计隐性知识

存在于流程所有者及相关人员脑中的管理业务流程的经验，如流程中如何调整活动、人员和时间。流程内的知识在企业知识媒介中表现为任务测试、书面分析、会议结果以及达成的共识。企业知识媒介提供了多种形式来整合这种类型的知识到一个公共的基地。它以各种员工都能容易获取的方式形成了大量的信息。通过提供编码知识的一致方法，可为各种使用者对储存知识的整合和使用提供便利，能保证重要的信息在流程中自动传递给相关人员。

设计单位对隐性知识的整理和分类可以按照专业领域或者工程类型建立工程专家库、知识论坛、个人 Blog 等，然后通过知识挖掘手段将个人经验、专家技能等隐性知识发掘出来。

2. 工程设计知识源

具有学习推广价值能创造价值的信息才能被称为知识，只有开放性较高且具有复用价值的信息才可被作为知识源。工程设计知识源包括：

（1）源于运行的各种生产管理信息系统，这些系统涵盖了日常生产运营的各个方面，积累下了各种有价值的信息，如技术报告、项目信息、企业规章制度、作业指导书、培训文档等，知识管理系统通过定时抓取这些系统中的信息，建立企业的知识源库。

（2）脱离信息系统、散落在各部门、个人手里的各类电子化或非电子化的知识。知识管理系统提供专门的录入流程帮助用户把知识信息录入知识库中。

5.3　工程设计领域的知识管理体系

基于流程的工程设计领域的知识管理体系由基础支撑（以业务流程、信息流程、知识流程为主体的流程）、知识活动（知识获取与产生、知识存储与管理、知识共享与转移、知识应用与创新）和外部环境（业务流程重组、信息管理、文档管理、全面质量管理等知识管理云理论）三大部分组成。如图 5.1 所示：

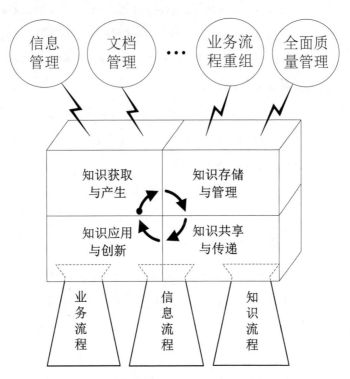

图 5.1　基于流程的工程设计知识管理体系

（1）知识管理体系的基础支撑：业务流程、信息流程和知识流程三大流程。流程是将公司内各部门、职能、个人联系在一起协调工作的纽带，是企业管理活动及经营活动的具体载体，是对部门及个人职责、行动的进一步定义。在组织内，知识不仅存在于文件或档案库里，还体现在日常管理、流程、行为和规范中，所以知识管理需要把现有流程中的一些环节与知识管理的价值链相结合，寻找可能带来的利润点。在知识管理系统建设过程中，除了要具备通常的功能外，还要能够在定义工作流转的同时，和相关文档及专家关联起来，从而使员工在每个工作节点上都能获得最大的资源。知识管理与业务流程管理密不可分[①]。构建知识管理系统的基础是梳理清楚企业的知识流和知识流程，知识流程的构建基础是信息流程，信息流程是业务流程信息化的全覆盖和全表达，业务流程是企业生生不息的业务活动的载体。因此，研究三大流程模型是构建知识管理系统架构的基础。

（2）知识管理体系的主体——知识活动：知识获取管理、知识存储管理、知识共享管理和知识应用管理。工程设计企业的知识管理是将设计相关知识按照数字化设计和信息化管理的要求进行获取、整理、存储和分享，并将其应用于产品的数字化设计和信息化管理中的过程。这四部分管理也是知识管理体系的核心要素，是知识管理思想落地的重要载体。

（3）知识管理体系的外部环境：包括业务流程重组、信息管理、文档管理和全面质量管理等与知识管理密切相关的理论[②]。知识管理作为一种企业管理思想，对企业各层面均影响深远，与上述理论有紧密关系，其成败甚至依赖于这些管理方法。因此，有必要研究知识管理与其他管理理论与方法的融合。

5.4　工程设计领域的知识活动

工程设计领域的知识管理体系的主体是知识活动。组织在确定知识管理战略后，应针对组织的知识进行管理，将存在于组织的显性知识和隐性知识以最有效的方式转化成组织中最具有价值的知识，提升组织的竞争优势。知识管理应根据组织的核心业务，鉴别组织的知识资源，开展知识管理活动，知识活动可分为五个方面：知识鉴别（Knowledge Identification）、知识获取与产生（Knowledge Acquisition and

---

① ANDERSSON B，BIDER I，PERJONS E.Knowledge-based process management [C] . PAKM 2004，227-238
② 详见第一篇第四章"知识管理云理论"。

Production）、知识存储与管理（Knowledge Storage and Management）、知识共享与转移（Knowledge Sharing and Transfer）、知识应用与创新（Knowledge Utilization and Innovation）。[①]

5.4.1 知识活动概述

知识活动主要包括知识的鉴别、知识的获取与产生、知识的存储与管理、知识的共享与转移、知识的应用与创新等五部分，这是工程设计企业基于流程的知识管理体系架构的主体（图 5.2）。

这些组成要素体现了知识管理的螺旋式循环过程，即知识的鉴别、获取、产生、整理、分类、存储、分享、传递、转移、应用和创新，再从获取开始，这是一个不断循环往复的过程。而知识也通过这样的循环，使得知识本身得到不断的积累，知识量不断扩大，从而对组织产生越来越强的影响力。

知识管理体系围绕知识管理的螺旋式循环过程，提供知识发现、数据挖掘、内容管理、知识推送、知识创建、知识激励和知识分析等一系列工具，同时将知识管理从狭隘的文档管理扩展到企业的整个业务管理和运作环节中，并与其紧密融合在一起，从而使知识管理有效提升个人和组织的能力。

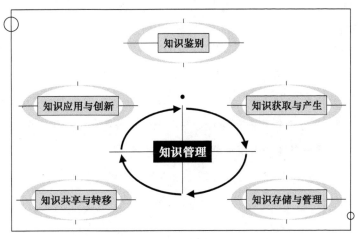

图 5.2 工程设计领域的知识活动

---

① 英译遵照中国国家标准 GB/T 23703.2-2010：2-3

5.4.2　知识鉴别

知识鉴别是知识管理中的一个关键的战略性步骤，在知识获取之前开展[①]。知识鉴别主要根据组织目标，分析知识需求，包括对已有知识的分析和尚缺乏知识的分析，适用于组织层次战略性的知识需求。知识鉴别的目标是明确知识管理的目标和所需的知识。

知识鉴别的内容是对已有知识和尚缺乏的知识进行分析，可包括：

（1）根据已确定的组织业务战略和需求，明确组织知识管理的环境、战略；

（2）识别业务流程中产生知识的业务环节，识别关键的知识；明确组织成长历程中所积累下来的知识；

（3）确定这些知识所在的位置；

（4）明确目前哪些个人和团体拥有这些知识；

（5）发现组织的知识缺口，即组织的现有知识与实现其战略需求所应具备的知识之间存在的差异。

开展知识活动的方法和工具可包括：

（1）知识战略规划：基于组织的战略，通过系统梳理组织战略级的知识领域，分析关键知识领域状态，找出相应提升行动计划，从而支撑业务发展的一整套"知识规划"的方法、流程及工具。

（2）情景规划：组织根据知识管理战略需求先设计几种未来可能发生的情形，接着再去想像会有哪些意料不到的情况发生及相应的解决方法；

（3）业务流程分析：对业务功能分析的进一步细化，从而得到业务流程图，用于形成合理、科学的组织业务流程，帮助识别业务流程中产生知识的环节；

（4）产品和服务的知识需求分析；

（5）知识搜索：是建立在以知识需求为集成上的知识整合传播工具，包括了完善的互动机制，例如评价、交流、修改等方法；

（6）知识地图：一种帮助用户知道在什么地方能够找到知识的知识管理工具；

---

① 中国国家标准 GB/T 23703.4-2010 《知识管理第 4 部分：知识活动》.2011

（7）头脑风暴法：在知识管理过程中无限制的自由联想和讨论，用于产生新观念或激发创新设想。

用于知识鉴别的信息主要来自于与问题相关的各方面信息和数据，通过对已有知识和尚缺乏的知识进行分析研究，借助头脑风暴法等方法，在知识管理专业人员和领域专家的密切配合支持下，获得组织需要的知识及其相关信息。

5.4.3　知识获取与产生

知识获取与产生是企业根据需求搜寻与选择适当的知识来源（通常是存在于组织内的已有知识和外部已有知识），经由吸收、协同合作等方法搜寻、了解、学习、获得和创造内外部知识的活动过程。

5.4.3.1　概述

知识获取的目标是对隐性知识和显性知识的学习、理解、认识、选择、整理、汇集、分类，满足组织业务对知识的需求。在生产过程中，员工通常利用自己的知识、经验和技能来实施业务流程中的任务。如果员工自身已具备的知识不足以支持其完成所面临的任务，或者需要具备一些外部的资料和条件才能正常开展设计，那么就需要从别处获得所需要的知识。这些知识可能是问题解决方法、流程或者最佳实践等存储于数据库中的显性知识，也可能是存储于员工头脑中的隐性知识。

工程设计中获取所需知识的方式主要是创新、类比式学习、询问和查找[①]：

（1）创新就是在无法直接获取知识的情况下通过自己的努力学习、分析、尝试乃至创新去解决问题。重新创造已经存在的知识不能称之为创新。

（2）类比式学习就是根据与设计目标类似的案例，进行模仿和推理，这是设计过程常用的方法，前提是要有类似案例的积累。

（3）询问就是去问掌握这种知识的人。

（4）查找就是在可用的资源中寻找知识的答案，查找的最常用方式是智能全文检索。询问和查找存在一个共性问题，就是去问谁，到哪里去找。这正是知识管

---

① 季征宇.建筑设计企业的知识管理[J].建筑设计管理,2006(2):17,18

理系统可以解决的，即在正确的时间将正确的知识送给正确的人。

工程设计企业知识的来源一般有：

（1）直接购买或引进已含有外部知识的信息系统。如含期刊论文的中国知网、含各类标准的国网标准化信息系统、含电子图书的数字图书馆等。

（2）搜集整理外部资源，从客户、竞争对手、供应商、合作伙伴、公开知识源获得知识，充实到各类信息系统中。如含相关客户标准/国家标准图集的标准管理系统、含产品样本/设备选型/厂家资料的产品及供应商管理系统等。

（3）搜集整理内部资源，对组织内部知识进行梳理、分类、汇总，充实到各类信息系统中。如含各类标准化成果、质量资料的标准化成果管理系统，含实物、影像、文档的档案管理系统。

（4）通过兼并、收购、购买等方式直接在某个领域获取所需要的知识，或有针对性地引入相应人才。

（5）基于企业日常运营的业务流程产生后自动收集。如在生产流程中搜集质量记录的 MIS 系统、在管理流程中沉淀文档的文档管理系统、在日常办公沟通中汇集邮件的邮件系统等。

上面最重要的收集方式是第（5）种，这是由于业务流程在企业生产运营中生生不息，知识也更多地产生并应用于日常业务流程活动的过程中，因此，这也是个人知识组织化、组织知识效益化的最重要方式。如在生产流程中搜集质量记录的生产管理系统、在管理流程中沉淀文档（如通知、签报、纪要、制度、总结、报道等管理文档，以及设计守则、专业规定、标准模板、技术汇编、质量分析报告等技术文档）的文档管理系统、在办公沟通中汇集邮件的邮件系统等。

例如，按照质量体系要求，图纸要在设计审批过程中需留下校审记录，通过管理信息系统 MIS 自然地形成并提取各类校审单，而不需校审人员专门编制独立的校审单文件。更重要的是，过程中留下的是真正的结构化数据，是数字化过程；而专门编制的文稿是非结构化文件，充其量是电子化过程。二者有质的区别，前者可以很容易地共享、检索、整合和利用，前者还是数字化交付的必要条件，而后者往往被束之高阁。在此基础上，再通过知识集散中心提供的知识攫取工具从信息系统中获取、收集知识，并提供分享和利用，通过这种类似方式，可将知识管理贯穿于企业运作的各个环节,企业可以随时随地关注、跟踪和攫取业务过程中产生的知识,沉淀、挖掘后进行分享和利用。

同样的还有文档管理系统的应用,各部门各文体(如通知、签报、纪要、制度、总结、报道等)、各专业各文类(如设计守则、专业规定、标准模板、技术汇编、质量分析报告等)的工作文档通过 DMS 来撰稿、校审、征求意见、会签、批准和发布,可实现文档过程记录、台账、归档管理的数据化及其查询的信息化。在此基础上,再通过知识集散中心的全文检索工具进行分享和利用。

5.4.3.2 显性→隐性(内化)

向员工提供所需要的显性知识和隐性知识的方式、或者说员工获取知识的方式是不同的,按照业界公认的 SECI 模型,知识的转化过程可分为显性→隐性(内化)、隐性→隐性(社会化)、隐性→显性(外化)、显性→显性(组合化)四种方式,其中前两者为知识获取过程。

从显性知识到隐性知识的转化,即知识的内化。为协助员工快速顺利地完成他们面临的生产任务,系统需要提供给员工所需要的显性知识,比如背景资料、专业间互提资料、厂家资料、解决类似问题的方法或者最佳实践等。此时需要特别关注显性知识的供给问题,即显性知识隐性化的问题。

要实现知识的供给,首先考虑如下情况:一方面,由于不同员工的知识水平、业务能力和工作经验是不同的,要完成同样的任务,他们可能需要不同的知识;另一方面,由于不同的任务对实施者的知识和能力的要求也是不一样的,因此,同一个员工在完成不同的任务时会需要不同的知识。也就是说,知识的供给因人而异、因任务而异。这就要求知识管理系统能够"理解"员工在实施特定任务时的知识需求,并据此提供其所需要的知识,来支持其顺利完成所面临的任务。[①]

以工程设计企业"干中学"的过程为例。工程设计企业给员工分配合适的设计任务,在设计过程中,要求员工尽可能参考和重复利用档案库、标准规范库、资料库及其他知识库中的各种数据、文件和资料,要根据其他专业的提资要求和厂家资

---

① 黄官伟.知识管理机制与业务流程的集成研究[J].计算机工程与设计,2007,28(4):978-979

料等，设计完成后要求员工提交设计成果，并召开会议讨论，然后参加工代服务以获得实践经验，最后通过质量回放、反馈进行总结提高，如此这般通过不断的"设计、实践、再设计、再实践"过程来提高员工的工作能力。

5.4.3.3 隐性→隐性（社会化）

从隐性知识到隐性知识的转化，即知识的社会化，通常有两种方式。

（1）最常见的方式是经验丰富的专家或设计人员以师傅带徒弟的言传身教的方式将自己的工作经验、技术诀窍等传授给其他员工，是隐性知识在不同人员之间的典型转化过程。工程设计企业应当建立一种机制，鼓励这种方式，因为这种方式对增长企业隐性知识最为经济有效①。

（2）另一种方式是，员工在完成任务的过程中，在遇到自己解决不了的问题的情况下，除了需要获得显性知识支持外，可能还需要通过知识管理系统提供的各种沟通方式与其他有相关经验的员工或专家进行沟通、讨论或协作，比如消息系统、邮件、社区、e-meeting 等。

5.4.4　知识存储与管理

5.4.4.1 概述

知识存储是将曾经流入组织的知识，通过某种方式有效率地转化为长期或短期的组织记忆的过程。如将组织成员在知识获取或知识应用中产生的创新性知识因素通过集体或个人的总结加以确认，转化成组织知识，这可以节省其他成员为利用同类知识所花费的摸索和出错的时间与成本。

知识存储的目标是将获取的知识存储下来，以便为知识共享和应用提供服务。

知识存储包括存储的场所、存储的形式、组织的方式等，如：

（1）通过数据库、管理信息系统等信息技术存储知识；

（2）通过具有知识的专家、有经验的员工或传授工作者，以师徒制、教育训练的方式存储知识；

---

① 王玉宝.工程设计单位知识管理的探讨[J].中国矿山工程,2004

（3）通过组织中的对象、活动、产品、组织结构与制度、日常工作等方式存储知识，使员工经由接触上述事务时点滴记忆。

知识存储的内容包括：

（1）从创造和获取的知识中，保留有价值的知识。

（2）对知识进行筛选、标识、索引、排序、关联、形式化、整合、分类和注释等。

（3）将加工后的知识以适当的结构存储在合适的媒介中，并设计多元的索引和分类目录，以方便用户检索。还需要提供分类支持手段，帮助员工按照统一的规则将知识分类。

（4）按照不同知识的特性，不定期对知识进行更新、重新分类等，以维持知识库的时效性。

（5）需要经常对知识进行固化，知识固化是个人与组织的知识记忆活动。每个组织经过长时间的运营和发展，都会产生许多报告、文件、记录或是员工的个人经验，这些资料或经验可能是书面的，可能储存在档案或资料库中，更可能存在于员工的头脑中，若没有经过外化与系统化的整理、分析和保存，就无法发展成对组织有益的知识和经验。员工的退休、死亡、流动甚至离开后加入竞争对手公司，都有可能使公司的知识受到损失。

（6）个人隐性知识显性化后要及时转化为组织知识。公司员工头脑中的知识并不完全属于员工个人所有，它们是在公司的特定技术环境下，在公司提供了实践场所和付出培训等努力后形成的，企业的知识应归公司和个人共有[①]。

知识存储与管理的方法和工具有：

（1）元数据设计；

（2）知识目录和索引；

（3）知识库的设计方法；

（4）数据库的设计方法；

（5）数据库、知识库、知识系统、专家黄页等工具。

---

① 董荣凤.知识管理与企业管理信息系统建设[J].南开管理评论,2000

5.4.4.2 显性→显性（组合化）

从显性知识到显性知识的转化，即知识的组合化，这种转化过程涉及不同的显性知识体系。对工程设计企业来说应特别注意以下几个方面：

（1）设计企业传统的生产流程都是在图纸等纸质文件上进行的，不能满足信息化管理的要求，因此必须实现设计纸质文件向电子文件的转化。

（2）设计过程需要多部门、多专业的员工共同参与完成，各个专业在设计资料周转、互提设计条件、设计会签等工作中都要反复利用其他专业的设计成果，因此设计企业应通过规范化的业务流程和接口关系以最便捷的方式来实现不同专业之间知识和信息的转化。

（3）设计企业还必须重视业务建设工作。即对长期积累的技术重新进行分类、重组构架产生新的知识。如标准设计、内部定额、专用程序、复用图库和各种文档模板等。

对于工程设计企业而言，对现有的设计成果的管理是知识管理的重要部分。但对一个设计企业而言，很显然知识管理又不单单是对设计产品的管理。知识管理的范围，除了设计产品外，还应包括法律法规、各类标准规范、设计确认信息、设计交底和各类设计审查（检查、复查）信息、施工现场及回访信息、项目信息、专家意见和数字图书馆等。

5.4.5　知识共享与转移

完成知识的获取和整理存储后，下一步就需要将这些有价值的知识通过各种手段进行广泛而有针对性的传播。知识的共享范围越广，其利用、增值的效果越好。知识共享与转移（或传递）是一种沟通的过程，是一种互动行为，它牵涉两个主体：知识拥有者和知识重建者。知识拥有者以演讲、写作或其他方式与他人沟通、分享知识，知识重建者以模仿、倾听、阅读等方式认知与理解知识。

知识共享是指知识拥有者与其他个体交换知识的过程。国家标准 GB/T 23703.4-2010 认为知识共享的目标是通过知识的交流传递，将个人或团体的知识扩散到组织系统中，使知识得到进一步扩展。知识共享从另一个方面来说就是知识的分发、传播，让知识的使用者可以最大限度地获取知识，从而使知识通过共享实现自身价值。知识共享是设计企业运用知识和创造知识的前提。首先，通过知识的分享，设计企业中优秀设计人员的设计理念、设计思维和设计经验为更多的人所掌握，充分体现了知识的价值。其次，知识的产生和创新是个体相互交流和组合已有知识的结果。由于每个人的专业和所从事工作的限制，个体的思维都有局限性，但是通过相互交流，人们往往能够产生思想的火花，实现知识创新。

知识共享中最大的难点来源于隐性知识的交流分享。"教会徒弟，饿死师傅"的思想也时有存在。在设计企业中，难以用明确的语言和文字表达的、存在于设计师头脑中的隐形知识更多更有价值。可通过各种方式使这部分知识在潜移默化、日常工作中实现共享和转移，这些方式有内部期刊、BBS、BLOG、个人知识门户、交流社区、实践社团、干中学、工作中培训、网络论坛、电子会议、团队会议、网络培训和工作流程等等。

Teece (1977) 最早提出了知识转移的思想，认为企业通过技术的国际转移，能积累起大量跨国界应用的知识。此后知识转移，逐渐成为知识管理的关注热点。Szulanski (1996) 等人认为：知识转移是组织内或组织间跨边界的知识共享，即在一定的情境中，知识从源单元到接受单元的传播或转移过程，并且强调，此处用传播或转移而不是扩散这个词，是强调知识转移不仅是知识的扩散，而是跨组织或个体边界的有目的、有计划的共享。因此，知识转移也是知识共享的一种方式。

图 5.3 从个体层面、团队层面和组织层面表达了个体化策略与编码化策略在经验（隐性知识）转移中的方式和不同。经验不能有效地通过文档或信息流程等方式进行传递，宜采用个体化策略，在通讯方式的辅助下，采用经验学习的方式直接传递更有效。通过编码化进行知识的传递，往往需要先将隐性知识转化为文档，再通过文档进行传递。这种传递的好处是能有效实现知识沉淀、个人知识组织化。员工的经验常以 E-mail、报告、工程文档和会议纪要等方式呈现。

知识共享与转移的方式有：

（1）人与人之间的直接交流方式，如研讨会、培训、学习；

（2）通过网络进行交流的方式，如聊天室、电子会议、电子邮件、实践社区；

（3）利用知识库的方式，比如组织知识库的学习、图书馆的学习和在线学习；

（4）导师制、教练制、师徒制。

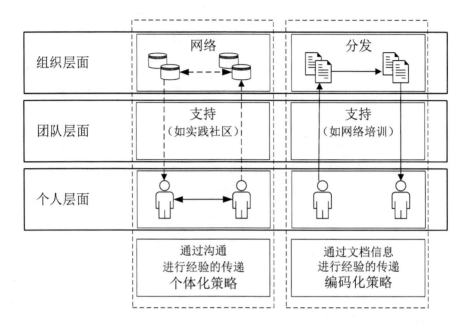

图5.3 通过个体化策略或编码化策略实现的知识转移图

5.4.6 知识应用与创新

国家标准认为，知识应用是组织价值的具体体现。它一方面表现为利用已有知识，在工作中形成新的知识产品；另一方面，促进组织个人和团体知识储备的拓展。知识只有在组织应用时才能增加价值。知识应用的目标是，通过对知识的合理有效的应用，挖掘发挥知识的价值，实现组织的目标。

5.4.6.1 隐性→显性（外化）

完成了知识的转移后，下一步的工作就是促进人员有效地对知识进行汲取并利用。知识应用是组织的员工或团队将所采纳、吸收的知识实际运用到工作流程中以解决问题或制定决策的过程，这是组织知识能否产生价值的前提，因为没有得到应用、没有行动力的知识是不能体现其价值的，因此，应用知识比起拥有知识更为重要[①]。知识的应用也是知识转化为人员的技能、能力和组织智慧资本的过程。

隐性知识到显性知识的转化，即知识的外化，是知识管理系统的重要功能之一。一方面，员工在解决业务流程中各种任务的过程中，会产生一些新的想法、新的思路或新的问题解决方法，即所谓的新知识。这些新知识对于解决当前的问题以及以后业务流程中出现的相似问题无疑具有重要意义。为了辅助员工系统化创造新知识，以及方便地记录、整理和归类，需要 IT 技术提供相应支持，如 Blog、社区、门户和知识地图等。另一方面，由于设计人员的流动性越来越强，隐性知识如果不及时显性化就有可能随着设计人员的离职而被带走，因此这种转化对工程设计企业来说非常重要。工程设计企业应通过组织学术研讨、内部培训、技术交流、撰写论文和网上交流等形式积极鼓励设计人员的知识共享与交流，从而降低隐性知识管理的风险和不确定性，防止掌握核心知识的人才外流导致知识资产流失。

知识被汲取并加以利用后，又会在实践中产生新的知识。因此，知识管理还需要利用创建、沟通、交流等手段让新的知识显性化，补充到原有的知识体系中，并重新进入知识获取、存储、传递、利用、创新的新一轮循环，以实现知识的不断更新和积累。这包括在日常工作中随时创建知识，将其迅速纳入原有的知识体系；人力资源管理相结合，对知识积累的考核和激励；突破组织界限，进行动态的灵活的沟通交流，联合内外部的知识力量等。

企业持续的竞争优势来源于自身拥有的知识并不断实现知识的创新。知识创新是知识管理的最终目标和最高层面。知识创新过程并不是一个单独的环节，而常常是对现有知识的分享、挖掘和利用的结果，它可以帮助设计企业实现整体知识数量的扩大和知识质量的提升，而后者明显极为重要。真正有创造力的员工往往通过重新组合和改良，赋予那些我们耳熟能详的知识以新的意义。

5.4.6.2 基于流程的知识应用和创新框架

工作流程中的知识应用和创新过程，可以通过信息、文档、通讯、应用和学习等五类知识流程联系为一个知识管理的基本应用与创新模型（图5.4）[②]。为表达清

---

① 戚啸艳.企业整合型知识管理系统的构建研究[M].南京：东南大学出版社，2008: 94
② Wissens Management Forum .An_Illustrated Guide to Knowledge Management[EB/OL]. 2003: 10

楚，将模型分为数据层、知识层和流程活动层等三个层面，其中业务流和知识流分别用数据层和知识层来表示，中间的载体是以工程设计为载体的生产流程。

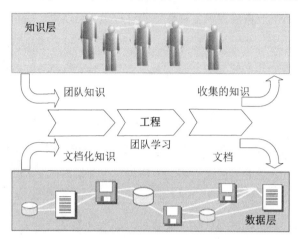

图 5.4 基于流程的知识应用和创新框架

来源：Wissens Management Forum

知识层主体由组织成员的个体知识和他们的交流组成，数据层则包括了所有可应用（如可打印、可查看）的文档类知识。三层之间的关系分别代表了数据、个体知识和活动的流动：

首先，在个体知识的主导下，通过利用各种输入资料等显性知识进行工作。

其次，流程活动中包含了物理层面的文档流转和意识层面的问题解决，流程活动需要完成任务，任务完成的结果需要有文档方式的显性知识输出，相对应于知识层面，个体通过团队建设、团队会议和学习等方式，使得知识在团队内部传递，并且慢慢转变为集体知识、组织知识。

第六章 工程设计知识管理与流程管理

　　企业通过业务流程向顾客提供高质量的产品和服务，业务流程是企业生产的生命线；信息流程是业务流程中信息流动的反映，是企业信息化的生命线；知识流程是业务、信息流程中知识流动的反映，是企业知识管理的生命线；三个流程构成企业的核心竞争力和企业的生命线。知识流程的构建基础是信息流程，信息流程是业务流程信息化的全覆盖和全表达，业务流程是企业生生不息的业务活动的载体。由此可见，研究企业的业务流程、信息流程和知识流程三种流程模型是构建知识管理系统架构的基础。

6.1　工程设计的业务流程模型

　　企业所有的管理及生产业务均可以抽象为业务流程、表单和职责，核心的业务流程用以明确做事步骤，表单用以说明或记载做事的内容，流程的柔性定制和表单的任意定义是实现可视化柔性管理的重要保障。流程是关于如何做事的知识，是工程设计的过程知识。业务流程是研究信息流程和知识流程的基础，因此本节分析并绘制了工程设计典型的综合业务流程模型，重点详述了增值业务核心流程模型。

6.1.1　综合业务流程模型

　　工程设计企业的业务模型可由"组织职能"和"业务流程"构成。"组织职能"是企业按相对独立的功能划分的组织结构，是业务活动的主要领域，如经营计划、生产、技术质量、信息、人资、财务和办公等；而"业务流程"是贯穿某组织职能区域内、外的逻辑上相关的一组基本业务活动。业务流程模型是对组织业务流程的抽象表示，也就是对经营过程的抽象表示。

　　工程设计企业的综合业务流程模型（图6.1）是以顾客需求为导向的、各服务职能围绕生产经营主线协同运作的综合性模型。常见的业务流程如：与客户协商与沟通，明确总体目标与需求；组织项目团队进行内部设计交流，进行任务分解；明确各人设计任务，进行设计准备；团队合作提资，开展设计任务；按照质量和校审要求，进行成品校审；通过项目评审沟通总结，进行知识积累和固化等。现将模型简介如下：

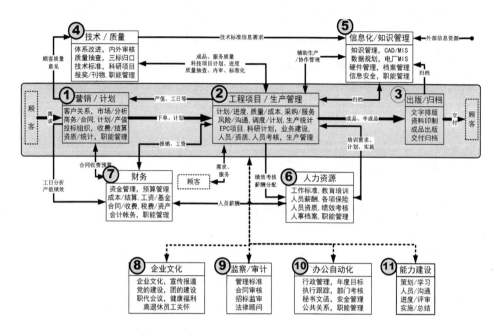

图 6.1 以生产增值流程为主线的综合业务流程架构模型

（一）生产主流程

图 6.1 中所示的生产流程以经营计划为源头，对工程项目立项，然后进行工程项目的管理和设计，最后通过印制出版将成品文件交付客户，同时归档再利用。（下文中的（1）-（11）与图6.1中的①-⑪一一对应）

（1）营销/计划

图中阴影部分所示的①部分为生产之源，负责管理工程项目的经营、计划等。包括客户关系、市场分析、合同管理、收付费、产值管理、资质管理、生产经营数据统计分析等。

（2）工程项目管理/多项目管理

图中②标记了核心的"计划→设计→校审→出版归档"业务增值流程（含各专

业提资）的项目过程管理，由十几个专业组成的项目组协同完成工程的设计。多项目管理则完成多项目相关的合同管理、客户关系管理、工时管理、计划管理以及各类统计分析等等。此外，还包括业务建设、生产管理等。

（3）出版/归档

完成各类成品文件的数字化出版及归档，各类原始材料文件的归档等。

（二）辅助生产的流程

（4）技术/质量

贯穿生产流程始终的是质量，质量是企业的生命线，要通过内外审、质量抽查等手段保证产品的质量。

科技是企业创新和提高的重要方式，通过科技项目、技术标准、刊物、报奖等方式保证和激励其发展。

（5）信息化/知识管理

信息化是生产的催化剂和放大器。信息化的基础平台是网络设施和网络信息安全，两条主线是 CAD 协同设计和 MIS 协同管理，产品集散地是档案管理系统，数据中心是各类数据库。

知识管理的应用将加快提升员工能力、生产效率和企业核心竞争力，知识管理的初步阶段以文档管理、各类知识子系统、基于知识管理的信息系统等方式呈现。

（三）职能服务流程

（6）人力资源

人力资源方面的工作包括工作标准、教育培训、人员薪酬、各项保险、人员素质、绩效考核、人事档案以及相关职能管理等。

（7）财务

财务方面的工作包括资金管理、预算管理、成本/结算、工资/基金、合同/收费、税费/资产、会计账务以及相关职能管理等。

（8）党工团（企业文化）

党工团方面的工作包括企业文化、宣传报道、党团建设、精神文明、积极心态、健康福利、工会工作、班组建设等。

（9）监察/审计

监察审计法律部门负责合同审核、监察、审计、法律等工作。

（10）办公自动化

办公自动化包括战略管理、行政管理、公文管理、目标分解、部门考核、来人来函、安全管理、公共关系、物资管理、车辆管理以及相关的职能管理等。

（11）能力建设

包括班组建设、专业建设、业务建设、标准化工作、QC 小组、专题研究团队等。

6.1.2　增值业务核心流程模型

工程设计企业生产增值业务主流程的功能是以一个项目的执行为主线，以项目经理/室主任、主设人为核心，变传统的过程/工作量记录纸介流转管理为计算机数据流管理，以进一步提高设计作业过程的规范化，实现对项目实时、深化的管控，方便分析利用积累的数据等等为目标，以提高项目设计过程管理的质量和效率为目的。

生产核心增值业务流程是对企业经营和生产起主导作用的流程，是生产管理最基础的流程，该流程永远处于生生不息的运转状态，是所有信息和知识的来源点、加工点、产出点，其过程是以项目为主线，以产品文件为载体，对产品文件进行计划、设计、校核、审核、会签、批准后，提交出版，交付用户，原件归档的过程。

图 6.2 将工程的执行分为如下阶段：项目启动/客户关系、合同、项目立项、项目组织、项目计划、项目任务、设计验证/校审、设计输出/出版归档等过程（客户关系系统与合同管理系统详见第三篇）。

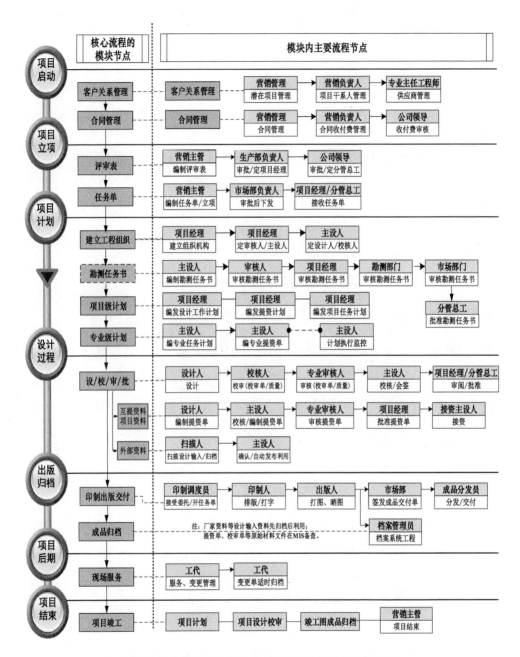

图 6.2 工程设计企业生产增值业务主流程模型

来源：郑晓东

6.1.2.1 项目立项

项目承接后，首要任务是项目立项，分配项目编号并提交各级领导审批。典型的项目立项审批流程如图 6.3 所示，一般由市场归口部门，经过生产部门评审后，提交公司领导审核/批准。

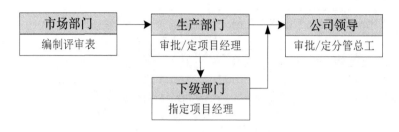

图 6.3 工程项目评审流程示意图

6.1.2.2 项目组织

项目立项后，即可按照相关专业、角色、人员（按岗位签署权）组建项目组织。一般由项目经理负责指定各专业的专业审核人和主设人，主设人负责指定各专业的设计人和校核人。项目各岗位的成员需按照"人员签署资格（岗位签署权）"的规定选择。

6.1.2.3 项目计划

1. 勘测任务书

各设计项目开展伊始，需委托勘测部门对现场地质、水文等进行勘测，流程如图 6.4 所示。

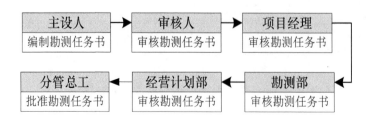

图 6.4 项目勘测任务书流程图

2. 项目计划和提资计划

计划是管理的五项重要职能之首,对有效控制进度和目标的完成具有关键作用。项目经理编制项目的工作计划,主设人编制本专业的提资计划和卷册任务计划。

6.1.2.4 项目任务

项目计划批准后,各专业应根据计划编制项目的工作任务分解结构（Work Breakdown Structure, WBS）。WBS 是以可交付成果为导向对项目要素进行的分组,它归纳和定义了项目的整个工作范围每下降一层代表对项目工作的更详细定义。WBS 是计划过程的中心,也是制定进度计划、资源需求、成本预算、风险管理计划和采购计划等的重要基础。WBS 经常以带有结构化编码的工作包的方式出现。在工程设计中,工作包更多以卷册任务的方式出现。其流程一般如下所示:

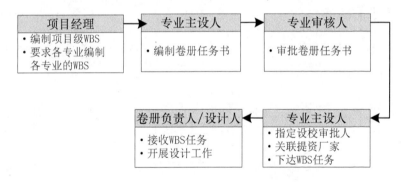

图 6.5 项目任务编制下发流程图

6.1.2.5 设计验证/校审

所有图纸都经过"设计→校核→审核→批准"的四级校审流程（图6.6）。系统通过流程以设计产品文件（图纸或文稿）为单位控制每个角色的签名并记录到签名表中;在流程结束后再进行后台批量数字签名。

该流程是生产流程核心中的核心。

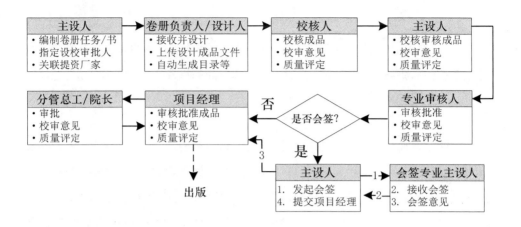

图6.6 项目设计产品校审流程图

6.1.2.6 专业间提资

项目设计是多专业协同设计的过程，各专业间的设计要求以专业间互提资料的方式实现，提资流程如图6.7所示。

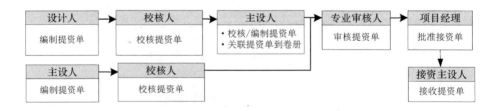

图6.7 项目各专业间互提资料流程图

6.1.2.7 设计输出/出版归档

数字化出版（图6.8）包括出版流程数字化、出版管理数字化和产品交付数字化三部分内容。主要有出版印制和扫描两大业务。

（1）出版印制。在成品完成设、校、审、批之后，项目经理委托出版；然后系统自动完成成品文件的自动批量数字签名、生成会签栏并签名、盖各类印章、生成光栅 TIF 文件和印制任务单等；之后由印制调度员将印制任务单指派给出版人；出版人将图纸的 TIF 文件发给打印机打印出版；最后入库、交付、归档。

(2) 扫描。完成用户委托的纸介材料的扫描及归档任务。构想为：员工在 MIS 中填写扫描委托单，将纸质材料（如厂家资料等顾客资料）送交印制部门；印制部门将纸介资料扫描，将电子文件上传到 MIS 扫描中心，同时将资料归档；委托人进入 MIS "我的扫描库" 下载电子文件使用。

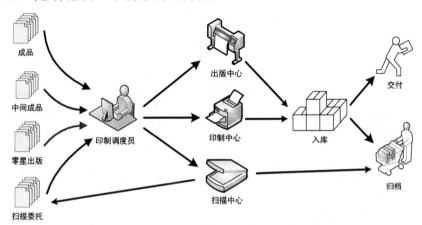

图 6.8 设计产品的数字化出版与自动归档流程图

6.1.2.8 批量数字签名与电子签章过程

数字签名签章系统与管理信息系统无缝集成，通过管理信息系统中的信息流程确认各类角色人员与各类印章的签署要求，将传统的手迹签名和各类印章处理成电子签章（即数字化），将电子签章与数字签名技术集成后，通过数字签名技术签署并绑定到各类设计成品图纸、各类文稿的电子文件（格式包括 DWG/DOC/XLS/PDF/HTML 等）中，具有传统签章和数字签名的双重功效，即既能通过电子签章在电子文件上绘制出我们传统的手迹签名和传统印章，又能通过数字化的电子签名保证文件的完整性、真实性、合法性、不可篡改性和不可抵赖性。

系统由五大部分组成：输入接口、电子签章系统、数字签名系统、监控与通信系统、输出接口（图 6.9 所示）。其中输入接口对应管理信息系统 MIS、输出接口对应档案管理系统 AMS。

图中所示的系统架构构建于基于服务的体系结构（Service-Oriented Architecture,

SOA），SOA 体系的核心理念是基于服务，核心技术是 Web Service。DSSS 由三家不同的公司承担的三个不同的系统集成实现，单独一个公司不能实现后台批量数字签名的功能。

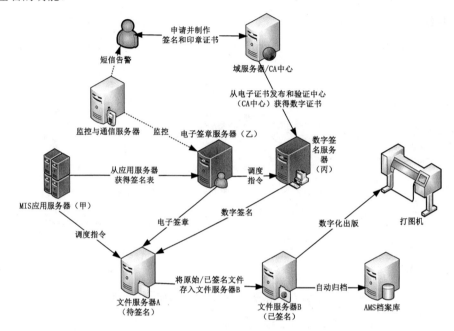

图 6.9 设计成品电子文件数字签名系统架构图

现将流程解释如下：

（1）甲公司的 MIS 系统完成设计成品的设、校、审、批过程之后，系统将待签名的文件放入文件服务器 A，乙公司动态监控文件服务器 A，在监控到 A 中有待签名的文件，即通过 SOAP 协议调用甲公司提供的 Web Service 接口获取该文件的签名表。

（2）乙公司的电子签章系统将待签名的图纸打开，自动进行数学建模以识别图幅大小及绘图比例，自动计算旋转角度，自动识别图标位置，自动识别图标中的设计、校核、审核和批准栏位置，自动判断会签栏位置，自动判断出图章等印章位置，并将以上所有信息及从甲公司获得的签名表通过 RPC 协议调用丙公司提供的 COM 接口传递给丙公司的数字签名系统。

（3）丙公司根据甲公司的签名表和乙公司的各类参数，调用经过技术处理的、预先登记的各角色的手迹电子签名和各类数字印章，通过企业域服务器和 CA 证书认证中心获得数字证书，通过数字签名技术在电子文件上绘制出我们传统的手迹签名和传统印章后加以"蜡封"，保证了文件的完整性、真实性、可靠性、安全性、不可篡改性和不可抵赖性。

乙、丙公司将签名结果返回甲公司的 MIS 系统，MIS 根据情况发送相应指令，分别完成数字化出版和自动归档功能。

6.2　工程设计的信息流程模型

知识管理系统的体系结构包括：组织体系结构、人员体系结构、技术体系结构、经营体系结构、文化体系结构[1]。由于本书选择信息而不是本体角度，故本小节在信息流总模型基础上，重点讨论市场、技术、管理三大体系的信息流模型[2]。

6.2.1　信息流程概述

工程咨询设计企业生产经营和能力建设过程的本质是信息采集、传递和加工处理的过程。因此，信息资源是工程设计企业的重要资源，信息资源与信息流程的有效性是当前制约企业效率提升与快速响应的关键。企业内部有关市场、技术、管理三个方面的信息流程及其相应的管理流程梳理非常重要，上可使增值流程和支持流程更为清晰，下可指导相关软件的开发。

梳理信息流程的目标就是要在业务流程优化、建立数据收集机制和分类管理信息等开发有效信息资源的基础上，梳理各流程的职能/角色间相关信息的共享和沟通，建立/完善企业信息模型和系统，使各角色能按权限市场获得和利用所需的市场、技术、管理等相关信息和知识，以协同、高效地执行任务。

信息流程模型是对业务流程中数据的分类、采集、传递、加工、使用和维护等活动环节的描述。建立信息流程的步骤：一是分析每一管理过程/细节需要解决什么问题，需要什么样的数据，各管理活动又产生什么样的新数据，将管理过程与数据

---

① 王众托. 知识系统工程:知识管理的新学科[J].大连理工大学学报,2000(S1)
② 注：本节中部分信息流程的理念与模型参考了朱宇、崔捷、杨蕾蕾、于耘等人的研究成果。

联系在一起；二是分析各管理过程之间的联系，并用数据流图等方式予以描述，即可构成企业的信息模型。

信息流程梳理是在业务流梳理优化的基础上进行的，业务流与信息流的整合，是企业更新管理理念、采用信息技术夯实管理基础，使管理持续改进的重要措施。信息流程应以勘测设计咨询项目管理/增值流程为中心，以提高企业核心竞争力为目标；以专业职能管理为基础，以业务流程为主线，强化系统管理/职能间的沟通/协同，以提升战略的执行力。

6.2.2 基于核心业务流程的信息流总模型

业务流程是对某项业务的反映；信息流是业务流程的反映，业务流程是其信息流的载体，也是战略转化为实施/执行的基本通道，即：合乎逻辑顺序、不断优化的一个业务流程包括若干作业，每项作业又由若干任务组成；将每一项任务分解落实到组织每个成员/角色，以保证任务执行的效果，故流程设计就是确定具体作业标准和方式的管理机制。

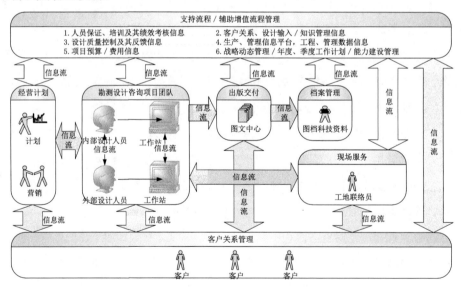

图6.10 基于核心业务流程的信息流模型

进一步审视信息流和业务流之间的关系，关注两种类型的信息流：一种是基于传统的、静态的、按层级组织结构在岗位之间传递的信息流；另一种是非常态的、非重复性的、按项目管理模式在业务过程中各角色之间传递的信息流。在工程设计企业，更多关注以项目模式管理的核心业务流程的信息流，强调增值流程与支持流程（辅助增值流程）通过调配资源与外部协调运作完成增值，强调资源调配的信息应主要以增值流程分类业务的项目为基础。基于上述理念构建的模型见图6.10。

6.2.3　市场信息流

市场信息流的范围界定为售前、售中、售后服务的项目内外信息的采集、筛选、整合、发布和共享。市场信息流的重点有：建立客户关系信息采集及管理流程，梳理工程项目执行过程信息采集及管理流程，梳理生产管理统计信息采集及管理流程。

6.2.3.1　市场信息流总图

市场信息流从分析基本客户信息和市场信息的需求、采集和传递起步，以突出建立针对性市场策略来拟定客户和市场信息管理的原则性流程，梳理客户信息管理流程并建立相应数据库，更有效地提高企业市场信息管理水平，为有效锁定目标市场客户和优质顾客服务打好基础，也为市场决策提供组织内部的生产实时状态信息和历史统计信息。如图6.11所示：

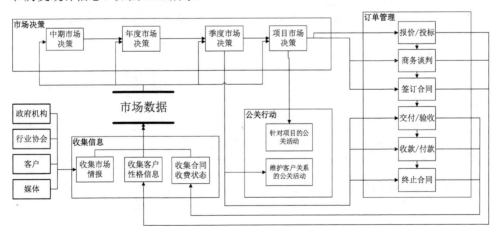

图 6.11　市场信息流总图

6.2.3.2 客户、经营、合同信息流图

以上为市场信息流总图，还可根据模块不同细分为市场管理、合同管理、客户关系等信息流，如下：

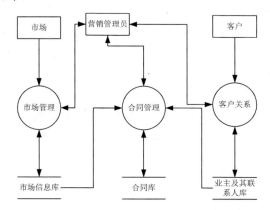

图 6.12 经营管理信息流图

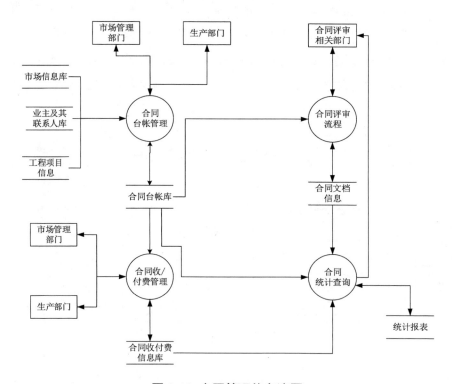

图 6.13 合同管理信息流图

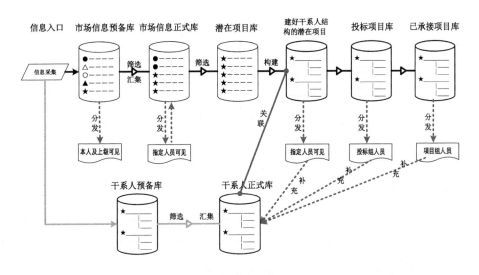

图 6.14 客户关系系统信息流

6.2.4　技术信息流

技术信息流概念范围界定为生产、管理技术/标准/资料等内外信息的采集、管理和分发。技术信息流的重点有：建立技术（支撑性的技术动态、开发研究、实践总结）信息采集及管理流程；梳理工程设计输入（包括工程反馈）信息采集及管理流程；梳理工程标准信息采集及管理流程。

技术信息流通过建立/梳理工程勘测设计咨询技术信息、尤其是"设计输入"信息的采集及管理流程，构建项目内外的勘测设计咨询技术信息管理平台，来健全/积累工程技术/质量信息资源，直接为各专业设计人员所应用。技术信息流从分析现有设计输入知识的获得和利用起步，以突出知识管理、知识共享来拟定"设计输入"管理的原则性流程，梳理完善设计输入管理流程并建立相应数据库，为勘测设计服务的水平提升打好基础。

"技术信息流整合"以知识管理理论为基础，以现代计算机网络技术为手段，以设计、勘测、咨询项目和科技、标准化、信息项目为分析对象，研究了技术数据、信息和知识所形成的技术信息流对价值创造过程全面和主动支持的关系，提出了技术信息流整合的框架和部分工作，其目的是努力提升主要业务的核心竞争力。

构成技术信息流的基本元素是技术数据、信息和知识。技术数据是不连续的、没有联系的客观存在的反映技术的数字、符号和图形等事实，它是形成技术信息的基础。技术信息是增加了价值的能够理解的又有相互关系的技术数据，它是技术知识的基础。技术知识是这样一种技术数据和信息的集合：它增加了专家的观点、技能和经验，对组织而言它是能用于决策的有价值的资产。因此，技术信息流是由逐步深化的技术数据、信息和知识构成的。

6.2.4.1 技术信息流总图

设计、勘测和咨询项目是工程设计企业最主要的价值创造过程，技术信息流整合的目的就是要充分发挥技术信息流对价值创造过程的支持。支持设计、勘测和咨询项目的信息流主要表现在四个方面，依据性资料、工具性资料、参考性资料和原始资料。

以项目为中心的技术信息流概图如图 6.15 所示：

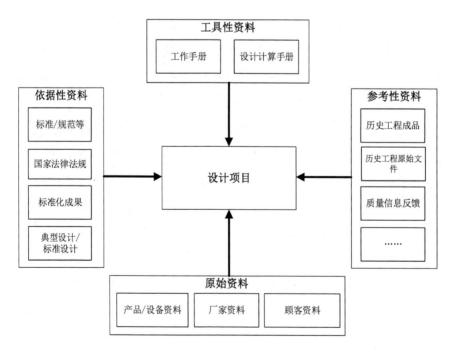

图 6.15 以项目为中心的技术信息流概图

6.2.4.2 工程设计过程技术信息流详图

工程设计过程的技术信息流详图如图 6.16 所示:

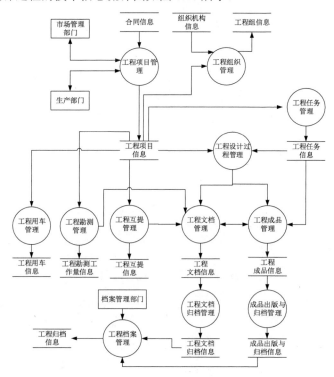

图 6.16 工程设计过程技术信息流详图

6.2.5 管理信息流

管理信息流概念范围界定为年度目标/计划管理信息的采集、管理和分发。管理信息流通过建立/梳理战略动态管理→年度/季度目标管理相关信息的采集及管理流程,构建企业级战略/目标管理信息平台,来健全/积累动态战略决策、确定年度/季度工作计划主要项目的思想资源和跟踪主要能力建设项目的组织实施;管理信息流的整合暂不包括项目管理流程。管理信息流从分析某管理任务的确立到完成的流程起步,以突出目标管理来拟定跨部门工作团队的任务执行的原则性流程,梳理企业特点的目标/计划管理流程并建立相应数据库,为领导层和管理层的协调服务打好基础。

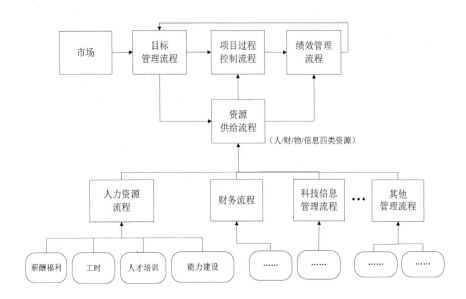

图 6.17 管理信息流总图

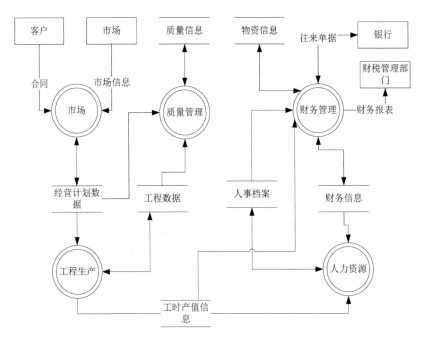

图 6.18 以工程为中心的管理信息流图

管理信息流图如图 6.17、图 6.18 所示，重点有：

（1）梳理年度计划编制的信息采集输入流程及依据；

（2）建立年度计划执行/调整动态类信息采集及管理流程；

（3）梳理年度计划目标执行结果及考评信息采集及管理流程；

（4）战略滚动修编信息；

（5）年度管理评审信息；

（6）年中、年终考评信息。

6.3　工程设计的知识流程模型

企业实施知识管理的真正难度在于，如何从业务大模型中提取出知识流程图，进而构建知识管理系统的总体架构。大模型常专注于业务管理，难以长久地超越信息、超越一般的管理去理解整个的生产流程，而这正是如何区分知识管理与信息管理的重要因素。知识管理由于不能长久地走在自己的轨道上，而经常与信息管理重叠重复。目前知识管理的问题在于，只是在点上发现了知识管理，而不能始终坚持，只是体现了知识管理的信息管理。要发展知识管理就要根据大流程图，解释单独的知识图，梳理清楚企业的知识流和知识流程是构建知识管理系统的前提和基础。

6.3.1　知识流程概述

知识管理的关键是知识流程。传统意义的知识流程包括知识获取、知识共享、知识应用与知识创新等若干知识管理活动，这些知识管理活动都离不开实际的业务流程，它们的价值也需要通过附加在业务流程之上来体现。

例如，知识共享的过程实质上就是共享知识以解决业务中的某类问题的过程。如果不是为了完成业务流程的特定任务，参与者一般不会有共享知识的动力。再如，知识创新的过程离不开组织的业务流程，专门的知识创新活动通常在组织的研发业务流程中实现，而大量的随机的知识创新通常在组织的日常运作业务流程中实现。

因此，讨论知识管理与业务流程的集成问题实质上转化成为讨论传统意义上的知识流程与业务流程的集成问题。

知识流程是业务流程的支撑，将知识流程和业务流程紧密结合，才可能发挥知识的最大效用，达到改善业务流程的目的[①]。知识是在业务过程中产生的，同时业务过程也需要知识来支持。在业务流程中，知识不断地被产生、集成和使用，形成一个知识螺旋，不仅要使企业已有的最佳时间在业务流程中得到有效应用，也要支持在业务流程中产生的新知识。从这个角度看，知识支撑着业务流程的顺利开展和进行，同时知识也在业务流程的不断使用中得到发展。甚至可以说，知识流程本质上也是一种业务流程，知识活动也应该成为企业的主业。

那么如何实现"流程"和"知识"的结合呢？核心手段就是结合业务流程梳理知识流程，并结合软件系统的实现，员工可以快捷方便地获取他们想要的、能够帮助他们的知识，使知识能真正支持工作的开展。而领导者对于公司拥有的知识资源会有一个总体的认识，可以详细地了解各领域知识的构成情况，从而采取相应的策略不断完善企业知识体系，使知识在员工工作中实现质和量的循环上升，最终快速提高员工能力和企业核心竞争力。

知识流程的特点是知识在企业的业务流程为创造价值而形成的一系列的积累，交流和共享就构成了知识流程。对一个知识流程来说，需要知识工作者（如知识生产者、分享者和应用者）使用知识工具（如电子交流渠道和知识搜索引擎等）来支持知识流程（包括知识生产、知识分享和知识应用等活动）的执行，在执行过程中，会产生或应用知识对象（如知识库）。

6.3.2　流程导向的知识增值流程框架[②]

工程设计企业是典型的知识密集型企业，核心竞争力是人和知识，因此，实施有效的知识管理必将快速提高其核心竞争力。

工程设计企业活动的特点是软投入软产出，主体是人，主要成本是人力成本，设计成品是人智慧的结晶，因此，工程设计企业的知识管理要以人为本。

---

① 夏敬华.流程为纲知识为体[J].机械工业信息与网络,2005

② Zheng Xiao-Dong，Hu Han-Hui，Gu Hong-Rui. Research on Core Business Process-based Knowledge Process Model[C]. SKG 2009 - 5th International Conference on Semantics, Knowledge, and Grid. IEEE Computer Society. 2009

　　工程设计企业活动的中心是成品设计增值业务流程，因此如何在业务流程中获取、利用知识提高成品设计质量和生产率，并使人在提交设计成品的同时获得增值的知识和能力的提高是重点[①]。面向业务流程的知识管理模型将知识看作是用来完成流程中某项任务的资源，同时也是该任务或流程的产品。该流程任务本身被看作是加工知识，并由许多经过实践检验有效的标准进行分析。因此，需要理清业务流程和知识流程的关系，并指出如何通过业务流程为导向的知识增值流程来使人在生产流程中不断汲取、存储、运用、和分享知识，进而探索企业知识管理实现之路。

　　本书认为，知识管理的三个目标是隐性知识显性化，个人知识组织化，组织知识效益化。人在生产过程中既完成了业务流程的任务，也在知识流程中提高了自己的知识水平，而知识也通过生产过程获得增值。由此可以构造业务流程导向的知识增值流程框架(图 6.19)，同时也诠释了知识管理的三个目标。

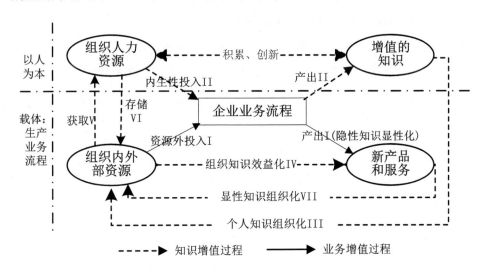

图 6.19 业务流程导向的知识增值流程框架

来源：郑晓东[②]

图 6.19 的元素解释如下：

---

① 徐宝祥.面向业务流程的知识管理研究[J].情报杂志,2007
② 郑晓东. 以人为本构建电力设计企业流程导向的知识增值框架[C]. 2009 年全国电力行业信息化年会（中国电机工程学会）优秀论文.《电力信息化》2009 年增刊. 2009

（1）组织人力：人，即员工。

（2）组织内外资源：设计输入包含①依据性输入：由国家法规、标准、规范和市场等构成；②工具性输入：由工作手册、设计/计算手册等构成；③参考性输入：由工程数据、典型工程设计、修改单、技术总结和论文等构成；④原始输入：由业主需求、厂家资料、设备资料和采购资料等构成。

（3）增值的知识：包含个人经验和水平的增加等。

（4）新产品和服务：包含设计成品文件，如图纸、说明书和清册等。

图 6.19 的过程可描述如下：

流程导向的知识增值流程框架包含业务流程和知识流程两个层面，分别用实线箭头和虚线箭头来表示业务增值过程和知识增值过程，重点描述知识增值过程如下。

（1）隐性知识显性化。员工利用组织的内外资源（获取 V，资源外投入 I），在工作中应用自己的技能、经验等知识能力到新产品的设计过程中（内生性投入 II），将个人的隐性知识附加到新产品中，同时将报告、经验、成品通过会议纪要、归档的方式显性化记录下来（产出 I，存储 VI）。一方面实现了产品价值的增值和隐性知识的显性化（产出 I），另一方面提高了自己的知识水平和显性知识隐性化（产出 II），提升了人的能力。

（2）个人知识组织化（III/VI/VII）。伴随流程的运转，分散于组织内外的知识不断被搜集、整理，并在统一的知识库中积累，同时隐藏于员工头脑中的个人知识也通过交流、学习、汇报实现了整合，升级为组织知识（个人知识组织化 III）。流程结束时提交的成品通过归档也转化为组织的资源供他人参考使用（显性知识组织化 VII），夯实了企业基础。

（3）组织知识效益化。员工通过学习、利用、吸收知识库和流程中的组织知识和资源（获取 V、产出 II），提高了产品质量、劳动生产率和效益，增强了企业产品的竞争力。

6.3.3　增值业务流程导向的知识流程模型

通过对业务流程、信息流程、知识流程以及信息系统和知识系统的分析，针对工程设计企业的特点,可抽象出增值业务流程导向的知识流程螺旋模型(图6.20)。

图中的 X 正半轴和 Y 负半轴表示显性知识, X 负半轴和 Y 正半轴表示隐性知识, Z 正半轴表示知识螺旋的上升,四个象限分别表示存储/外化、转移/组合化、应用/内化、产生/社会化。在此三维平台基础上形成如下三层模型:①XY 平面上灰色底纹线框组成的最底层表示设计增值业务流程,②XY 平行平面黑实线组成的环状中间层表示知识流程的四个阶段,③黑虚线组成的围绕 Z 轴螺旋式上升的三维层则表达了知识的积累、转换和创新过程。三层内涵可分别表述如下。

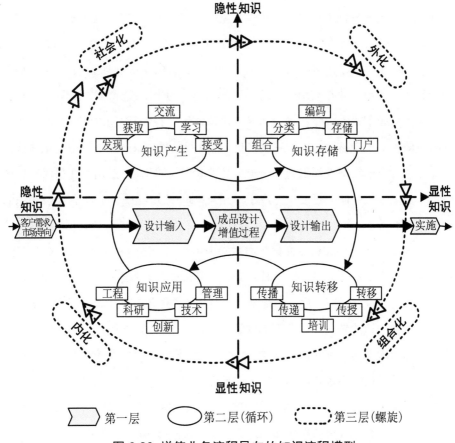

图 6.20 增值业务流程导向的知识流程模型

来源:郑晓东[①]

① 郑晓东.工程咨询设计企业增值业务流程导向的知识流程模型研究[J].科学学与科学技术管理,2009

第一层为工程咨询设计企业活动的永久中心即成品设计增值业务流程,包含设计输入、设计校审和设计输出三个基本过程,贯穿 X 轴的整个流转过程,随着设计人员设计成品的出手完成了隐性知识到显性知识的转换。作为主要信息和知识来源的设计输入包含(1)依据性输入:由国家法律法规政策、行业标准规范、企业制度规定、市场等构成;(2)工具性输入:由工作手册、设计/计算手册等构成;(3)参考性输入:由工程数据、典型工程设计、修改单、技术总结报告、设计任务书、论文等构成;(4)原始输入:由业主需求、厂家资料、设备资料、采购资料、原始资料等构成。

第二层为流程导向的知识流程的四个阶段:(1)知识产生:包含知识的发现、获取、交流、学习、接受等方式;(2)知识存储:包含知识组合、分类、编码等方式;(3)知识转移:包含知识传播、传递、培训、转移等方式;(4)知识应用:包含工程、科研、管理等应用,并在应用中实现知识的创新。四个阶段分别位于不同的象限,在各自象限完成了阶段内隐性知识和显性知识转化,又在象限间过渡的同时完成了不同阶段隐性知识和显性知识的环状转化。如第四象限知识产生阶段中的集体业务学习完成了 X 负半轴隐性知识到 Y 正半轴隐性知识的转化,之后由第四象限知识产生到第一象限知识存储的过渡又完成了 Y 正半轴隐性知识到 X 正半轴显性知识的转化,如此类推。

第三层表达了隐性知识显性化、显性知识组织化、组织知识效益化的"三化"通过围绕原点无限旋转并沿 Z 正半轴螺旋式上升形成个人和组织知识的转化、丰富和更新。包含(1)社会化/群化:在传统言传身教的"传帮带"及边干边学中实现不同个体间隐性知识的转化,是典型的知识社会化过程;(2)外化:个人隐性知识外化为组织知识库中的显性知识;(3)组合化/融合:经过筛选、分类、组合、传递等方式将不同的显性知识融合起来产生新的显性知识,将分散的知识集聚到不断完善的组织知识体系中;(4)内化:意味着通过培训、应用等方式将组织知识库中的显性知识又转化为组织成员的隐性知识,有效缩短人才培养周期,提升工作效率。[1][2]

---

① Nonaka,Takeuchi .The knowledge creating company: How Japanese Companies Create the Dynamics of Innovation [M]. Oxford University Press,1995
② Peter Heisig.Knowledge Management In Process.知识管理国际研讨会会议讲稿[R].西安交通大学,2007

6.3.4　以人为中心及三要素驱动的知识飞轮模型

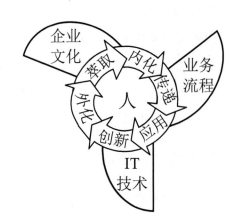

图 6.21 以人为中心的知识飞轮模型

来源：郑晓东[①]

本书与大多数学者视角不同的是：特别关注人在知识活动中的主体作用，特别关注企业最活跃的业务流程在知识流程中的载体作用，变单向"知识链"为头尾相连的无限循环的"知识环"。知识环的螺旋式上升需要"飞轮"的驱动。知识环和飞轮共同组成了"知识飞轮"模型（如图 6.21 所示）。

1. 知识飞轮中的环（下节详述）。该环代表了知识在企业中的流转过程，通常是知识活动或知识流程的方式展现。本书将知识环分为知识萃取、知识内化、知识传递、知识应用、知识创新、知识外化等六个阶段，它周而复始地循环，知识总量得以增加。

2. 知识飞轮中的轮。Amaravadi 认为知识资产至少包括文化、流程、员工[②]。欧盟和中国的知识管理标准都明确指出知识管理的支持要素为组织结构、文化、技术。本书认为要有效实现知识环的螺旋式循环和上升，需要三个知识飞轮的支撑：组织文化、业务流程和 IT 技术。

（1）企业文化：中国国家标准中这么描述：知识在很大程度上依赖于个体，需要在组织内形成一种具有激励、归属感、授权、信任和尊敬等机制的组织文化，

---

① 郑晓东.以人为中心流程为主线的知识轮环模型研究[J].情报杂志,2010,29(9): 99-102
② Amaravadi.The dimensions of process knowledge. Knowledge and Process Management[J]. Jan 2005

才能使员工做到知识的创造、积累及应用。

（2）业务流程：业务流程是飞轮的驱动力来源。

（3）IT 技术：既要抛弃单纯从技术出发的观念，又要重视技术的支撑作用。技术不是万能的，但没有技术是万万不能的，技术是必要而非充分条件。信息系统绝大多数失败的根源就是过度依赖技术，知识系统不能重蹈覆辙。宜将知识管理思想、理念和方法与文化、技术相融合来建设知识系统。

6.3.5　以人为中心业务流程为主线的知识环模型

知识环模型（图 6.22）是在以人为中心，以业务流程为主线的基础上，围绕知识的萃取、内化、传递、应用、创新和外化的无限循环的具有价值增值功能的环状结构模式，其载体是知识流程，本质是知识流的扩散与转移。

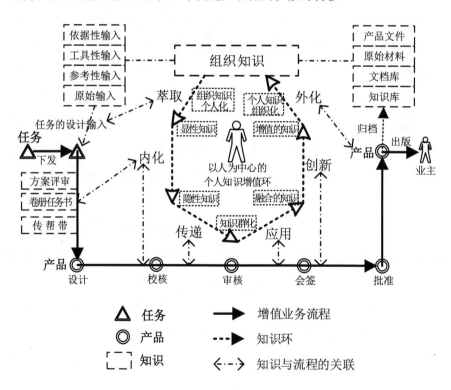

图 6.22 以人为中心以增值流程为主线的知识环

来源：郑晓东

人在生产过程中，在完成业务流程产出产品的同时，个人水平与组织知识也在经过一次知识循环后实现增值。从另一个角度看，伴随组织目标的实现，个人能力也获得了提高。在上述的活动中，围绕组织知识个人化、隐性知识显性化、显性知识组织化、组织知识效益化环式循环螺旋式上升完成了个人和组织知识的逐步积累、丰富和更新。

1. 知识环模型的特点

（1）环状循环性。知识形态的转换、知识的流动不是单向的，而是一个从组织知识开始经过萃取、内化、传递、应用、创新和外化后又升华为新的组织知识的环状过程，并随新的知识流程进行再循环。

（2）动态性。知识环与企业最活跃的增值业务流程紧密融合，业务流程的持续流动决定了知识流程的持续流动，而知识环的动态性则表现出随业务流和知识流的流动而动态无限循环。

（3）网状性。企业中的知识环并不是单一的，它以若干业务流程为载体，贯穿于整个企业活动中。而由于业务流程、知识流程的交叉性，知识环随知识流在企业主体间及企业内部的转移与扩散而实现知识形态转化的具有价值增值功能的复杂的环环相扣的网状结构模式。

（4）价值增值性。个人将隐性知识附加到组织原有知识上，产生的新知识应用于企业的生产经营，获得巨大收益，既实现了资产的价值增值，又促进了知识的发展。

2. 知识环模型实例分析

以电力设计企业为例，企业对应知识环中的知识活动可描述如下[①]：

（1）萃取。萃取是指从组织知识库中获取、检索、识别、筛选个人所需知识的过程。参与业务流程的员工有足够的动机和意愿参与知识环上的知识管理活动，他们熟悉各个环节的衔接情况，能够准确地找到能提供知识的员工或资料。对企业来说，一个设计任务下发后，相应的设计输入即为该任务的组织内外资源。图 5 所示的设计输入包含①依据性输入：由国家法规、标准、规范、市场等构成；②工具

---

① 郑晓东.电力设计企业以人为中心业务流程为主线的知识环模型研究[J].华东电力,2010,38(8): 1266

性输入：由工作手册、设计/计算手册等构成；③参考性输入：由工程数据、典型工程设计、修改单、技术总结、论文等构成；④原始输入：由业主需求、厂家资料、设备资料、采购资料等构成。

（2）内化。内化指将已经"萃取"的知识通过分发、培训、学习、吸收和储存等方式，将组织知识库中的知识转化为个人知识的过程。组织中的显性知识转化为企业员工的隐性知识，是知识成为生产力的前提，是知识应用的必经过程。员工通过学习、利用、吸收知识库和流程中的组织知识和资源，为提高产品质量、劳动生产率和效益奠定了基础。

（3）传递。传递包括共享、传播、沟通、交流等，是在传统言传身教的"传帮带"及边干边学中实现不同个体之间隐性知识的传递、共享和转化过程。隐性知识不能被编码，而只能通过面对面、同步传递的模式来传播，与沟通交流对应的方式有讨论会、交流会、方案评审会、团队协作、主题讨论与发言等等。

（4）应用。应用是指运用个人隐性知识水平将个人和组织知识应用到企业经营管理实践，使企业实现价值增值的过程，其直接表现是提高了设计效率和质量。知识只有运用于具体的环境中，才会产生更高价值，知识在使用的过程中还会产生更多的知识，从而增值越多。员工利用组织的内外资源，在工作中应用自己的技能、经验等知识能力到新产品的设计过程中，将个人的隐性知识附加到新产品中，同时将报告、经验、成品通过会议纪要、归档的方式显性化记录下来。这一方面实现了产品价值的增值和隐性知识的显性化，另一方面提高了自己的知识水平和显性知识隐性化，提升了个人能力。

（5）创新。创新包括开发、生成、创造、更新等，是应用的高级阶段，是在应用过程中利用个人能力对原有个人与组织知识再拔高的过程。创新的过程已经包含了增值的知识，如个人经验、水平的增加等，能有效缩短人才培养周期，提升工作效率。

（6）外化。外化包括融合、组合、输出等，是将个人隐性知识外化为组织的产品或组织知识库中的显性知识，将分散的知识集聚、融合到不断完善的组织知识体系中的过程。伴随流程的运转，分散于组织内外的知识不断被搜集、整理，并在统一的知识库中积累，同时隐藏于员工头脑中的个人知识也通过交流、学习、汇报实现了整合，升级为组织知识。流程结束时提交顾客的产品文件（如设计图纸、说明书、报告、设备清册等）通过归档也转化为组织知识供他人参考使用——至此一个知识循环完成。

6.3.6 以流程管理为驱动轴的齿轮联动知识模型

工程设计企业有如下基本要素：人、流程、信息、知识、客户、项目、物资和财物，这些要素并不孤立存在，相互之间强相关，同时这些要素在企业组织内部的各个部门之间进行流转。传统的解决方法只是站在信息的某个视角上来提出解决方案，这样就会为了管员工就建一个人资管理系统，为了管客户就建一个客户关系系统，为了管文档就建一个文档管理系统[①]。虽然这些系统短期内能够为企业解决一部分问题，但是企业内部这些要管理的要素都是相互强关联的，要管好项目必须做好流程标准化管理，要做好流程管理必须做好信息管理，而要使得各应用系统不仅"能用"还要"好用"，则又依赖于知识管理平台，诸如此类等等。

工程设计企业一直在寻找一种能够把企业知识的各个要素在一个平台上立体多线程进行管理的模式，以流程管理为驱动轴的齿轮联动知识模型（图6.23）为此提供了解决之道。该模型能有效满足企业信息网状管理需求，为有效解决企业各部门各要素网状结构协同运作立体多线程管理提供了方案：在系统中，如果用户找到一个信息点，与其相关联的所有信息都被找到。以流程管理为驱动轴的齿轮联动模型有效解决了企业信息网状管理的需求，这对于协同管理非常重要。

以流程管理为驱动轴的齿轮联动模型的设计思想是：系统提供一个永远充满活跃生命力的核心驱动引擎（类似驱动轴或齿轮啮合中心）来驱动各个应用系统或系统的各个应用模块（每一个系统或模块类似一个齿轮）。典型的驱动轴是流程管理，因为生产流程是设计企业生生不息活跃循环的动力环，是联系其他所有模块和系统的中心；典型的应用系统和模块有项目管理模块、管理信息系统、文档管理系统、工作流管理、财务管理模块、人员管理模块以及知识管理平台等。一方面，主要由驱动轴（流程）来驱动所有齿轮（应用系统）运转；另一方面，只要其中一个齿轮

---

① 周辉.电力研究型企业知识管理系统的设计和实现[J].浙江电力,2009

(应用系统)转动就能够通过齿轮啮合中心（流程）带动其他齿轮 （应用系统)的转动。一个模块的运转能够带动其他多个模块的运转，大大加强该模块的功能，同时提高系统的协同性，满足企业的协同管理所需。而知识管理则以平台的方式出现，并与各个系统拥有紧密联系。

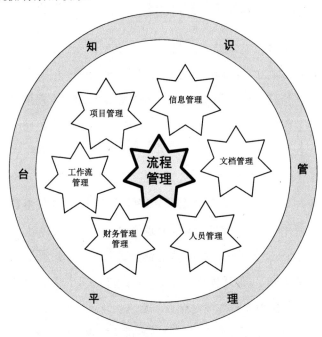

图 6.23 以流程管理为驱动轴的齿轮联动知识模型

第七章　知识管理系统的嵌入式原理

在前续章节深入阐述业务流程、信息流程和知识流程的基础上，本章将深入阐述知识管理系统的嵌入式原理。作者首创提出了知识管理领域的"嵌入式"思想，即知识管理系统以构件、web 服务的方式嵌入到信息系统或数据库中，负责完成知识自动推送和自动获取。本章阐述了嵌入式知识系统的理念、特点、基于业务流的嵌入式知识流元模型架构、基于 Petri 网的分布嵌入式知识流数学建模、知识流引擎与流程管理的嵌入原理以及嵌入式知识系统的软件体系架构。

7.1　嵌入式知识管理系统概述

1. 嵌入式与嵌入式系统

"嵌入式"一词来源于计算机和电子的交叉学科，其定义也多侧重于表达如何在硬件系统中嵌入控制软件，或在设备中嵌入计算机等控制芯片。常见的定义如下所述。

国际电气和电子工程师协会（IEEE）对嵌入式系统的定义是："用于控制、监视或者辅助操作机器和设备的装置。"[①]这主要是从应用对象上加以定义，从中可以看出嵌入式系统是软件和硬件的综合体，还可以涵盖机械等附属装置。

国内普遍认同沈绪榜院士的嵌入式系统定义：以应用为中心，以计算机技术为基础，软硬件可裁剪，适应应用系统对功能、可靠性、成本、体积、功耗等严格要求的专用计算机系统。

嵌入式系统有两层含义被普遍关注。其一，嵌入式系统是一种分布式的专用计算机系统。因此，具有所有系统功能的独立完整计算机系统不能称为嵌入式系统。其二，该系统必须嵌入到另外一个载体中，共同构成一个完整系统，实现一定的功能。

嵌入式系统是计算机技术、通信技术、半导体技术、微电子技术、语音图像数

---

① Definition of EmbeddedSystems[EB/OL]. ttp://www.ssiembedded.com/embedded_systems_definition.html

据传输技术，甚至传感器等先进技术和具体应用对象相结合后的更新换代产品。因此往往是反映当代最新技术的先进水平的技术密集、投资强度大、高度分散和不断创新的知识密集型系统。嵌入式系统是一种"嵌入到受控器件内部，为特定应用而设计的专用计算机系统"。受控器件包括电子消费品（手机、MP3 等）、智能家电（数字电视、微波炉和数码相机等）、公用基础设施（红绿灯、电梯和汽车等）；嵌入式系统可看作是简化了的专用计算机系统，包括硬件和软件系统，且软、硬件均可裁剪。

2. 嵌入式系统的组成

嵌入式系统拥有完整计算机应用系统的基本三要素：输入、处理和输出；对应三类设备：输入设备（键盘、电梯按钮等）、处理设备（微处理器、存储器等）和输出设备（灯光、声音等）。

嵌入式系统纵向上可分为三层：①硬件层：包括嵌入式微处理器、存储器和输入输出接口等；②软件层：包括实时多任务操作系统、应用系统、图形用户接口和网络系统等，主要负责处理输入设备输入的信息，并将处理结果通过输出设备输出；③中间层：位于软硬件之间，通过一系列中间件和服务有效黏合软硬件的交流。随着信息化、智能化和网络化的发展，嵌入式系统已成为通信和消费类产品的共同发展方向，应用范围也将日益广阔。

7.2 嵌入式理念内涵

7.2.1 嵌入式理念

本书所论述的"嵌入式"的概念，是对上述"软件嵌入硬件，硬件嵌入硬件"概念的引申和扩展，主要是指"软件嵌入软件"。嵌入主体是指相对完整的、独立的、小粒度的构件、中间件或 Web Service。嵌入客体是指各类信息系统、专业软件或数据库。嵌入主体与客体有数据交换接口，主体可以通过萃取、检索、挖掘、推送、吸纳、引导等多种方式实现对客体的操作。这些分布式的嵌入主体形成结构松散但规划统一的管理平台，我们将其称为嵌入式知识管理系统（Embedded Knowledge Management System，本书有时简称为 EKMS）。

从当前实际出发,企业应为自己规划一个切合实际的知识管理解决方案,此时,知识管理不是概念化的,而是技术性的。所谓技术性,并不是说可以将知识管理看作一个 IT 项目,而是通过知识管理改善组织知识的目标和路径——强调的是方法论。本书所述的方法论是,将嵌入式概念从信息技术领域延展到了知识管理领域:将知识管理思想以子系统、子模块等粒度较小的相对完整体嵌入到各信息系统或业务流程中,以"星星之火"之方式以达到"燎原之势",而这个方法论正是本书创新点之一。

本书认为,在当前知识管理理论与实践背景尚不成熟的情况下,宜采用"星星之火"之方式以达到"燎原之势"。首先以知识的分享、利用为目标逐步构建原型式知识管理子系统,如知识社群、企业博客、专业技术共享平台、文档管理系统、专家黄页、电子培训和在线学习平台等,此时知识系统与信息系统和常规系统是并列关系。其次,以知识获取、存储、分享和利用为目标,逐步提取粒度较小、功能相对完整、能嵌入到信息系统或业务系统中的知识子系统,一方面使得信息系统更好用,另一方面使得知识子系统逐步发展壮大,此时使知识子系统嵌入到信息系统中。最后,以知识获取、存储、分享、利用、创新和人才培养为目标,以知识管理思想来统领一个企业的发展,构建学习型组织和智慧型企业,并构建柔性的独立性的大知识管理系统——此时知识管理系统发挥主导作用并统领所有系统。

知识管理系统的建设需要以信息系统的建设作为基础和保障。从知识管理的角度,以知识有效促进生产及管理为目标,建设、优化和整合各类信息管理系统。这些信息管理系统包括企业资源计划 ERP、客户关系管理 CRM、产品寿命周期管理 PLM、产品数据管理 PDM、管理信息系统 MIS、办公自动化系统 OA、工作流系统 WFS、文档管理系统 DMS、档案管理系统 AMS、标准化信息管理系统 SMS 和邮件系统 Mail 等。

知识管理的相关任务必须与日常工作结合在一起并融入到日常和业务流程中,以业务流程为导向的知识管理法可以使员工更多地参与其中,这有助于更好地完成其工作任务。

知识系统根植于企业信息化和网络化的应用中,知识系统要真正落地有效,要广泛应用,也必须要依附于其他实际的 IT 应用,从中汲取营养,不断地发展和丰富自己，其实质是充分迎合客户需求，为企业服务。

7.2.2　嵌入式知识系统特点

与通用知识管理系统相比，嵌入式知识管理系统有如下特点：

（1）通过嵌入式软件技术，将知识流、信息流、业务流高度融合为一个整体。一般的信息系统将信息流和业务流进行结合，一般的知识系统致力于隐性知识显性化或以基于知识管理的高质量信息系统的方式出现，它们都是相对独立的系统，都没有实现三大流的真正融合。嵌入式知识系统把知识管理融入信息系统后，可对知识流、信息流、业务流进行统筹规划，一方面使得知识流真正从信息流业务流中来，保证了知识流源源不断的生命力，另一方面知识流再到信息流业务流中去，及时提高信息流和业务流的质量和效率，提高企业核心竞争力。

（2）嵌入式知识系统建立在企业内部高度信息化的基础之上。实施知识管理的关键在于：如何准确、快捷地将信息中所包含的知识与实践中要解决的问题相关联，这要从根本上解决知识管理实施中存在的知识获取、固化、共享和应用等问题。信息是知识的重要来源，而各类信息管理系统则成为知识的孵化器。知识管理需要一个无缝的技术支撑平台，其实现高度依赖信息化。而且信息系统与业务直接相关，高度信息化可使知识系统最大程度接近生产业务，帮助人才成长。

（3）嵌入式知识系统主张软件重要、服务更重要，更着重于管理咨询服务、实施服务、知识传播及培训服务。基于嵌入式知识管理系统的高质量信息系统已不仅仅是技术的实践者，更是企业信息化管理服务与咨询的提供者，也是知识型员工在工作中学习、在学习中工作的重要平台。

（4）嵌入式知识系统克服了企业对知识拥有者个体的依赖，用体系和流程来保证企业的生存性。由于嵌入式知识系统不是一个独立的系统，而是将企业的整个管理体系通过知识的共享与传递有效结合在一起，从而弥补了以往以信息系统为核心的企业管理系统的缺陷。需要注意的是，知识经济环境下的人才流动是必然的事件，留住人才固然重要，更重要的是通过管理流程标准化、内外资源组织化、生产任务原子化、知识传递与知识训练体系化等手段确保在面临人才走失时少受影响。

（5）嵌入式知识系统的建立是以各类信息系统为基础的，其实施过程中应用 Agent、Web Service 等技术对原有的信息系统进行了适当改造，以保证知识管理系统的知识源的嵌入。改造包括在企业的业务流程中增加知识沉淀环节，促使用户把隐性知识留存下来成为显性知识。如在 MIS 系统的任务中增加"获取相关知识点"，包括该任务的重点、难点、常见问题等；在 OA 系统中增加"是否进入知识管理系统"的选项知识和知识分类的字段，Agent 定时对知识进行抓取；在业务流程增加对知识管理访问的链接，方便用户随时获取相关知识，充分达到"知识为我所用"的目的。

（6）嵌入式知识系统的分布式和并发性。一则嵌入式知识管理系统从各类信息系统中获取数据，需要以分布式技术来支撑这些分布式系统；二则嵌入式实时系统处理的外部事务往往不是单一的，这些事件往往随机发生，可能同时出现。因此，嵌入式知识管理系统具有分布和并发的特点。

（7）嵌入式知识系统的技术密集性和多样性。嵌入式知识管理系统是计算机技术、通信技术、微电子技术、行业技术和管理思想相结合的产物，因此，它是不断创新的、多样性的知识集成系统。

7.3　基于业务流的嵌入式知识流元模型架构

定义元模型是复杂系统建模的重要基础工作。元模型（meta-model）是用来定义语义模型的构造和规则的，通常称为定义表达模型的语言的模型[①]。

工作流的元模型是用于描述工作流模型内在联系的模型，包括内部的各元素属性、各元素之间关系等。

工作流联盟定义的传统的工作流过程元模型仅支持传统的业务流，而不支持对知识管理机制、知识流的表示，因此有必要从知识管理的角度对该模型进行扩展改进，以能表达嵌入式知识流和业务工作流之间的关系。

---

① Rumbaugh J,Jacobson I,Booch G. The Unified Modeling Language Reference Manual[R].AddisonWesley Longman,Inc,1999

7.3.1 业务流元模型与知识流元模型

改进的基于业务流程的嵌入式知识流元模型（图7.1所示）分为两部分，即业务流元模型和知识流元模型。该模型为业务过程控制和知识管理的紧密结合提供了基础，它能够描述参与人员在执行业务活动过程中的知识需求，以及时提供完成活动所需的必要知识及帮助。

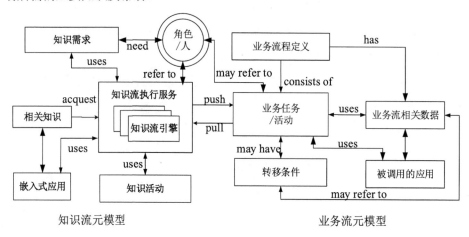

图7.1 基于业务流程的嵌入式知识流元模型架构

（1）业务流元模型。该模型扩展自 WfMC 的工作流元模型，所含元素含义与模块之间的关系同 WfMC 工作流元模型，详见本书 §3.1.7。

（2）知识流元模型。该模型由知识需求、知识流引擎、知识流执行服务、知识活动、嵌入式应用和相关知识等部分组成。知识需求是指角色为完成特定活动而对有关知识的需要，其属性主要有名称、类别、描述、需求人员和所属活动等。知识流执行服务是创建、管理、执行知识流引擎的应用服务器，是实施知识流技术的最关键部分。知识流引擎实例一对一对应于业务流程中的各个活动，知识流引擎根据业务活动和知识需求建立和执行知识流，检索调用相关知识，调控知识活动，支持知识创造、知识分类及存储。同时，知识流执行服务不断将任务处理过程中所需的各类知识、与其具有纵向和横向关系的知识通过嵌入式应用 Agent 嵌入于设计任务中，供设计者应用，为角色在活动执行中及时提供知识服务。

7.3.2　嵌入式知识流执行服务——知识流元模型之核心

知识流执行服务是实施知识流技术的最关键部分，是知识管理过程的任务调度器。知识流执行服务器软件负责解释过程定义、控制过程实例、安排活动的执行顺序、向角色推送知识、调用应用工具。这需要一个或者多个协同工作的知识流引擎来完成这些职责，知识流引擎管理业务过程的单独实例。

知识流执行服务器维护内部控制数据，这些数据或者集中于一个知识流引擎中，或者分布在一个知识流引擎集合中；这些知识流控制数据包括与各种过程、或者正执行的活动实例相关的内部状态信息，也包括知识流引擎用来合作或者从失败中进行恢复的检查点、恢复/重新启动信息。知识流执行服务通过嵌入式的知识流引擎实现与各种分布的、异构的应用进行通信或集成，从而构成基于 SOA 架构的嵌入式知识流执行服务模型。如图 7.2 所示：

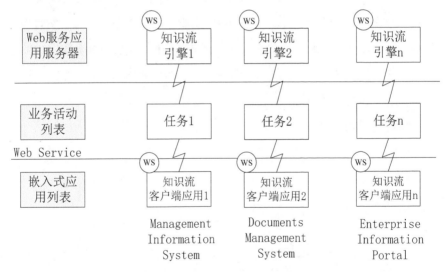

图 7.2　嵌入式知识流执行服务模型

（1）第一层：知识流执行服务的服务器端。每个业务流程中的活动或任务都对应于知识流执行服务中的一个知识流引擎实例，该实例以 Web Service 组件的方式实现。

（2）第二层：任务或活动列表。任务是指组成设计过程的一个操作或一个功能单元，是一个相对完整的业务活动，是客户端应用与知识流引擎的接口。知识流引擎通过存取活动列表来完成特定任务只是到特定用户的分发过程。

(3) 第三层：嵌入式的 Agent 应用。以 Web Service 组件的方式嵌入到各应用系统中。Web Service 具有跨平台、异构、分布式、跨防火墙等优点，可有效满足分布性的嵌入式的技术要求。被嵌入的对象包括管理信息系统、文档管理系统、企业信息门户等。

7.3.3　嵌入式知识流引擎模型——知识流执行服务核心

知识流引擎是知识流与业务流之间的桥梁和接口，是可与角色之间产生知识推拉并满足角色知识需求的处理机制，负责业务流程或流程中的任务等其他元素的交互，实现知识流配置管理和执行等功能，是元模型的重要组成部分。它可以通过知识需求与角色建立联系（比如知识获取拉动），也可以直接与角色相联系（比如知识推送）。知识流引擎包括知识流配置工具、知识供应匹配服务、上下文管理器、知识协同与知识服务、知识嵌入服务和业务流与任务的实例解析服务等组成部分。知识流引擎应具有对知识需求、知识、角色人员、知识活动、知识服务、嵌入式应用等要素动态变化的自适应性。

知识流引擎模型如图 7.3 所示：

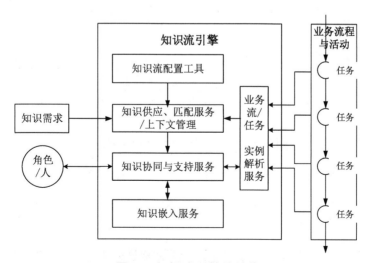

图 7.3　知识流引擎的结构

知识流引擎包括如下组成部分：

（1）知识配置工具。根据对应的业务流程和用户角色定义适宜的知识流模型，及何种知识、在何时、在何种流程下、以何种形式提供给哪类角色。一般配合柔性流程定制工具共同完成。

（2）业务流程/生产任务实例解析服务。该服务从业务流程的活动或任务列表中获得当前的设计任务，根据任务模板分析并获得当前任务的角色、设计对象、属性、流程、产品内容、签名表及后续任务等信息，并将获得的信息提供给知识供应匹配服务和上下文管理器。

（3）知识供应匹配服务和上下文管理器。根据实例解析服务提供的信息，将知识流配置工具约定的规则经知识协同与支持服务后，与知识流执行服务接通，确定任务实施者的知识需求，从知识源中查询相应的知识对象，获取反馈的知识结果。一方面，纵向可根据各类知识的分类实现对各类标准、规范、实例、规则、经验的正向浏览和学习，以及根据产品要求进行反响追溯。如卷册的强制性标准、卷册任务书等关联检索查看。另一方面，横向关联查看各类相关的经验知识等。如该卷册在其他工程积累的常见错误、重点难点等。

（4）知识协同和支持服务。主要根据知识流的实际数据与业务流系统和人员进行交互，提供知识传递服务，并根据需要调用知识流执行服务和知识嵌入服务。根据任务实施者与通过专家定位器查询出来的专家的当前状态，为其提供相应的协作服务。任务实施者应该有多种方式与专家进行交流和协作。一般来说，交流和协作方式可以分为两类：即时交流和非即时交流。电话、即时信息、网络会议、应用共享和电子白板等属于即时交流方式，而电子邮件、讨论组、虚拟工作室和论坛等则属于非即时交流方式。

（5）知识嵌入服务。知识嵌入服务一端与知识流供应出口对接，一端与业务流程的业务活动或各类信息系统对接。根据知识匹配和协同处理所产生的知识结果嵌入到设计任务中去：一方面适时将各类知识推送（push）给业务活动的角色供参考或指导；另一方面适时将角色或过程中产生的知识拉取（pull）到知识系统中通过知识流执行服务进行分类、存储。在同一任务的执行过程中，知识嵌入服务不断将本任务处理过程中所需要的各类知识、与其具有纵向和横向关系的知识嵌入于设计任务中，以供设计者应用。图 7.4 是知识嵌入服务的控制模型，对知识嵌入的控制过程进行了详细描述[①]。

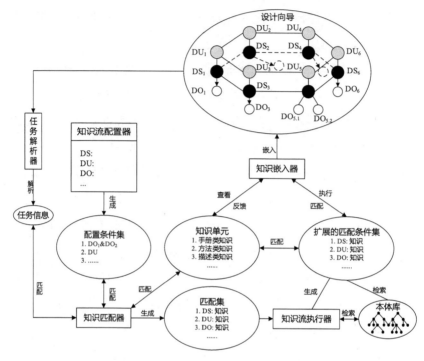

DS-设计任务； DU-设计人员； DO-设计对象

图 7.4 知识嵌入服务的控制模型

来源：张善辉

7.4 基于 Petri 网的分布嵌入式知识流建模

7.4.1 形式化建模方法 Petri 网

随着信息系统的日益庞大和复杂化，人们越来越需要采用系统工程的方法来设计和维护信息系统。系统设计的首要问题是功能描述，功能描述的主要手段是建立合适的模型。

系统建模方法有多种，主要包括：面向活动的模型，如数据流图、流程图等；

---

① 张善辉.机械产品设计知识管理系统的研究[D]. 2008: 50

面向状态的形式化建模，如有限状态机 FSM、Petri 网等；面向数据的建模，如实体—关系 E-R 图等；面向结构的模型，如结构图等；面向对象模型，如统一建模语言 UML。在上述建模方法中，FSM 和 Petri 是形式化方法，UML 是半形式化方法，其他是非形式化方法。形式化方法一般都有严格的数学定义和表述，模型规范无歧义，可以采用建模工具提高效率，同时，形式化模型具有可分析、验证的特点，可以采用自动化的分析验证技术手段。

既然建模工具能提高效率，那么在信息系统整个生命周期内，对于系统的形式化描述、系统的正确性验证、系统性能的评价、系统的目标实现和测试来说，采用图形化的数学工具进行建模是非常必要的。这些图形化的工具有很多，例如 Petri 网、UML、流程图、鱼骨图、雷达图和思维导图等，每一种图都有其使用条件和限制。

由于本书提出的嵌入式系统的特性包括并发性、状态迁移、层次化、行为可完成性、可通信性和可同步等，为适应嵌入式系统的这些特点，故选择形式化的建模方法 Petri 网来描述系统的知识流、知识流单元和分布嵌入式并建模。

Petri 网的概念最早出现在 1962 年，由德国学者 CarlAdam Petri 在其博士论文中提出。Petri 网是对离散并行系统的数学表示，是一种图形化描述过程建模和分析的强有力工具，具有异步特性并发，特别适合于描述异步的、并发的、分布式特点计算机系统模型。作为一种适用于多种系统的图形化、数学化建模工具，Petri 网可以用来建立状态方程、代数方程和其他描述系统行为的数学模型，为描述和研究具有并行、异步、分布式和随机性等特征的复杂系统提供了强有力的手段。

7.4.2　知识流单元的定义

为了准确描述知识流的流动及与相关元素之间的逻辑关系，反映知识流的多方面特征，进而通过形式化有利于控制知识流，我们抽象出知识流单元的概念，以作为知识流的节点和基本组成单位。

定义 7.1　知识流单元。知识流单元模型可用 Petri 网表示为一个三元组 KFU=（KS，KTN；KR），其中：

（1）KFU（Knowledge Flow Unit）表示知识流单元，KFU={KFUA，KFUP，KFUT，KFUE}。KFUA（Knowledge Flow Unit-Ability）能力知识流单元，KFUA={$kfua_i$: i=1，…，|KFUA|}，表示某个知识需求者基于某个知识流程活动（任务）下，以自身所拥有能力就能完成任务的知识流单元（见图 7.5（a））；KFUP（Knowledge Flow Unit-Process）过程知识流单元，KFUP={$kfup_i$: i=1，…，|KFUP|}，表示某个知识需求者基于某个知识流程活动（任务）下，需要接收来自于上级流程的知识才能完成任务的知识流单元（见图 7.5（b））；KFUT（Knowledge Flow Unit-Tacit）隐性知识的知识流单元，KFUT={$kfut_i$: i=1，…，|KFUT|}，表示某个知识需求者基于某个知识流程活动（任务）下，需要来自外部的隐性知识（如师傅或专家）的帮助才能完成任务的知识流单元（见图 7.5（c））；KFUE（Knowledge Flow Unit-Explicit）显性知识的知识流单元，KFUE={$kfue_i$: i=1，…，|KFUE|}，表示某个知识需求者基于某个知识流程活动（任务）下，需要来自外部的显性知识的帮助才能完成任务的知识流单元（见图 7.5（d））。

（2）KS（Knowledge Source）表示知识源的有限集，KS={KSA，KSP，KST，KSE}。根据知识来源和内涵不同，知识源有如下四种分类：个人能力知识 KSA（Knowledge Source-Ability），KSA={ksa_i: i=1，…，|KSA|}，表示个人能力拥有的知识；流程中的过程知识 KSP（Knowledge Source-Process），KSP={ksp_i: i=1，…，|KSP|}，表示来自于上级流程的前继知识；流程外的隐形知识 KSP（Knowledge Source-Tacit），KST={kst_i: i=1，…，|KST|}，表示来自外部的隐性知识（如师傅或专家）；流程外的显性知识 KSE（Knowledge Source- Explicit），KSE={kse_i: i=1，…，|KSE|}，表示来自外部的显性知识。

（3）KTN（Knowledge Task Node）表示完成知识活动节点对应的任务所需的知识需求总和，KTN={ktn_i: i=1，…，|KTN|}，|KTN|≥1。

（4）KR（Knowledge Requirement）表示知识需求，KR={KRA，KRP，KRT，KRE}。正是知识需求的类别决定了知识流单元的类别，因此知识需求与知识流单元相对应。知识在根据知识需求者在特定知识活动下的需传递的知识有限集和知识源之间的传递以知识需求为基础，因此，知识需求是知识流建模和控制中的重要因素。根据 WfMC 中对工作流[①]分为过程定义 build time 和实例运行 run time 的情况，可将知识需求分为预构造知识需求和运行时知识需求两类，也从另外方面体现了工作流与知识流的密切关系和关联。两类知识需求的定义如下：①预构造知识需求 KRP（Knowledge Requirement Pre-built）。表示在流程未开始前，基于组织知识、专家经验和最佳实践，在流程中的活动节点上预先构造或准备的，活动的参与人员可能需要的知识需求。②运行时知识需求 KRR（Knowledge Requirement-Running）。表示在流程运行过程中，活动的参与人员提出的知识需求。本书重点讨论后者。

7.4.3　知识流单元的类别

知识流单元的类别分为能力知识流单元、过程知识流单元、隐性知识流单元和显性知识流单元四类，如图 7.5 所示。

(a)能力知识流单元 $kfua_k$ 　　　　　　　　　(b)过程知识流单元 $kfup_k$

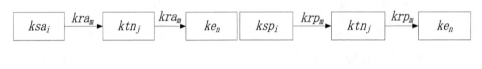

(c)隐性知识流单元 $kfut_k$ 　　　　　　　　　(d)显性知识流单元 $kfue_k$

图 7.5 原子知识流单元模型

上述图示只代表知识流单元的最小单位——可称为原子知识流单元，实际情况中，一个知识流单元由若干个原子知识流单元组成，用八元组可表示为 KFUF=（ke_n, ktn_j, ksp_i, ksa_i, kst_i, kse_i, kop_i, R），其中：ke_n 表示任务节点上的第 n 人，ktn_j 表示第 j 个任务节点上的所有知识需求，ksp_i 表示上一级节点传递给该节点的知识需求，ksa_i 表示第 n 人已经具有的知识能力，kst_i 表示完成第 j 个任务还需要补充的隐性知识，kse_i 表示完成第 j 个任务还需要补充的显性知识，kop_i 表示该节点要传递给下一级节点的知识，R 表示该知识流单元涉及的有

---

① David Hollingsworth.The workflow reference model[S].Workflow Management Coalition.1995

限关系集。如图7.6所示：

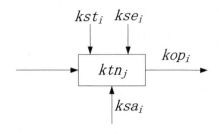

图 7.6 分子知识流单元模型

7.4.4　基于Petri网的知识流模型

构建完知识流单元模型，我们可以在此基础上，使用petri网定义及构建知识流模型。

定义 7.2　知识流。知识流模型可用 Petri 网表示为一个 6 元组 KF=（KE，KTG；KFU，i，o，l）。其中：　KE（Knowledge Embracer）表示由知识流节点相关人员组成的知识需求者；KTG（Knowledge Task Gather）表示不断变化的某知识流单元中需要传递的知识的有限变迁集；KFU 是知识需求者和所需求知识之间的关联关系，KFU⊆（KE×KTG)∪(KTG×KE);i 是输入位置，$^\bullet i$={$x∈$KE×KTG|$(x,i)∈$KFU }；o 为输出位置，$o^\bullet$={$x∈$KE×KTG|$(o,x)∈$KFU }；l：KTG→A∪{ τ }，l 是一个有标记的函数，A 是其中一些操作的名称，假设 $\tau∉$A，表示一个空操作。

定义 7.3　需求知识源。定义为由与表示第 j 个任务节点 ktn_j 的知识需求相对应的所有知识流单元所组成的知识流单元集合，记为 KFU-ktn_j，KFU-ktn_j=（$kfua_i$，$kfup_i$，$kfut_i$，$kfue_i$）。

定义 7.4　需求传递知识总量。定义为完成第 j 个任务节点 ktn_j 而需要传递的知识总量的有限变迁集，记为 KTG-ktn_j。

结合定义 7.2 和 7.3，约定{ KFU-ktn_j}表示需求知识源的知识有限集， {KTG-ktn_j}表示需求传递的知识有限集，{$kfua_i$}、{$kfup_i$}、{$kfut_i$}、{$kfue_i$}分别表示能力、

过程、隐性、显性知识流单元所含知识的有限集。

结合定义 7.2、7.3 和 7.4 以及约定，我们将常见的知识流模型划分为如下 6 类（如图 7.7 所示）：

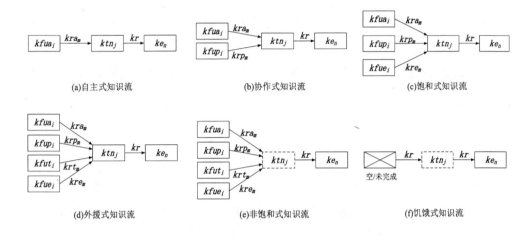

图 7.7 基于 Petri 网的 6 类知识流模型

（1）自主式知识流。表示知识需求者自身拥有的知识能够满足当前知识活动（任务）的知识需求，即 $\{$ KFU-ktn_j $\}$ $\subseteq\{$ KTG-$ktn_j\}$，其中 $\{$ KTG-$ktn_j\}=\{kfua_i(ke_n)\}$。

（2）协作式知识流。表示知识需求者自身拥有的知识和流程上个节点中传承的知识之和能够满足当前知识活动（任务）的知识需求，即 $\{$KFU-$ktn_j\}\subseteq\{$KTG-$ktn_j\}$，其中 $\{$KTG-$ktn_j\}=\{kfua_i(ke_n)\}\cup\{kfup_i\}$。

（3）饱和式知识流。表示知识需求者自身拥有的知识、流程上个节点中传承的知识以及知识需求者获取自外部的显性知识之和能够满足当前知识活动（任务）的知识需求，即 $\{$KFU-$ktn_j\}\subseteq\{$KTG-$ktn_j\}$，其中 $\{$KTG-$ktn_j\}=\{kfua_i(ke_n)\}$ $\cup$ $\{kfup_i\}\cup\{kfue_i\}$。

（4）外援式知识流。表示知识需求者在自身拥有的知识、流程上个节点中传承的知识、以及知识需求者获取自外部的显性知识之和基础上，还需要其他具有相关经验或能力的援助者（如专家、师傅等）的外援方能满足当前知识活动（任务）的知识需求，以完成任务。即 { KFU-ktn_j } ⊆ { KTG-ktn_j}，其中 { KTG-ktn_j}={$kfua_i(ke_n)$} ∪{$kfup_i$}∪{$kfue_i$}∪{$kfut_i$}。

（5）非饱和式知识流。表示知识需求者在自身拥有的知识、流程上个节点中传承的知识、以及知识需求者获取自外部的显性知识之和基础上，在其他具有相关经验或能力的援助者（如专家、师傅等）的帮助下，还不能满足当前知识活动（任务）的知识需求，无法完成任务。即 { KFU-ktn_j } ⊃{ KTG-ktn_j}，其中{ KTG-ktn_j}={$kfua_i(ke_n)$} ∪{$kfup_i$}∪{$kfue_i$}∪{$kfut_i$}。

（6）饥饿式知识流。表示没有供知识需求者可应用的知识源，这些知识源可能包括流程上个节点中传承的知识、以及知识需求者获取自外部的显性知识、甚至是其他具有相关经验或能力的援助者（如专家、师傅等）的外援等，而只有拥有这些知识源方能满足当前知识活动（任务）的知识需求，以完成任务。即{KFU-ktn_j} ⊃{KTG-ktn_j}，其中{KTG-ktn_j}={$kfua_i(ke_n)$} ∪{$kfup_i$}∪{$kfue_i$}∪{$kfut_i$}，并且，{$kfua_i(ke_n)$} 、{$kfup_i$}、{$kfue_i$}、$kfut_i$}至少有一个为空或全部为空。

7.5　知识流引擎与流程管理的嵌入原理图

知识流引擎作为嵌入式知识管理系统软件体系结构图的核心部分，与业务流、信息流、知识流有着紧密的集成关系，其嵌入式实现示意图如图 7.8，图释如下：

（1）知识流引擎 KFE：知识流引擎是知识流单元的控制中心，是业务流、信息流、知识流之间的桥梁。知识流引擎的五大部分业务流解析、知识流配置、知识流供应、知识协同支持、知识嵌入分别服务于业务流程、知识流类别、知识需求、知识活动和嵌入到信息活动中的服务 Web Service。请参考 7.3.3 节。

（2）知识流单元 KFU：知识流单元是知识流的节点和知识流的最小单位。Ktn_i 表示第 i 个任务节点的所有知识需求，kspi、ksai、ksti、ksei、kopi 分别表示各类知识源。详请参考本书第 7.4 节以及图 7.5 的原子知识流单元模型、图 7.6 的分子知识流单元模型。

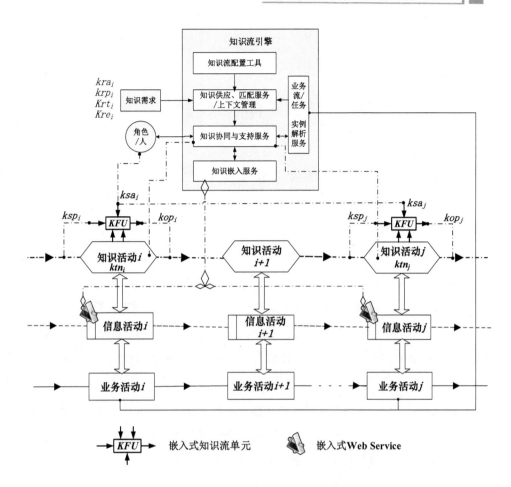

图 7.8　知识流引擎与流程管理的嵌入式实现原理图

（3）关于知识需求 KR：知识需求的是知识流控制中的重要因素，其类别决定了知识流单元的类别，图中所示的知识需求类别有个人能力知识需求 krai 、流程中过程知识需求 krpi、流程外隐性知识需求 Krti、流程外显性知识需求 Krei，分别对应的知识流单元类别是能力知识流单元 kfuai、过程知识流单元 kfupi、隐性知识流单元 kfuti、显性知识流单元 kfuei。

（4）嵌入式 Web Service：Web Service 是具有相对独立完整功能的封装体，支持远程调用，支持 HTTP 协议和 SOAP 协议，特别适合分布式嵌入。由于信息流是业务流的全覆盖，信息活动是业务活动的全覆盖，所以，业务活动的数据流、信息流经过嵌入到信息活动体中的 Web Service 的萃取、过滤、推送和吸纳,既将有用的信息转变为知识,又在知识的指导下使得信息系统更好用、更智能化。

7.6 嵌入式知识系统软件体系架构图

软件体系架构的定义是:软件体系架构侧重于系统重要结构元素,如子系统、类、构件和结点,以及这些元素通过接口实现的协作。[①]

架构是对以下一系列决策的总和:软件系统的组织;对组织系统的结构元素、接口以及这些元素在协作中的行为的选择;由这些结构与行为元素组合成更大的子系统的方式;用来指导将这些元素、接口、它们之间的协作以及组合等组织起来的架构风格。系统架构不仅涉及到结构和行为,而且涉及使用(关系)、功能、性能、适应性、重用、可理解性、经济和技术约束及其权衡以及美学考虑等。

Len Bass 等人给出的定义是:某个软件或者计算系统的软件架构即是组成该系统的一个或者多个结构,他们组成软件的各个部分,形成这些组件的外部可见属性及相互间的联系。[②]

嵌入式知识管理系统的软件架构如图 7.9 所示。该图描述了知识流引擎与知识系统、信息系统、流程的集成的基本原理。图的中间是知识流引擎,是该图的核心,嵌入式知识管理系统的基本单元和联系其他系统的纽带。

知识流引擎以嵌入式 Web Service、基于 Agent 的嵌入式 Web Service、组件等方式嵌入到信息系统中,以知识流单元的方式实现知识流的流动,继而完成知识的获取与产生、知识的存储与管理、知识的共享与传递、知识的应用与创新等知识管理全过程。此外,人们还可以通过门户利用智能检索技术和知识流引擎获得各类知识的展现。

---

① Jacobson,I,Booch,G.,周伯生等译. 统一软件开发过程[M]. 北京:机械工业出版社,2002
② Len Bass , Paul Clements , Rick Kazman.Software Architecture in Practice(SecondEdition)[EB/OL] .PearsonEducationInc.2003:21

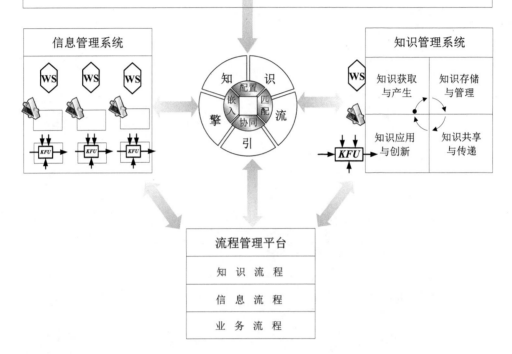

 嵌入式Web Service  基于Agent的嵌入式Web Service KFU 嵌入式知识流单元

图 7.9 嵌入式知识管理系统软件体系结构总图

第八章 知识管理技术

上一章阐述了知识管理系统的嵌入式原理，本章介绍嵌入式知识管理系统实现所需的若干关键技术。首先介绍了知识管理技术的概念，然后通过 Gartner 新兴技术和知识管理技术的成熟度曲线分析了其发展历程，然后介绍了知识管理体系内核，即知识管理四大环节的若干关键技术，这四个环节是知识获取与产生、知识存储与管理、知识共享与转移以及知识的应用与创新等。

8.1 概念与发展历程

本节先介绍了知识管理技术概念；然后介绍了常用来观察、预测各种新技术的"Gartner 新兴技术成熟度曲线模型"的含义；最后介绍了 Gartner 知识管理技术成熟度曲线和知识管理技术的成熟度矩阵。

8.1.1 知识管理技术概念

1. 知识管理技术的定义

知识管理技术是指能够协助人们实现知识管理的基于计算机的现代信息技术。知识管理技术是现代信息技术在知识经济时代的新发展。知识管理技术建立在传统的数据管理和信息管理技术基础之上，区别在于知识管理技术关注隐性知识显性化。传统的数据管理及信息管理技术虽然不管理隐性知识，但其在显性知识的管理、存储和分享等方面的优势，决定了其在知识管理中的广泛应用，且成为整个知识管理技术体系中的重要组成部分。

知识管理技术不是一个静态概念，它在实践中得到不断应用和发展。知识管理技术也不是一项技术，而是一个技术体系，包括的技术内容异常繁多，覆盖了知识管理的各个环节。知识管理技术是知识管理得以具体实现的主要工具，它在知识管理的所有环节都发挥重要作用。本章介绍的各种主流技术并不代表知识管理技术的全部，更多技术需要持续跟踪，因此要动态地看待知识管理技术。

2. 知识管理技术的类型

知识管理技术的类型并没有明确定义，但对于不同类别的知识管理技术却为大家耳熟能详。如知识收集技术，知识传递技术，知识发现技术，知识管理技术等，包括知识地图、文档管理、搜索引擎、电子公告牌、讨论板、即时通信、电子邮件、企业门户、数据挖掘和群件等等。正是这些技术，将知识管理从理论变为了实践。

3. 知识管理技术的应用

达文波特和普鲁萨克认为，知识管理远不是一门技术，但技术是知识管理的重要部分。新技术的出现有助于加速知识管理活动，这些新技术的出现拨旺了知识的火花。知识管理的各种功能及服务在不同程度上依靠知识管理技术来实现，如知识搜索通过搜索引擎技术、知识管理通过文档管理技术、知识的传递通过邮件或即时通信技术等。可以说，如果没有知识管理技术的有力支撑，知识管理的实施将极为困难和缓慢。

4. 知识管理技术与数据管理技术和信息管理技术的区别

知识管理技术与数据管理技术和信息管理技术不同。

数据管理技术以数据为处理对象，以生产、检索和分析数据为目的，典型的处理对象为文件或数据库，技术包括数据库管理、科学计算软件等。

信息管理技术以信息为处理对象，以统计、分析、处理信息为目的，如管理信息系统技术、信息检索系统、档案管理系统等。

知识管理技术以知识为处理对象，以获取、产生、共享、传递、管理、利用、创新知识为目的，技术常集成了人工智能技术，如知识地图、文件聚类、实践社区、在线培训等。

知识管理技术基于数据管理技术和信息技术，是二者在知识经济时代，满足知识需求的新的发展；从技术角度，三者没有特别明显的界限，数据技术和信息技术是知识管理技术体系的重要组成部分。

8.1.2 Gartner 新兴技术成熟度曲线模型

《Gartner 新兴技术成熟度曲线（Hype Cycle for Emerging Technologies）报告》

由成立于 1979 年的、全球领先的、最权威的信息技术研究和顾问咨询公司 Gartner 于 1995 年开始发布，用来评估新型技术的市场类型、成熟度、商业应用及未来发展，涵盖了 110 多个领域的 2000 多种技术，是 Gartner 的三大分析工具之一。

每年 Gartner 针对不同的行业和技术领域，都用它来观察、预测各种新技术被企业接受、落地的成熟度，分析各种信息科技，技术的成熟度，预测其技术发展成熟之阶段，并绘制各技术的成熟度曲线。目的主要是针对技术与趋势提供跨产业观点，让企业战略规划人员、首席创新官、研发主管、企业家、全球市场拓展人员及新兴技术团队在规划新兴技术组合时有所依据。

图 8.1 为 Gartner 新兴技术成熟度曲线模型示意图，其中横轴为时间（Time），表示时间进度；纵轴为关注度（Visibility），表示这个技术被大众提及的频率和次数。模型横轴上表示技术发展经历的过程，描绘了新科技的从诞生到成熟的演变速度及要达到成熟应用所需的时间，分成 5 个阶段：

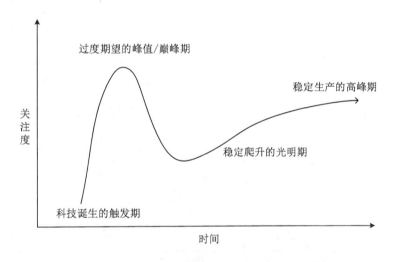

图 8.1　Gartner 新兴技术成熟度曲线模型示意图

（1）科技诞生的触发期 (Technology Trigger)：在此阶段，随着媒体大肆的报道，非理性的渲染，产品的知名度无所不在，然而随着这个科技的缺点、问题、限制出现，失败的案例大于成功的案例。

（2）过高期望的峰值（Peak of Inflated Expectations）：早期公众的过分关注演

绎出了一系列成功的故事——当然同时也有众多失败的例子。对于失败，有些公司采取了补救措施，而大部分却无动于衷。

（3）泡沫化的低谷期 (Trough of Disillusionment)：在历经前面阶段所存活的科技经过多方扎实有重点的试验，其中一些无法复苏的技术就会在泡沫化的低谷后掉入万劫不复的深渊，一些技术则成功存活并以稳定的经营模式逐渐成长。

（4）稳步爬升的光明期 (Slope of Enlightenment)：在此阶段，有一批新科技的诞生，在市面上受到主要媒体与业界高度的注意，例如:1996 年的 Internet，Web。

（5）稳定生产的高峰期 (Plateau of Productivity)：在此阶段，新科技产生的利益与潜力被市场实际接受，此经营模式的工具、方法论经过数代的演进，进入了非常成熟的阶段。

上图可细化为下图样式：

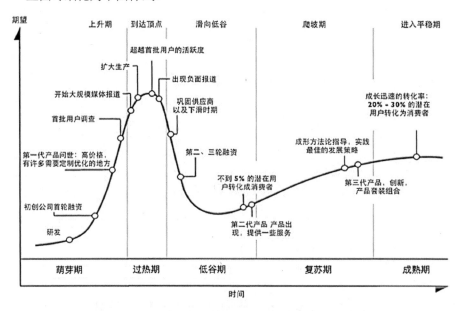

图 8.2　Gartner 新兴技术成熟度曲线图之详解

下图为最近几年 Gartner 新兴技术成熟度曲线的图示：

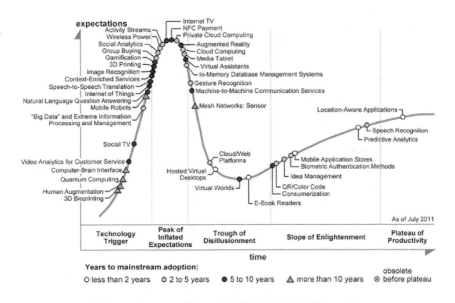

图 8.3　Gartner——新兴技术成熟度曲线 2011

来源：Gartner

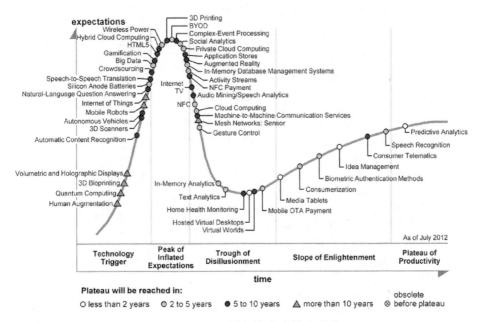

图 8.4　Gartner——新兴技术成熟度曲线 2013

来源：Gartner

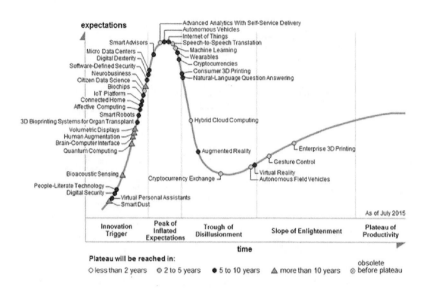

图 8.5　Gartner——新兴技术成熟度曲线 2015

来源：Gartner

图 8.6　Gartner——新兴技术成熟度曲线 2016

来源：Gartner

图 8.7　Gartner——新兴技术成熟度曲线 2017

来源：译自 Gartner

技术成熟度曲线为行业和技术发展做出很好预测，但在从诞生到成熟的周期，IT 部门要避免四个陷阱（图 8.8）：

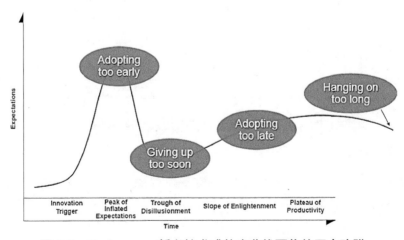

图 8.8　Gartner——新兴技术成熟度曲线面临的四个陷阱

来源：Gartner

（1）接受得太早——从实用的角度来看并不成熟。

（2）放弃得太快——负面评价接踵踏来。

（3）接受得太晚——对技术发展不敏感，习惯于用过去的眼光看未来。

（4）坚持得太久——四平八稳、不想承担风险。

8.1.3　Gartner 知识管理技术成熟度曲线

Gartner 关于知识管理的成熟度曲线是根据 Hype Cycle 来分析和预测的，如图 8.9 所示[①]。该曲线图将 KM 相关技术的成熟度放到一个曲线图中来分析，对于理解知识管理各种技术的发展阶段很有价值。

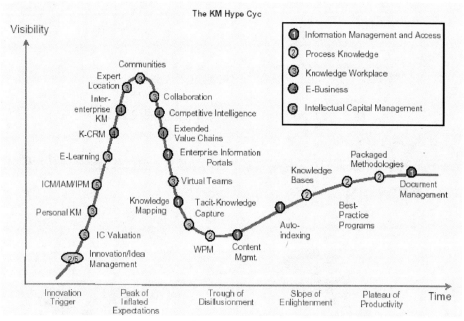

图 8.9　Gartner 知识管理技术成熟度曲线

来源：Gartner

图 8.9 中的知识管理技术有：KM（知识管理）、ICM（智力资本管理）、IAM（智力资产管理）、IPM（智力所有权管理）、IC Valuation（智力资本评估）、E-learning

---

[①] www.gartner.com

（电子学习）、K-CRM（知识客户管理）、enterprise KM（企业内部知识管理）、Expert Location（专家定位）、Communities（社区）、Collaboration（协同）、Competitive Intelligence（竞争情报）、Extended Value Chains（广义价值链）、Enterprise Information Portals（企业信息门户）、Virtual Teams（虚拟团队）、Knowledge Mapping（知识地图）、Tacit-Knowledge Capture（隐性知识获取）、WPM（工作流管理）、Content Mgmt.（内容管理）、Auto-indexing（自动索引）、Knowledge Bases（知识库）、Best-Practice Programs（最佳实践程序）、Packaged Methodologies（打包方法论）和 Document Management（文档管理）。

图 8.9 将以上知识管理技术分为五个类别：

（1）信息管理和访问（Information Management and Access）。这是一种对显性知识的管理，主要用以实现对存储于知识库和数据库中已编码的结构化数据或非结构化数据的管理。

（2）流程知识（Process Knowledge）。管理在流程中产生的知识，这些知识以隐性知识为主。

（3）知识工作场所（Knowledge Workplace）。管理知识型员工拥有的知识。如知识型员工拥有的技能和经验等。

（4）业务电子化（E-Business）。对企业内外部知识整合进行信息化管理。

（5）智力资本管理（Intellectual Capital Management）。管理由智力资产创造企业价值的关键流程。

从图中可以看出，信息管理和流程知识这两类技术已发展得比较成熟且得到广泛应用，知识工作场所和业务电子化正在趋向成熟，而智力资本管理还在发展初期。

8.1.4　知识管理技术的成熟度矩阵

Gartner 概括了知识管理的相关技术，给出了知识管理技术的成熟度矩阵（图 8.10 所示）。从图中可以看出，知识管理技术将从知识存储和检索层次的应用向知识贡献和人工智能技术方向发展，且在演变过程中的每个阶段，都有着成熟度高低不同的技术。

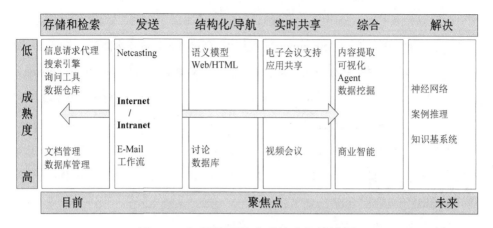

图 8.10 知识管理技术成熟度矩阵模型

来源：译自 Gartner

总的来说，以知识管理技术为核心的知识产业正在逐步扩大，而知识管理技术本身也在从满足知识管理的基本需要向更高的智能化方向发展。

8.2 知识获取与产生的关键技术

知识获取与产生的关键技术有搜索引擎、全文检索、智能代理 Agent、Web Service（Web 服务）、RSS、e-Learning、e-Meeting、Autonomy 等，还包括数据与知识挖掘、商业智能、专家系统等。

8.2.1 搜索引擎——索引

搜索引擎重点实现文章索引的搜索，多用于互联网搜索。

搜索引擎（Search Engine）是指根据一定的策略、运用特定的计算机程序从互联网上搜集信息，在对信息进行组织和处理后，为用户提供检索服务，将用户检索相关的信息展示给用户的系统。搜索引擎包括全文索引、目录索引、元搜索引擎、垂直搜索引擎、集合式搜索引擎、门户搜索引擎与免费链接列表等。

从使用者的角度看，搜索引擎提供一个包含搜索框的页面，在搜索框内输入词语，通过浏览器提交给搜索引擎后，搜索引擎就会返回与用户输入内容相关的信息列表。其实，搜索引擎涉及多领域的理论和技术：数字图书馆、数据库、信息检索、信息提取、人工智能、机器学习、自然语言处理、计算机语言学、统计数据分析、数据挖掘、计算机网络、分布式处理等，具有综合性和挑战性。

一个搜索引擎由搜索器、索引器、检索器和用户接口四个部分组成[①]。搜索器的功能是在互联网中漫游，发现和搜集信息。索引器的功能是理解搜索器所搜索的信息，从中抽取出索引项，用于表示文档以及生成文档库的索引表。检索器的功能是根据用户的查询在索引库中快速检出文档，进行文档与查询的相关度评价，对将要输出的结果进行排序，并实现某种用户相关性反馈机制。用户接口的作用是输入用户查询、显示查询结果、提供用户相关性反馈机制。

常见的搜索引擎有百度 Baidu、谷歌 Google、必应 Bing 等。

8.2.2 全文检索——内容

全文检索技术重点实现文章内容的搜索，多用于局域网内企业搜索。

知识管理技术面临的一个重大挑战是如何在海量的非结构化文档中又快又准又全地找到用户需要的文档。检索技术是知识管理的核心技术，从某种程度上说，检索技术的高低在知识管理初期起关键作用。检索有两种方式：一种是传统的文本挖掘或关键词检索，即将文档按规则存放，并录入文档的元数据，系统将相关数据存入数据库，检索时按规则检索；另一种就是全文检索，即系统不预先建立结构，搜索时按照用户输入的检索词进行匹配，将匹配到的文档按检索词出现频率的统计规则提供给用户。

利用传统搜索方法获得的知识多为孤立的碎片知识，不能提供足够的背景和周边知识信息，给用户学习和使用带来了困难[②]。传统的搜索引擎包括基于机器人 Robot 的搜索引擎、目录式 Directory 搜索引擎和 Meta 元数据搜索引擎三大类。如大众化的搜索工具 Google、Baidu，我们可以通过填入关键词、布尔值等方式去搜索网络上的内容，但不能查找企业网络内的数据信息和我们本机的数据信息，特别是各种非结构化数据信息。要解决这些问题，需要一种这样的信息处理平台：不但

---

① 王继成等.Web 信息检索研究进展[J].计算机研究与发展,2001,38（2）
② 蒋祖华,苏海.工程设计类知识管理技术研究[J].计算机集成制造系统,2004,10(10)

能够处理所有类型的信息，而且能与现行成熟的结构化数据库处理方式相统一。

企业级全文检索是一种组织的需求，属于搜索引擎的高级应用。企业用户对信息的需求不仅仅限于简单的查询结果，而是结合搜索、数据库查询、语义和句法分析、分类和聚类、相关性分析等技术，整合现有的信息资源，提炼出具有商业价值或社会价值的数据支持。

Autonomy 公司是世界最为领先的"智能搜索"平台提供商，也是全球领先的企业基础架构软件提供商和知识管理系统厂商，在基于意义的计算技术方面处于绝对的领导地位。超过 17000 家政府机构、世界 500 强及中小企业使用了 Autonomy 的产品，来进行信息的搜集、处理和知识管理，以提升自身效率，降低运营成本。中国选择 Autonomy 的企业有国航、中铁电化设计院、福特、华东电网等。

Autonomy 的优势在于先进的模式匹配技术（非线性自适应数字信号处理），而该技术的根源则是贝叶斯概率论和香农的信息论。这一技术能够从概念和上下文的角度理解含有非结构化信息的电子数据，能够根据对应于特定概念的字词的使用频率来找出文字中存在的模式。根据在一段非结构化信息中一种模式超出另一种模式的优势，Autonomy 使计算机能够了解当前的文档有百分之几的可能是关于某个特定的主题。这样，Autonomy 就能提取出文档的本质，并将这些概念的独特标志编码，从而能够自动地对这段文字进行各种操作。这些操作中还包括了自动对相关文档进行聚类，自动传递信息，为内容提供超链接，以及较为传统的短语查询或关键字搜索功能。

与 Autonomy 相比，传统方法都存在严重的局限性。这些方法包括关键词搜索、布尔值搜索、协同过滤、解析与自然语言分析、手动标记等。如在信息管理方面，最常用的方法是传统的关键词搜索。在这种简单的方法中，用户将某些词语输入一个文本框，接着系统在文档列表中进行搜索，并返回包含这些词语的文档。其局限性一是无上下文，根据关键词搜索无法得知这些文档与用户关心的主题之间存在多大的相关度。它们只能判断关键词出现与否；二是需要人工不断对关键词的关联进行管理与更新；三是无学习能力。而 Autonomy 的概念匹配技术在概念而不是关键词的层次上进行比对，因而避免了这些问题。Autonomy 会考虑词语出现在什么样的上下文中，这在消除了无关的搜索结果的同时，还能捕捉到虽然不包含关键词但仍能表达相同概念的文档。

国内的全文检索产品有拓尔思 TRS 等。

8.2.3　代理

代理（Agent）技术是当前学术界和工业界研究的最为热点的知识管理技术，是典型的人工智能技术。基于 Agent 技术来实现 Web Service 的发现、集成和应用是本书嵌入式理念的重要实现技术。

Agent 是一类在特定环境具有感知能力、问题求解能力和与外界沟通能力的，并能自动地运行以代表设计者或使用者实现一系列目标的计算实体或程序。Agent 是协作系统中的独立行为实体，它能根据内部知识和外部激励决定和控制袭击的行为。Agent 基于人工智能的精髓，使用户能够让系统根据个人档案独立寻找信息并使用不同来源和其他代理，即使用户没有明确需求，Agent 也可以根据用户的模糊需求或预先设定的规则帮助用户进行信息检索、管理等复杂工作，这是知识管理技术不同于数据处理技术的重要特征之一。Agent 有智能代理（Intelligent Agents）、软件代理（Software Agents）和代理（Agents）的多样性[1]。

分布型嵌入式知识管理系统由许多具有自治能力的 Agent 节点组成，每一个执行 Agent 都是相互独立的，知识流过程的执行不以某个 Agent 为中心，以嵌入的理念实现了完全分布。Agent 之间通过消息来实现信息传递，即某个 Agent 的一个活动实力执行完成后，通过可靠的消息队列在节点之间传递完成的结果信息，避免 Agent 与服务器的持续通信，提高了系统的健壮性、可扩展性和柔性。代理系统对底层基本通信原型和其他高层次应用进行了封装，可以从较高层次上对用户的操作加以反应，屏蔽了具体的实现方法。代理之间通过协作完成过程的执行推进。基于移动代理的嵌入式知识管理系统，具有较高的柔性与实用性。

在知识管理系统中，Agent 技术根据外部环境，建立庞大的内部知识库，主动探索用户可能的需求，将智能匹配的知识通过各种方式推送给用户；或接收用户的

---

[1] Anthony Allan Van Tol. Agent embedded simulation modeling framework for construction engineering and management applications.[D] University of Alberta (Canada).2005:P4

主动需求，返回智能匹配的结果知识；同时积累用户的需求，优化知识库和智能判断字典。这些 Agent 技术包括进行知识识别的 OCR 技术、知识查找的搜索引擎技术、知识导入技术、文本分析和挖掘技术、推送技术等。Agent 技术和 Web Service 技术配合，可以穿越防火墙和各类异构系统，发挥更大作用。

8.2.4 数据挖掘与知识发现

数据挖掘（Data Mining，DM），它是从存放在数据库，数据仓库或其他信息库中的大量的数据中获取有效的、新颖的、潜在有用的、最终可理解的模式的高级处理过程。数据挖掘运用选定的知识发现算法，从数据中提取出用户所需要的知识，这些知识可以用一种特定的方式表示或使用一些常用的表示方式。通过数据挖掘工具，企业可以在凌乱的数据中，找到有用的知识[①]。在人工智能领域，有人把数据挖掘称为数据库中的知识发现。数据挖掘通常的分析方法包括分类、估值、预测、相关性分析、聚集、描述和可视化、复杂数据类型挖掘等。

知识发现（Knowledge Discovery in Database，KDD）是"数据挖掘"的一种更广义的说法，即从各种媒体表示的信息中，根据不同的需求获得知识。知识发现的目的是向使用者屏蔽原始数据的繁琐细节，从原始数据中提炼出有意义的、简洁的知识（这是一个挑战性的计算机科学难题），直接向使用者报告。知识管理是一个过程，个人通过这一过程学习新知识和获得新经验，并将这些新知识和新经验反映出来，进行共享，以用来促进、增强个人的知识和机构组织的价值。知识发现过程由数据准备、数据挖掘、结果表达和解释三个阶段组成。虽然 DM 是知识发现过程的核心，但它通常仅占 KDD 的一部分(大约是 15％到 25％)，因此数据挖掘仅仅是整个 KDD 过程的一个步骤。知识发现研究要迎接如下 4 方面的挑战性任务：数据量规模化、数据源多样化、结果概括化、服务个性化[②]。

数据挖掘与知识发现系统是知识管理系统的重要组成部分，系统应当能够从各种各样的信息资源中挖掘出有用的知识，把存放在数据库、网站、服务器等不同来

[①] 孙青永.基于电子协作的企业知识管理系统研究[D].硕士学位论文.大连石油学院,2004
[②] 何清. 知识的增值:知识发现与知识管理[J].计算机世界,2003

源的信息资源映射成统一的"知识地图"，使知识能够在企业内外部都得到有效的共享和发布。系统还应方便使用者通过信息分类和搜索引擎从各类信息资源中快速检索所需的知识。

8.2.5　Web 服务

Web Service（Web 服务）技术是一组基于 XML 的标准，这些标准提供一种使用 XML 文档在不同的应用之间处理信息的方法，也是实现嵌入式知识管理系统的关键技术。

Web Service 允许异构的应用程序以灵活、动态的方式进行集成并互相交互。通过 Web Service 接口可实现应用程序之间的松散耦合。松散耦合意味着不仅在不同的平台或操作系统上实现应用，而且允许在不影响接口的情况下对应用程序的实现方式进行更改。它具有完好的封装性、松散的耦合、使用协议的规范性、使用标准协议规范、高度可集成能力、跨平台的，开放的等特性。这些特性有利于解决动态嵌入的问题，而且这些特性也是构建高集成、高开放的嵌入式知识管理系统所必需的。

Web Service 的技术特性包括：

（1）可描述性。可以通过一种服务描述语言来描述。

（2）可发布性。通过在一个公共的注册服务器上注册其描述信息来发布。

（3）可查找性。可以通过向注册服务器发送查询请求找到满足查询条件的服务，获取服务的绑定信息。

（4）可绑定性。可通过获取的服务描述信息生成可调用的服务实例或代理。

（5）可调用性。使用服务描述信息中的绑定细节可以实现服务的远程调用。

（6）可组合性。可以与其他服务组合在一起形成新的服务。

关于 Web Service 技术的详细论述可参见作者的另一篇文章《一种基于 Web Service 的分布式计算模型研究及其实现》[①]。

---

① 郑晓东等.一种基于 Web Service 的分布式计算模型研究及其实现[J].计算机工程与应用,2004

8.2.6 聚合

RSS（聚合）是一种描述和同步网站内容的通讯协同协议，可将用户订阅的内容自动传送给他们，即用户在不打开网站内容页面的情况下及时收到并阅读支持 RSS 输出的网站内容。简单地说，RSS 就是一种用来分发和汇集网页内容的 XML 格式。RSS 可以是以下三个解释的其中一个：Really Simple Syndication（真正简易聚合）、RDF (Resource Description Framework) Site Summary（RDF 站点摘要）、Rich Site Summary（丰富站点摘要）。但其实这三个解释都是指同一种 Syndication 的技术。

RSS 具有联合（Syndication）和聚合（Aggregation)的特性：

（1）网站之间也能通过互相调用彼此的 RSS Feed，自动地显示其他站点上的最新信息，这就叫 RSS 的联合。这种联合就导致一个站点的内容更新越及时、RSS Feed 被调用得越多，该站点的知名度就会越高，从而形成一种良性循环。发布一个 RSS Feed 文件后，这个 RSS Feed 中包含的信息就能直接被其他站点调用，而且由于这些数据都是标准的 XML 格式，所以也能在其他的终端和服务中使用，如 PDA、手机、邮件列表等。

（2）所谓 RSS 聚合，就是通过软件工具的方法从网络上搜集各种 RSS Feed 并在一个界面中提供给读者进行阅读。

RSS 的这些特性是实现嵌入式知识管理系统中知识门户、个人门户和知识推送的重要技术。

8.3 知识存储与内容管理的关键技术

知识存储与内容管理的关键技术包括知识编码、知识分类、知识地图、可扩展标记语言、元数据、文件聚类、知识仓库与文档管理等。

8.3.1 知识编码

一种典型的知识编码工具是知识仓库。知识仓库是面向一类知识信息需求基本相同的用户，根据知识结构的特征，从一定的信息源中筛选、分类、编辑而成，并进行动态更新的数据库。知识仓库通常收集了各种经验、备选的技术方案以及各种用于支持决策的知识，它通过模式识别、优化算法和人工智能等方法，对成千上万的信息、知识加以分类，并提供决策支持。知识仓库的一个典型例子是中国知网CNKI 数据库。

另一种是知识地图。知识地图是用于帮助人们知道在哪里能找到知识的知识管理工具。从技术上讲，知识地图的实质就是知识目录的总览和导航，知识地图允许对知识目录描述的企业知识资源进行处理、浏览和形象化。

8.3.2 知识分类

Thomas Trimmer 认为，"尽管不知道如何开始，好的分类法是知识管理系统的核心部分。"[1]组织和个人与难处理的数据问题进行周旋，解决办法不是要获得所需要的数据，而只是要记住它们的位置。解决此问题的方案是知识分类系统，将组织内的所有信息按照一定逻辑习惯编排起来，这样信息可以准确地被任何组织内的人员找到。

知识分类包括人工分类、自动分类、知识地图、分类浏览、知识打包等方式。知识地图、分类浏览分别以平面和树形结构的方式展现知识，知识打包提供了对知识横向、纵向的分类组织，为用户提供了有序的信息。自动分类方法减轻人工分类的压力，提供了客观的辅助分类工具，并提供了信息资产视图，明晰了信息流衍变趋势和信息分布情况。

8.3.3 知识地图

中国国家标准 GB/T 23703.2-2010 定义知识地图（knowledge map）是一种知识（既包括显性的、可编码的知识，也包括隐性知识）导航系统，并显示不同的知识存储之间重要的动态联系，协助用户快速找到所需知识。左美云（2002）定义知识地图是一种帮助用户知道在什么地方能够找到知识的知识管理工具。李素琴（2002）

---

[1] Shaw, Wendy Jean. Knowledge Management[D].California State University , 1999

认为知识地图是一张表示企业组织有哪些知识及其方位的图片，它是知识存在位置的配置图。李志强（1991）认为知识地图可以是某个部门或某个成员拥有什么知识的导览，也可以是在何处可得到何种信息的查询系统。它描绘一个组织系统中的知识存量、结构、功能、存在方位以及查询路径等，但不包含知识内容本身①。

知识地图解释知识源以及知识之间的关系，它指向知识而不包含知识本身，是一个向导而不是一个知识的集合。所以知识地图实际上是知识的索引。

知识地图是知识管理实现的重要手段，是一种帮助用户知道在什么地方能够找到知识的知识管理工具，是企业知识管理的三要素之一（其余两个分别是知识库和知识社区）②。知识地图是知识管理系统的输出模块，输出的内容包括知识的来源、整合后的知识内容、知识流和知识的汇聚。它的作用是协助组织机构发掘其智力资产的价值、所有权、位置和使用方法，使组织机构内各种专家技能转化为显性知识并进而内化为组织知识资源，鉴定并排除对知识流的限制因素，发挥机构现有知识资产的杠杆作用等。

知识地图分为如下四类：

（1）面向程序的知识地图。这种知识地图将关于某个流程的知识或知识源图形化表示。这里的业务流程涵盖了一个企业或一个组织机构的任何业务操作流程。面向程序的知识地图的主要作用是规划知识管理方案并推动知识管理的实践。

（2）面向概念的知识地图。其实是"分类学"的一种，是划分组织等级和进行内容分类的一种方法。在知识管理中，分类学被用于网站站点或知识库中的内容管理。

（3）面向能力的知识地图。这种知识地图将一个组织结构的各种技能，职位甚至个人的职业生涯视为一种资源并进行记录，从而勾画出了一张该机构的智力分布图。它的功能类似于黄页电话薄，可以使员工很方便地找到他们所需要的专项知识（各种技能、技术和/或职责描述）。

（4）面向社会关系的知识地图。这类知识地图也称之为社会关系图。社会关

---

① YE Y, TU Y.Dynamics of coalition formation in combinatorialtrading[A].IJCAI- 2003 [C]. San Francisco, Cal., USA:Morgan Koufmann,2003.625-630
② 卞蓓蕾.华东电网公司企业知识管理的研究与实现[J].华东电力,2008

系图揭示了不同的社会实体之间，不同的组织机构之间和统一组织内的不同成员之间关系的表现形式和处理原则。社会关系分析图的一个作用就是对一个社会背景内的共享信息进行分析。

8.3.4　可扩展标记语言

XML（eXtensible Markup Language）即可扩展标记语言，是 W3C 制定的用于描述数据文档中数据的组织和结构的语言。XML 与 HTML 的设计区别是：　HTML 是用来定义数据的，重在数据的显示模式；而 XML 关注的不是数据在浏览器中如何布局和显示，而是如何描述数据内容的组织和结构，以便数据在网络上进行交流和处理，即 XML 是用来存储数据的，重在数据本身。

XML 的主要特性如下：

（1）可扩展性。XML 是一种可用来"设计语言的语言"，由若干规则组成，这些规则可用于创建标记语言，并能用一种常常被称作分析程序的简明程序处理所有新创建的标记语言。XML 能增加结构和语义信息，可使计算机和服务器即时处理多种形式的信息。

（2）开放性。XML 的开放性主要表现为平台无关性，借助 XML，异构系统之间可以方便地进行信息交流。任何平台与应用程序都可以通过 XML 解释器使用编程的方法来载入一个 XML 的文档，当这个文档被载入以后，用户就可以通过 XML 文件对象模型来获取和操纵整个文档的信息。

（3）高效性。支持复用文档片断，使用者可以定义和使用自己的标签，也可与他人共享。XML 提供了一个独立的运用程序的方法来共享数据，应用程序可以使用标准的 DTD 来验证数据是否有效。XML 格式的数据文件既能通过网络传送到其他应用软件、对象或中间服务器做进一步的处理，亦可由浏览器进行浏览，它为灵活的分布式应用软件的开发提供了支持。

（4）国际化。标准国际化，且支持世界上大多数文字。新的编码标准支持世界上所有以主要语言编写的混合文本。

因此，XML 不仅能在不同的计算机系统之间交换信息，而且能跨国界和超越不同文化疆界交换信息。当前 XML 已经成为信息与数据交换的标准。

8.3.5　元数据与资源描述框架

互联网信息描述与交互技术以扩展标记语言 XML、资源描述框架 RDF、元数据 Metadata 为代表。

所谓元数据（Metadata），就是"描述数据的数据"或者"描述信息的信息"，是表征知识的一种特征数据。元数据是文档属性的扩展，用户可以根据特定需要自定义相关属性，基于此，可以将非结构的文档延伸至结构化的数据管理，从而使文档得以更有效地管理和更充分地应用。数据和元数据的划分不是绝对的，有些数据既可以作为数据处理，也可以作为元数据处理。例如一般说来，书的内容是书的数据，而作者的名字、出版社的地址或版权信息就是书的元数据，但也可以将作者的名字作为数据而不是元数据处理。

RDF（Resource Description Framework）是一种用于描述 Web 资源的标记语言，是一种处理元数据的 XML 应用。RDF 专门用于表达关于任何可在 Web 上被标识的事物的元数据，比如 Web 页面的标题、作者和修改时间。RDF 使用 XML 语法和 RDF Schema 来将元数据描述成为数据模型，并且为元数据之间的互操作提供支持。

8.3.6　文件聚类

将物理或抽象对象的集合分成由类似的对象组成的多个类的过程被称为聚类。由聚类所生成的簇是一组数据对象的集合，这些对象与同一个簇中的对象彼此相似，与其他簇中的对象相异。聚类的原理是将数据划分成一系列有意义的子集，通过不断使用迭代调整方法将记录分组到最近的子集聚类中，以展示相似、可预测的特征，使得子集之间的差别尽可能大，子集内的差别尽可能小。

聚类不同于分类。在分类模块中，对于目标数据库中存在哪些类是知道的，要做的就是将每条记录分别属于哪一类标记出来；而聚类所要划分的类是未知的，也就是在对目标数据库到底有多少类预先不知道的情况下，希望将所有的记录组成不

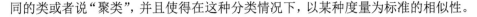

同的类或者说"聚类",并且使得在这种分类情况下,以某种度量为标准的相似性。

聚类分析计算方法可分为基于划分的方法、基于层次的方法、基于密度的方法、基于网格的方法和基于模型的方法等。

8.3.7 知识仓库

工程设计企业应对所获取的内部和外部知识进行分类、组织、编码、储存和维护,有针对性地建立三种知识库,来满足设计过程的需求。

(1) 设计资料库。设计资料库主要是设计企业中图书馆、情报室、资料室所收集和提供的知识。主要是各类设计规程、规范和图集,供设计作参考的各类出版物、期刊和其他各类资料。在组织该类知识库时,设计企业根据自身的特点,应遵循以下原则:常用资料应齐全,不常用的资料应提供快速获取途径,如网络图书馆等手段,确保设计师有足够的工作资源。

(2) 设计档案库。工程设计资料是设计信息的记录、积累和总结,既包括设计成品,也包括设计所依据的基础资料:既是设计成果的反映,也是设计过程与经验的反映。完整的设计资料是设计单位赖以生存、持续发展的资源。大量的案例是进行类比式学习的前提。使用得当,可极大减少重复劳动、提高生产率。

(3) 专家库。人才和经验是知识型企业的最宝贵资源,专家们的经历和经验、心得均属于一种隐性知识。建立专家地图,提炼专家经验,建立具有本企业特点的统一措施、操作程序和工作模式,既是一种企业的有效积累,更是对企业特有知识产权的保护。

8.3.8 文档管理

知识管理系统的文档管理系统管理企业的所有非结构化数据,包括新闻稿、产品说明书、设计资料、演示文档、工作报告以及技术资料等企业运营中产生的各种文档,同时系统还能将上述文档在目录中列出、打开和编辑。知识管理系统的文档管理要将原先由不同系统处理的各类文档集中在一个平台下统一管理。文档管理要具备文档外部特征的管理功能,能自动提取文档的外部特征,并允许按文档外部特征进行检索。常见的外部特征管理功能有版本管理、作者管理、签发管理以及调阅状况管理。文档管理还要具备关键词管理功能，运行使用者通过文档的关键词进行检索。

通过知识授权流程，不同等级的文档赋予不同权限的人查阅。每个知识针对不同的用户设有检索权、查看权和操作权。权限的设置由专人进行维护。如用户无法查看到知识的具体内容，则必须提出借阅申请，申请得到批准后才能在指定的时间内查看具体内容。随着时间的流逝，知识会作废或产生新的版本，如作业指导书、标准和规范等，充分达到"知识为我所用"的目的。

8.4 知识共享与转移的关键技术

知识共享与转移的关键技术包括互联网、web 2.0、群件、电子公告牌、博客与微博、维基、网摘、知识门户与专家黄页等。

8.4.1 互联网

互联网（Internet），音译为因特网，是网络与网络之间所串连成的庞大网络，这些网络以一组通用的协议相连，形成逻辑上的单一且巨大的全球化网络，在这个网络中有交换机、路由器等网络设备、各种不同的连接链路、种类繁多的服务器和数不尽的计算机、终端。使用互联网可以将信息瞬间发送到千里之外的人手中，它是信息社会的基础。

互联网始于 1969 年美国国防部的军用阿帕网 ARPAnet。1989 年，ARPAnet 解散，Internet 从军用转向民用。1995 年 10 月 24 日，美国联邦网络委员会（FNC）通过了一项决议，对因特网做出了这样的定义："因特网"是全球性信息系统，且满足①在逻辑上由一个以网际互联协议（IP）及其延伸的协议为基础的全球唯一的地址空间连接起来；②能够支持使用传输控制协议和国际互联协议（TCP/IP）及其延伸协议，或其他 IP 兼容协议的通信；③借助通信和相关基础设施公开或不公开地提供利用或获取高层次服务的机会。中国人首次使用 Internet 的标志是 1987 年 9 月，钱教授通过中国学术网 CANET 向世界发出第一封 E-mail。中国作为第 71 个国家级网加入 Internet 是在 1994 年 5 月，以"中科院—北大—清华"为核心的"中国国家计算机网络设施"（The National Computing and Network Facility of China，简称 NCFC）与 Internet 联通，标志着我国正式进入 Internet。

互联网提供的基本服务有：

（1）万维网服务。万维网（World Wide Web，WWW）是 Internet 上集文本、声音、图像、视频等多媒体信息于一身的全球信息资源网络，是 Internet 上的重要组成部分。浏览器(Browser)是用户通向 WWW 的桥梁和获取 WWW 信息的窗口，通过浏览器，用户可以在浩瀚的 Internet 海洋中漫游，搜索和浏览自己感兴趣的所有信息。WWW 的网页文件是超文件标记语言 HTML（Hyper Text Markup Language）编写，并在超文件传输协议 HTTP（Hype Text Transmission Protocol）支持下运行的。超文本中不仅含有文本信息，还包括图形、声音、图像和视频等多媒体信息（故超文本又称超媒体），更重要的是超文本中隐含着指向其他超文本的链接，这种链接称为超链（Hyper Links）。利用超文本，用户能轻松地从一个网页链接到其他相关内容的网页上，而不必关心这些网页分散在何处的主机中。

（2）电子邮件服务。电子邮件(E-mail)是 Internet 上使用最广泛的一种服务。用户只要能与 Internet 连接，具有能收发电子邮件的程序及个人的 E-mail 地址，就可以与 Internet 上具有 E-mail 的所有用户方便、快速、经济地交换电子邮件，可以在两个用户间交换，也可以向多个用户发送同一封邮件，或将收到的邮件转发给其他用户。电子邮件中除文本外，还可包含声音、图像和应用程序等各类计算机文件。

（3）文件传输服务。文本传输服务（File Transfer Protocol，FTP）是 Internet 中最早提供的服务功能之一，现在仍然在广泛使用。FTP 协议是 Internet 上文件传输的基础，通常所说的 FTP 是基于该协议的一种服务。FTP 文件传输服务允许 Internet 上的用户将一台计算机上的文件传输到另一台上，几乎所有类型的文件，包括文本文件、二进制可执行文件、声音文件、图像文件、数据压缩文件等，都可以用 FTP 传送。FTP 实际上是一套文件传输服务软件，它以文件传输为界面，使用简单的 get 或 put 命令进行文件的下载或上传，如同在 Internet 上执行文件复制命令一样。大多数 FTP 服务器主机都采用 Unix 操作系统，但普通用户通过 Windows 系统也能方便地使用 FTP。

（4）电子公告牌服务。电子公告牌服务（Bulletin Board Service，BBS）是 Internet 上的一种电子信息服务系统。它是当代很受欢迎的个人和团体交流手段。如今，BBS 已经形成了一种独特的网上文化。网友们可以通过 BBS 自由地表达他们的思想、观念。BBS 实际上也是一种网站，从技术角度讲，电子公告牌实际上是在分布式信息处理系统中，在网络的某台计算机中设置的一个公共信息存储区。任何合法用户都可以通过 Internet 或局域网在这个存储区中存取信息。早期的 BBS 仅能提供纯文本的论坛服务，BBS 还可以提供电子邮件、FTP 和新闻组等服务。BBS 按不同的主题分为多个栏目，栏目的划分依据大多数 BBS 使用者的需求、喜好而设立。BBS 的使用权限分为浏览、发帖子、发邮件、发送文件和聊天等。

8.4.2 Web 2.0

对于用户而言，Web 1.0 时代的互联网仅是一个向人们提供资料阅读和下载的平台。各个网站主要以点击率为基础，通过"新闻+广告"的形式盈利或开展相关的增值服务。用户在 Web1.0 时代里是一个模糊的群体代名词。

2004 年由 O'Reilly 提出的 Web 2.0 概念引爆了互联网的变革，将原来自上而下的少数资源控制者集中控制主导的互联网体系，转变为自下而上的由广大用户集体智慧和力量主导的互联网体系。到 2006 年 2 月，我国有 70%以上的用户不了解 Web 2.0 的概念，但对于 Web 2.0 的一些具体应用，如博客、RSS、社区网络等，分别有 71.9%，34.4%，14.2%的用户使用过[①]，更多的人熟悉 QQ、微信、微博等 Web 2.0 技术，可见 Web 2.0 发展之迅速。

Web2.0 时代的核心理念就是个性化、自组织，强调以人为中心的信息传递方式，用户根据自身使用网络信息的习惯、偏好和需求来选择性地实现个性化的信息组织，实现网络信息的自行组织。如 BLOG 开辟了全民传播的时代，SNS（社区网络）让人们可以通过网络更加真实地扩展自己的人脉，RSS 统一了信息发布渠道，改变了人们传统的阅读互联网信息的方式，Tag 实现了用户对信息的自由分类，方便了互联网的信息组织，Wiki 开创了人们协同工作的新方式，增强了信息的交流与

---

① 中国互联网协会.2005-2006 中国 Web2.0 现状与趋势调查报告[R].2006

共享。

知识管理的核心是知识共享，共享的内容除了知识文档外，还包括知识工作者共享自己的见解、观点和判断，这是知识共享中很重要的部分，web2.0 技术的出现就使这部分知识内容的共享很容易实现。知识管理与 web2.0 的融合，能为组织内部的知识管理平台提供广泛而强大的知识来源支撑；构建管理简单、方便易用的知识库以利于知识积累。个人门户引入 Blog、Tag 等 Web2.0 技术，突破了传统知识管理的功能模式，满足组织内部的知识共享和管理需求。

Web 2.0 技术在一定程度上为广大网民（个人或群组）提供了知识沉淀、共享、学习、应用和创新的平台，成为个人知识管理的有力工具，促进了知识的社会共享。而在企业进行知识管理的建设过程中，也需要考虑员工的知识管理，激发个体分享经验和知识的动机，将组织和个人知识管理有机地结合和协调一致，则能够更好地促进企业的知识管理建设。但同时也必须清醒地认识到过度的个人知识管理应用将可能阻碍企业的知识管理建设。

Web 2.0 在企业知识管理中值得借鉴之处包括：

（1）利用 Blog 实现个人知识的管理，激发员工的表现欲望，将员工的个人知识有效沉淀出来，通过 Tag 技术建立知识分类体系，逐步构造出一定程度的全员知识分类体系。在此基础上利用知识沉淀工具将一些好的知识统一沉淀到企业知识库中。

（2）利用 SNS 技术可以辅助建立企业专家网络系统，拓展专家网络的范围。

（3）利用 RSS 技术可以改变通常知识管理的"拉"模式（即使用者主动通过工具去获取所需的知识）为"推"模式（根据使用者需求或特点，系统自动将所需知识通知使用者），这样可减少使用者查询或搜索知识的时间，让知识主动服务于员工。

（4）利用 Wiki 技术可以加强企业知识创新能力，员工针对某一问题、企业现象等利用 Wiki 构建虚拟团队，打破行政组织、地区、时间的界限，激励员工自发地解决企业中的各种问题，使知识得到不断的创新、传播。

（5）网摘（Social Bookmarks）的功能类似于知识管理通用收藏机制，通过该功能可以逐步形成员工的个人知识管理体系，更方便进行个人知识管理，从而促进企业知识管理的推进与发展。因为很多人可能都有过这样的情况：几天前甚至几个小时前看到的觉得有价值的信息和知识，现在再找的时候却不知道到了哪里，还需要花费大量时间寻找，浪费了时间。通过收藏，自己可以设置多个纬度的分类（tag），自己可以写自己的评论，这样下次再用的时候可以方便地找到。

（6）爱问是一种非常有效的管理隐性知识的方法，借助爱问的设计思想，可以帮助企业打造专家网络，当员工在工作中遇到问题时通过这种方式就可以及时得到其他同事的帮助，同时通过积分机制又可体现员工的自身价值，激发员工分享经验、分享知识，形成良好的文化氛围，而且可以有效打破地域、时间、是否认识的限制，降低企业、员工解决问题的成本，提高解决问题的及时性。

Web2.0 有助于企业营造良好的文化氛围、促进知识管理的应用，但企业也必须能够保证正常的运营，因此在运用这些技术的同时，需要构建统一的管理平台，企业能够适度地引导、管理和控制这些应用的发展，做到既促进企业知识管理的推进，又保护员工的主动性、积极性。

8.4.3　群件

群件（GroupWare）是指以计算机网络技术为基础，以交流（Communication）、协调（Coordination）、合作（Collaboration）及信息共享（Information Sharing）为目标，支持群体协同工作需要的应用软件。

群件是知识共享与转移的重要方式，是典型的知识管理软件工具。常见的异步通信的群件有电子邮件、网络论坛、电子公告牌等，常见的同步通信的群件有视频会议、即时通讯、微信、语音视频聊天等，常见的自媒体发布的群件有博客、微博、百科、维基、微信公众号等。

8.4.4　电子公告牌

电子公告牌（Bulletin Board System，BBS），国内一般称为"论坛"（Forum）。BBS 是一种电子信息服务系统，它向用户提供了一块公共电子白板，提供了一种简单方便的交流方式。每个用户都可以在上面发布信息、提出看法或交换软件和信息。

国家标准 GB/T 23703.2-2010 定义 BBS 为一种提供在线讨论的程序，拥有数据上传或下载、消息发布与阅读、与其他用户交换消息等功能。早期的 BBS 由教育机构或研究机构管理，现在多数网站上都建立了自己的 BBS 系统，供网民通过网络来结交更多的朋友，表达更多的想法。随着网络的普及和发展，BBS 早已由原来单纯的信息交流平台转化成了一种新兴媒体——网络媒体。

BBS 大致可以分为如下 5 类：

（1）校园 BBS。CERNET 建立以来，校园 BBS 很快地发展了起来，目前很多大学都有了 BBS，几乎遍及全国上下。大多数 BBS 是由各校的网络中心建立的，如清华大学、北京大学等等都建立了自己的 BBS 系统，也有私人性质的 BBS。

（2）商业 BBS。这里主要是进行有关商业的商业宣传、产品推荐等等，目前手机的商业站、电脑的商业站、房地产的商业站比比皆是。

（3）专业 BBS。这里所说的专业 BBS 是指政府和企业内部的 BBS，它主要用于建立地域性的文件传输和信息发布系统。

（4）情感 BBS。主要用于交流情感，是许多娱乐网站的首选。

（5）个人 BBS。有些个人主页的制作者们在自己的个人主页上建设了 BBS，用于接受别人的想法，更有利于与好友进行沟通。

BBS 是知识共享与传播的重要方式。工程设计企业可以建立各设计专业的技术论坛，或专家论坛，或青年论坛。在讨论版的基础上，定期将其中的知识聚类、分析后，充实到精华版，长此以往，精华版就是一个非常好的知识社群。

8.4.5　博客与微博

博客 BLOG 发展到今天，已经不仅仅是一种写作方式，作为一种新的生活方式、工作方式、学习方式和交流方式，"博客"已经被越来越多的人所接受并使用。博客现象可以说是近年来互联网文化领域一个常见的现象。

1. BLOG 的概念与功能

BLOG 是组合词 weblog 的简写，原意为"网络日志"，后音译为"博客"，被认为是继 E-mail、BBS 和 ICQ 之后出现的第四种网络交流方式。BLOG 是一种基于 Web 的、提供用户以日志方式发布的个人网页，是个人在网上展现自己、与别人沟通或交流的工具。中国国家标准 GB/T 23703.2-2010 定义博客是一种由个人管理、不定期发布个人的日志、文章、图片或视频等的网站。BLOG 多由专业网站提供，个人可免费申请。Blogger 是博客的主人，简称"博主"。BLOG 的主体内容由博主不断更新的、按时间倒序排列的帖子组成，网友可以浏览，也可以对帖子发表评论。帖子常被称为"博文"，博文的内容无所不包，完全个性化，大多为博主在互联网上记录并发表的自己的所见所闻所思所想，或者转载他人的博文。

BLOG 具有"写、录、思、享、品、学"的功能。"写"：博主记录自己看到、听到或想到的信息；"录"：博主摘录互联网上的有价值信息到 BLOG；"思"：博文不像 ICQ 那样随便，博文常常相对完整，需要经过思考提炼，或者在与他人的分享和交流中引发更多思考；"享"：博文可以出版或网上发布，志同者可参考，也可发表评论，参加讨论；"品"：学习者还可以在阅读自己的 Blog 过程中复习或品味自己过去所写的内容，修正自己理解的误差，从而产生更多的体验和感受；"学"：博主可通过博客相互学习。

2. BLOG 的特点

（1）零技术和零成本。BLOG 像是简化了的个人主页。只需几分钟时间就可以申请到一个属于自己的 Blog 空间，并方便地发表观点或评论，快速建立起自己的网络形象。同时，用户无需学习任何计算机技术，无需租用域名或了解复杂的站点维护技术，因为"只要会上网打字，就会 BLOG"。

（2）开放性和私有性。BLOG 是一种更加灵活、更为个性化的知识共享和交流形式，既可面向全体互联网用户开放，也可指定私有或仅好友可见。BLOG 集原创文章、链接评价、网友回复于一体，其制作的日志更加仔细和周详，其单个文本的丰富性、论题的拓展空间都超过了 BBS 的帖子。个人网站缺乏公共性，BBS 太具有公共性，Blog 则是两者的完美结合：以最具公众性的形式表达最具个人化的内容。

（3）交互性。博主们发表在博客上的博文，随时可能有不同的网友给予评论，博主也可以回复这些评论。博主与网友的思想在此进行交流、沟通、碰撞，大家在问题讨论的过程中能够充分自由进行表达。从这个角度来看，其不仅是信息共享，甚至达到思想共享的高度。

（4）可订阅和易管理。BLOG 系统能够自动生成站点的汇总提要 RSS，博友可以通过浏览器或专门阅读软件订阅自己感兴趣的博文，当博文更新时，博友无需登录到博主的 Blog 站点即可通过浏览器自动获取相关博文进行阅读。BLOG 易于管理，每个博主均可以方便地定制 BLOG 主页的风格、栏目结构。

与其他传统的知识管理工具不同，博客更注重其内容所体现的意义，在记叙的过程中体现隐性知识，类似于故事方式的描述往往更能展现深刻的哲理，而这种文章也更受读者欢迎。

微博（Micro BLOG）是 BLOG 的特殊形式，二者最大的不同是前者的单条信息内容不超过 140 个汉字。微博也是一个基于用户关系的信息分享、传播以及获取平台，用户可以通过 WEB、WAP 以及各种客户端上传信息并实现即时分享，真正标志着个人互联网时代的到来。最早也是最著名的微博是美国的 twitter。2009 年 8 月"新浪微博"是中国第一家提供微博服务的网站，微博由此正式进入中国并迅速流行起来，微博已经成为大多数人上网的一个动力，同时成为大家互相交流和发布重要信息的重要渠道。

微博具有如下三大特性：

（1）便捷性：微博广泛分布在桌面、网络、移动终端等多个平台上，140 字的限制导致大量原创内容爆发性地被生产出来。博客的出现已经将互联网上的社会化媒体推进了一大步，然而，博文的创作需要考虑完整的逻辑和表达，久之成为负担。而微博的即兴表达则为网友找到了随心所欲展示自己的舞台。

（2）背对脸：与博客上面对面的互动不同，微型博客上是背对脸的，即并不需要主动和背后的人交流。这样，网友们更愿意表达真实的自己。

（3）原创性：演绎实时现场的魅力。微博的即时通讯功能非常强大，通过手机也可即时更新自己的内容，其实时性、现场感以及快捷性，甚至超过所有媒体。

企业中，创造知识的人大部分来自于一线员工，即企业的草根族，他们对具体业务的熟悉程度、市场的变化情况、业务的进展状况等都很熟悉，最重要的是他们的亲身体会对于企业来说是一笔重要的财富，所以通过企业微博的方式让大家随时记录和发表亲身感受比事后总结要及时和准确得多，而且还不会遗漏关键信息。企业知识管理系统中隐性知识的发掘共享或许可以借鉴微博的模式。

8.4.6　维基

Wiki 一词来源于夏威夷语的"wee kee wee kee"，发音 wiki，原本是"快点快点"的意思，被译为"维基"或"维客"，是一种多人协作的写作工具。中国国家标准 GB/T 23703.2-2010 定义维基为一种超文本的人类知识网络系统，支持面向社区的协作式写作，同时包括一组支持这种写作的辅助工具。Wiki 站点可以有多人（甚至任何访问者）维护，每个人都可以发表自己的意见，或者对共同的主题进行扩展或者探讨。Wiki 是一种内容的创建、更新、监控、审查和档案管理都非常自由开放，同时遵循一定技术规则和文化的网站，或者说这是一种任何人都可以上去新增、修改、删除网页的网站。

Wiki 系统属于一种人类知识网格系统，我们可以在 Web 的基础上对 Wiki 文本进行浏览、创建和更改，而且创建、更改和发布的代价远比 HTML 文本小；同时 Wiki 系统还支持面向社群的协作式写作，为协作式写作提供必要帮助；最后，Wiki 的写作者自然构成了一个社群，Wiki 系统为这个社群提供简单的交流工具。与其他超文本系统相比，Wiki 有使用方便及开放的特点，所以 Wiki 系统可以帮助我们在一个社群内共享某领域的知识。

Wiki 最主要的目的是通过调动人的历史使命感和责任感完成知识的沉淀和积累，由于 wiki 可以调动员工的群体智慧参与网络创造和互动，因此它是知识共享和获取的一种典型创新形式。

8.4.7　网摘

Social Bookmarks（网摘）是一种服务，是一种收藏、分类、排序和分享互联网信息资源的方式。使用它存储网址和相关信息列表，使用标签（TAG）对网址进行索引使网址资源有序分类和索引，使网址及相关信息的社会性分享成为可能。中国国家标准 GB/T 23703.2-2010 定义标签 TAG 为不依赖于固定分类，通过用户针对内容添加简短描述，以方便搜索的分类。在分享的人为参与的过程中对网址的价值给予评估，通过群体的参与使人们挖掘有效信息的成本得到控制，通过知识分类机制使具有相同兴趣的用户更容易彼此分享信息和进行交流，网摘站点呈现出一种以知识分类的社群的景象。

随着互联网上信息的逐渐增多，用户迫切地需要对个人知识库进行管理。由于网摘是基于知识管理、分享、发掘的角度进行设计的，所以它很好地解决了上面提出的各个问题。

①从个体角度看，网摘为用户提供了真正的知识管理机制，新概念的融入使网摘可以按用户意愿将用户信息打理成个人知识体系。

②从分享角度看，网摘使依照同一标准建立的彼此联结的个人知识库可以方便地进行信息共享。从信息挖掘的角度看，网摘将所包含的全部个人知识库整理成大知识库，使互联网用户在其中方便地以各种方式进行索引挖掘信息。

③从社会元素看，个体知识库可以自由组建自己的知识获取、交流网络，网摘提供了一种基于知识分类的社交场所。

8.4.8　知识门户与专家黄页

企业知识门户（Enterprise Knowledge Portal，EKP）就是汇集企业员工日常工作所涉及相关主题内容的一个入口，员工可以通过它方便地了解今天的新消息、今天的工作内容、完成这些工作所需要的知识等。知识门户为各种知识源提供单一入口的基于网络的应用，非常适合在企业所有级别之间传递知识。通过知识门户，任何员工都能实时地与工作团队中的其他成员取得联系、寻找到能够提供帮助的专家或者快速连接到相关的其他门户，以得到他所需的全部知识。

通过企业知识门户可实现角色、场景、功能和知识的集成。

（1）角色（Who）。包括企业内部各个层面的人员如领导、中层和员工，以及外部人员包括客户、伙伴和外部专家等。

（2）场景（Where）：按照不同角色的需求，实现可定制的个性化门户，如专业门户、个人门户等，并实现单点登录方式。

（3）功能（How）：调用来自不同系统中的功能，如知识管理、信息系统、协同工作、信息发布与订阅、知识社区、流程集成和信息集成与商业智能等,实现丰富的门户应用。

(4)知识(What):获取、挖掘和利用信息系统搜集的结构化数据、文档类的非结构化显性知识和经验类的非结构化隐性知识等三大类知识。

总之,企业知识门户可实现信息集成、知识分类、个性化展示和系统资源管理的集成,实现纵向的企业内部的协同应用和横向的企业间协同应用。

8.5 知识应用与创新的关键技术

知识应用与创新的关键技术包括实践社区、网上培训与电子学习、知识社团、工作流等。

8.5.1 实践社区

实践社区(Community of Practice,CoP)是将对某一特定知识领域感兴趣的人联系在一起的网络。他们自愿组织起来,围绕这一知识领域共同工作和学习,并共同分享和发展这类知识。很多企业的知识管理都以企业内部员工业务经验交流和培训学习起步,包括埃森哲、麦肯锡、安永等众多国外知名公司,以有效的人际交流网络和人员知识交流与传播构筑企业强大的隐性知识库,用以支撑公司业务、提升员工能力。一个有效的实践社区的建立,需要经过多年精心的培育,包括员工的知识共享文化、知识交流的积累、业务支撑的良性循环等。

瑞士人温格(Etienne Wenger)发明了"实践社区"一词,并将它定义为"关注某一个主题,并对这一主题都怀有热情的一群人,他们通过持续的互相沟通和交流增加自己在此领域的知识和技能"。他认为学习是一项社会化的活动,人们在群体中能最为有效地学习。他还认为实践社区的定义有如下三种方式[①]:

(1)领域。人们围绕知识领域进行组织,领域知识关联相关人员并把他们聚集在一起。成员认同该领域的知识和共同承担可能引发的共同理解他们的各类情况。

---

① Verna Allee. Knowledge Networks & Communities of Practice. Originally published OD Practitioner, Fall-Winter 2000:5

（2）社区。人作为一个群体，通过功能的相互关系，绑在一起成为一个社区单位。他们定期参与互动，建立关系的联合活动和信任。

（3）实践。人们积极主动参与学习或与其他人的互动，体现了知识的积累的社区。

Verna Allee 认为知识不能脱离社区的创建、使用、改变，实践社区是人们的主要知识来源之一。所有工作类型的知识，即使是非常有益的技术，人们也需要与他人对话、实践和共享经验。

施乐副总裁 John Brown[①]的定义是，实践社区应与实际工作同时进行，而且把社区人们聚在一起有一个共同的目的，即了解彼此所知知识的真实需要。

实践社区因其特点不同而种类各异：一些社区可以存在好几年的时间，而一些社区为特定目标而成立，一旦目标达成就会解散；一些社区很小，成员都集中在一个区域，而一些以"虚拟社区"的形式存在，成员分散在不同的地理位置，主要通过电话、电子邮件、在线讨论和可视会议等联系和交流。例如当多个项目团队从事类似工作需要分享他们所知道的东西时往往会导致社区的形成。

实践社区与传统的团队或工作组的概念有以下一些基本的差异[②]：团队和工作组是在强制性的管理机制之下形成的，而实践社区的成员是自愿参与的；团队和工作组是针对某一具体的目标和活动成立的，而实践社区的目标是概括性的和变化的；团队和工作组需要产出切实的结果，而实践社区并没有这种要求；团队和工作组一旦达到目标就会解散或改组，而实践社区可以随成员的意愿一直存续下去。

创建实践社区时要考虑定义社区的知识范围、确定社区成员、识别共同的需求和兴趣、清楚社区的目的和价值等要素，并通过保持社区成员的兴趣和参与度、保持社区的成长、发展社区知识、使社区为组织增加价值等方式持续发展和维护社区。对一个组织的知识管理来说，如何使这些社区为创造和共享组织知识做出积极贡献才是真正的挑战所在。

---

① Brown, J. and Isaacs, D., "Asking Big Questions," The Dance of Change, ed., Senge, P., Kleiner, A., Roberts, C., Ross, R., Roth, G., and Smith, B., Doubleday, 1999

② 袁玲. 打开知识管理工具箱：工具和技巧的集合（连载之二：实践社区）[EB/OL].2005

8.5.2　电子学习

e-Learning（Electronic Learning）的常见翻译有电子（化）学习、数字（化）学习、网络（化）学习、在线学习等。不同的译法代表了不同的观点：一是强调基于因特网的学习；二是强调电子化；三是强调在 e-Learning 中要把数字化内容与网络资源结合起来。三者强调的都是数字技术，强调用技术来对教育的实施过程发挥引导作用和进行改造。网络学习环境含有大量数据、档案资料、程序、教学软件、兴趣讨论组、新闻组等学习资源，形成了一个高度综合集成的资源库。

1997 年 JayCross 首先提出 e-Learning 这一概念，他认为 e-Learning 是使用 IT 技术和网络，使学习自主权由企业转移到个人的活动。美国培训与发展协会（ASTD）定义 e-Learning 为由网络电子技术支撑或主导实施的教学内容或学习体验。Cisco 则认为 e-Learning 不仅仅是 e-Training，它包括教育、信息、通讯、培训、知识管理和绩效管理，e-Learning 是基于 web 的系统，使得人们在任何时间和地点在需要时都可访问信息和知识。中国国家标准 GB/T 23703.2-2010 定义 e-Learning 为一种基于网络的、不用面对面交互的远距离教学技术。

e-Learning 是指通过网络或其他数字化内容进行学习与教学的活动，它充分利用现代信息技术所提供的、具有全新沟通机制与丰富资源的学习环境，实现一种全新的学习方式，这种学习方式将改变传统教学中教师的作用和师生之间的关系，从而根本改变教学结构性质。美国 92%的大型企业已经或开始采用在线学习，其中 60%的企业已经将 e-Learning 作为企业实施培训的主要辅助工具。

e-Learning 为组织带来的好处主要体现在两个方面。首先，e-Learning 作为一种新的教育培训方式，可应用于组织内部的教育培训中。直接的价值体现在降低培训成本、缩短培训周期、提高培训效果等方面；其次，近年来，由 e-Learning 发展而来的学习管理系统 LMS 功能越来越完善，已不局限于仅仅管理 e-Learning 形式的课程，实现了对组织中一切学习资源和学习活动的管理，并与组织的绩效管理、目标管理、人力资源管理等系统紧密结合在一起,形成完善的人才发展与管理体系。组织实施 e-Learning 成功与否的关键在于如何协调短期价值与长期价值，使 e-Learning 的价值发挥至最大。如表 8-1 所示：

表 8-1　e-Learning 的短期价值与长期价值

	短期价值	长期价值
e-Learning 涵义	学习形式的改变	学习管理的改变
驱动因素	·降低培训成本 ·提高培训效率 ·提升培训效果 ·实现随时随地学习	·学习与绩效结合 ·学习与职业发展规划结合 ·学习基于能力模型，促进能力提升 ·学习与组织目标紧密关联
应用领域	部门级（教育培训部门）	企业级（整个组织）
学习模式	被动培训	主动学习
系统方式	网络培训系统	学习管理系统
价值层次	战术级	战略级

Jay Cross 认为 e-Learning 不是 e 重要，而是 Learning 重要，而 Doing 又比 Learning 更重要。在企业中实施 e-learning，并不是简单地购买平台和发布课程，而要和企业内部的各种资源相互协调融合，促进企业的进步和发展。所以实施 e-Learning 是一个系统的、科学的过程，应包括以下六个关键要素：e-Learning 实施是"一把手"工程；明确 e-Learning 引进定位；确保基础设施的正常运行；课程内容呈现方式要多样化；注重课堂培训与在线培训的相互结合；对培训效果要进行测评和跟踪反馈。

8.5.3　知识社团

知识社团是由一群专业工作者所组成的正式或非正式的团体，社团因为共同的兴趣或目标而结合在一起。企业设立知识社团，知识社团中的员工不断创造及分享，集成彼此共同的知识，从而大大激发员工的参与感。

Verna Allee 认为知识是一种社会现象，人们通过经验、应用和与同事交流学习，人们处于社团实践爆发和知识网络的边缘，CKO 越来越关注建立知识社团[①]。任何智能系统都无法取代员工在知识转移与创新中的角色。知识社团就是提供给员工进

---

① Verna Allee. e-Learning is Not Knowledge Management / Linezine[EB/OL]. August 2000. http://www.linezine.com/2.1/features/vaenkm.htm

行知识交流的一种方式。

8.5.4　工作流

工作流是全部或者部分由计算机支持或自动处理的业务过程。工作流管理系统是这样的一个系统：详细定义、管理并执行工作流，系统通过运行一些软件来执行工作流，这些软件的执行顺序由工作流逻辑的计算机表示形式驱动[①]。

工作流管理系统对一个积极提高竞争优势、客户服务质量、生产率和标准符合度的组织来说是一个关键的工具。一个工作流系统由一套应用软件和工具组成，这些应用软件和工具考虑了与工作流（业务流程）相关的各种活动的定义、创造和管理。

几十年以前，工作以传统方式来执行：工作项目从一个参与者或工人手里传到下一个手里。业务流程由其参与者协调和管理，因为他们自己就知道这些规则。随着工作流系统的引入，流程本身变得自动化，系统则对与流程相关的任务的安排和执行负责。工作流就是业务流程的计算机化或自动化。

8.5.5　个人知识管理

个人知识管理（PKM）旨在帮助个人提升工作效率，整合自己的信息资源，提高个人的竞争力。通过个人知识管理，让个人拥有的各种资料、随手可得的信息变成具有更多价值的知识，从而最终利于自己的工作、生活。其实，在每个人的工作、学习生活中都已经有了知识管理的影子，我们如果能在日常的工作中更加有意识地对个人知识进行管理，那么 PKM 的实行会更顺利。

个人知识管理的原则：

- 简单有效：易于实施和推广才可能真正发挥效果；
- 经济原则：不需要过多额外的原则；
- 集中和分散：虽然信息的来源和入口多种多样，但个人的期望是从一个平台上可以关注到所有的信息。

---

① David Hollingsworth.The Workflow Reference Model[S]. Workflow Management Coalition,1995.1:6

个人知识管理的内容：

- 人际交往资源（如联系人的通讯录、每个人的特点与特长等）；

- 通讯管理（书信、电子信件与商业智能传真等）；

- 个人时间管理工具（事务提醒、待办事宜与商业智能个人备忘录）；

- 网络资源管理（网站管理与连接）；

- 文件档案管理。

知识掌握的三个阶段：

- 我知道：在这个阶段一般掌握的都是理论知识（显性知识）；

- 我会用：在这个阶段会积累一些经验和教训（隐性知识）；

- 灵活运用：对知识不仅会用，而且可以根据不同情况灵活运用，将知识的运用做到游刃有余。

第三篇　实　践　篇

知识创造价值

第九章　工程设计企业的信息化体系

既然知识管理建设是一项复杂的人机系统,涉及技术、组织、文化以及管理学、心理学、工学等多学科,而知识管理系统是在已有系统之上构建,即"系统的系统",要考虑系统之间的集成,以实现知识的"推拉"流动。因此,有必要对工程设计企业的信息化体系进行分析和探讨[①],以便于从系统工程的角度整体规划、分步实施知识管理系统的建设。

9.1　IT 治理

美国 IT 治理协会认为 IT 治理是一种引导和控制企业各种关系和流程的结构,这种结构安排,旨在通过平衡信息技术及其流程中的风险和收益,增加价值,以实现企业目标。

麻省学者维尔认为[②],IT 治理就是为鼓励 IT 应用的期望行为而明确的决策权归属和责任担当框架。他们认为是行为而不是战略创造价值,任何战略的实施都要落实到具体的行为上。从 IT 中获得最大的价值,取决于在 IT 应用上产生期望的行为。期望行为是组织信念和文化的具体体现,它们的确定和颁布不仅基于战略,而且基于公司的价值纲要、使命纲要、业务规则、约定的行为习惯以及结构等。在每一家公司里,期望行为都各不相同。

综上,IT 治理就是要明确有关 IT 决策权的归属机制和有关 IT 责任的承担机制,以鼓励 IT 应用的期望行为的产生,以联接战略目标、业务目标和 IT 目标,从而使企业从 IT 中获得最大的价值。

本书讨论的 IT 治理内容包括信息化建设目标、信息化治理机构和信息化项目管理模式等。

---

① 本书及本章的写作主要基于学术研究的角度进行原理性研究与探索,不与任何组织或企业的真实情况直接匹配。
② [美]彼得·维尔和珍妮·罗斯,IT 治理——流绩效企业的 IT 治理之道[M].北京:商务印书馆,2005

9.1.1 信息化建设目标

按照"精细化设计、精益化管理"的总体要求，构建流程优化、方便实用、技术先进、覆盖全部主营业务的信息化应用体系，即围绕工程的设计（E）、采购（P）、建设（C），以数字化协同设计平台为基础，以工程项目管理为主线，贯彻"设计手段智能化、管理流程标准化、项目管理精益化、产品交付数字化"的具体要求，实现资金流、业务流、信息流、物流的高效整合，实现企业各类资源的优化配置，实现工程全过程精细设计、精益管理、精确建造和数字化交付，实现信息化总体应用水平达到行业领先，从而有效提高企业的生产管理效率与综合效益，切实增强企业核心竞争力，全面确保企业可持续发展。

9.1.2 信息化治理机构

企业应建立适应实际情况和未来信息化建设需要的治理机构。建立和完善信息化决策机构、实施机构、管理部门和专业指导机构，明确各相关机构的定位和具体职责，确保信息化工作扎实稳妥开展。信息化治理机构的重要特征是"双向融合"。"双向融合"是指信息化部门和业务部门之间的相互配合、相互支持（图 9.1）。

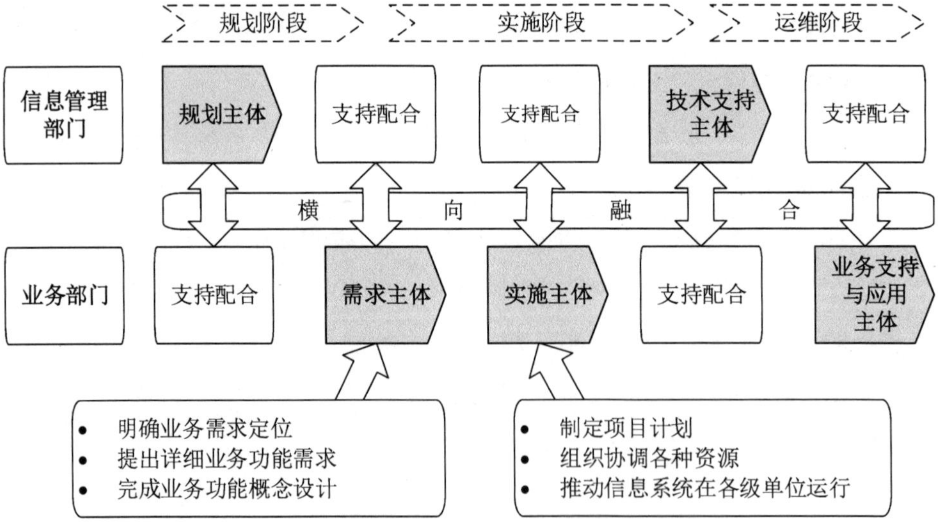

图 9.1 "双向融合"的企业信息化治理机构

信息化是一项系统工程，信息管理部门和业务管理部门间的相互支持和配合对于信息化建设的成功至关重要。在信息化建设过程中，信息化部门是规划主体和技术支持主体；业务部门是需求主体、实施主体和业务支持主体。在明确责任的前提下，信息化部门和业务部门要紧密合作，共同努力，齐心合力推进信息化建设。

9.1.3 生产力与生产关系的企业信息化

马克思和恩格斯认为生产力是具有劳动能力的人和生产资料相结合而形成的改造自然的能力；生产关系是人们在物质资料的生产过程中形成的社会关系。通俗地理解，生产力就是人实际进行生产活动的能力，是劳动产出的能力，是具体劳动的生产力；生产关系是劳动者在物质文明和精神文明产品生产创造过程中，形成的劳动互助、合作关系。

作者认为，生产力与生产关系在工程设计企业有各自独特的具体表现方式，从信息化角度看，生产力与生产关系在对象、目的、目标、手段和内涵等方面也有所不同，分析如表 9-1 所示：

表 9-1 生产力与生产关系在企业信息化中的不同表现

	信息化促进 工程设计企业的生产力	信息化促进 工程设计企业的生产关系
对象	业务能力	管理能力
目的	工程信息化/业务信息化	管理信息化
目标	直接提升工程设计人员的设计能力	协调规范设计人员之间的协同工作关系
手段	以三维为核心的各类数字化设计软件，是员工的"生产工具"。 简称 CAD	各类管理信息系统、沟通平台等。 简称 MIS
内涵	既然生产力的先进性是由生产工具决定的，因此，各类数字化设计软件的先进性和员工的掌控能力体现了人们改造世界的能力，直接代表了工程设计企业的生产力先进性水平。	与先进的生产力相适应，各类管理信息系统体现了物质生产过程中人们之间的社会关系的处理能力，直接代表了工程设计企业的生产关系的先进性水平。

9.1.4 信息化项目管理模式

所谓项目管理，是指项目的管理者，在有限的资源约束下，运用系统的观点、方法和理论，对项目涉及的全部工作进行有效的管理。即从项目的投资决策开始到项目结束的全过程进行计划、组织、指挥、协调、控制和评价，以实现项目的目标。项目管理分为三大类：工程项目管理、投资项目管理、信息项目管理（也称为信息化项目管理、IT 项目管理）。

结合信息化特点与规律，充分发挥项目管理的成熟理论、实践、方法和技术，创新信息化项目管理模式，以实现信息化成功建设，是当今信息化建设行之有效的方法。但信息化建设项目与工程和投资项目相比，有如下特点或不同[①]：

（1）信息化项目概念新、技术新、更新换代快。信息化项目尚未形成像工业化工程那样的一系列成熟的工程规范和标准，使项目的设计、实施、运维各环节的难度和不确定性大大增加。

（2）信息化项目是创新工程、虚拟性强。信息化项目主要以无形的智力产品为项目目标，传统项目以有形的建筑物为目标；前者的实质是"创新和知识转移"，后者的实质是"资源消耗"。

（3）信息化项目是与"人"打交道的工程。信息系统处理的数据信息知识都涉及人，人的角色、权利、利益的变化和相应组织行为将关系到项目成败，面临的矛盾、冲突和阻力远远大于工程项目。

（4）信息化项目实施过程复杂。属于当前最复杂的工程项目。

（5）信息系统建设特别需要沟通协调。需要多单位多部门多角色协同工作，需要业务人员和信息人员紧密合作，需要科学高效的项目管理和强有力的组织协调。

（6）信息系统建设项目不是交钥匙工程（有始无终）。项目成败与相关业务方参与程度密切相关。

信息化项目管理的组织机制是：在信息化领导小组的领导下，信息化管理部门综合协调，业务部门和信息部门联合组建项目组，具体实施信息化项目建设，需要

---

① 国务院国资委信息化办公室编.中央企业信息化工作 100 问[M].北京：中国经济出版社，2015

时可引入信息化专家委员会或实施伙伴提供咨询、实施与监理服务。

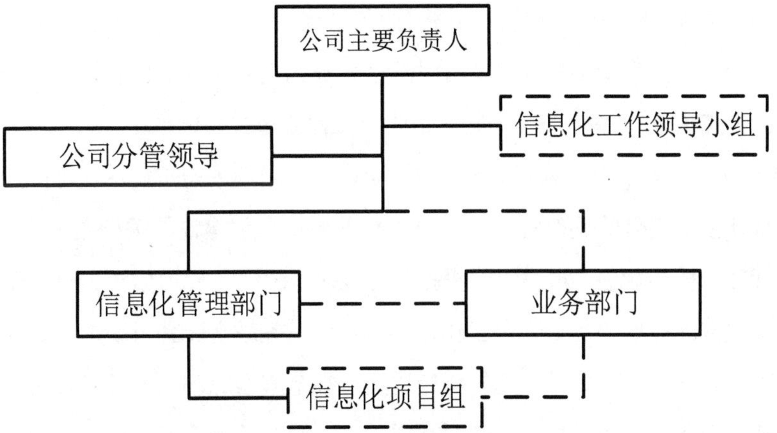

图9.2 信息化建设的联合项目组模式

9.2 总体规划与顶层设计

本节概述了信息化建设的总体规划图、信息化应用系统顶层设计图和异构系统集成图。

9.2.1 信息化建设总体规划

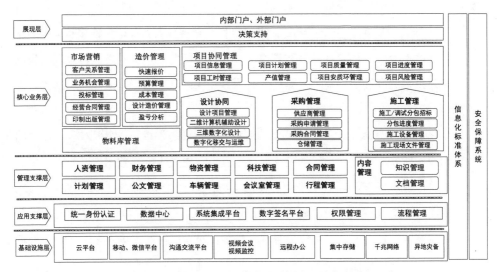

图9.3 工程设计企业信息化建设总体规划图

图 9.3 是工程设计企业信息化建设的总体规划图，各部分内涵可简述如下：

1. 核心业务层——企业的核心增值业务系统

以工程项目全生命周期管理为主线，以设计为龙头，以造价管控为核心，以采购管理为重点构建一体化平台，支撑企业向工程公司战略转型。

（1）以工程项目全生命周期管理为主线：引入国际先进的工程项目管理理念，将项目从开拓到交付的整个过程作为总承包业务信息化建设的关键主线。计划管理是项目管理的核心业务。项目组织根据任务要求，围绕项目目标对实施工作的各项活动做出周密的计划，包括确定工作范围、安排任务进度和交付要求、编制完成任务所需的资源计划等，并对计划的执行过程进行全程跟踪和动态控制，从而保障项目在合理工期和预算成本内交付出高质量产品。包括计划定义、计划编制、计划反馈、计划变更、计划监控等。

（2）以设计为龙头：立足咨询设计的传统优势，以精细化设计为出发点和切入点，通过设计驱动采购施工，逐步向工程项目其他专业领域延伸。设计是工程建设的龙头和灵魂，要在传统的设计策划、输入、评审、验证、输出全过程数字化管理基础上，建设满足工程总承包一体化管理的设计管理系统。包括支持满足总包项目计划管理、支持产品分解结构管理 PBS、支持任务结构分解 WBS、物料清单管理及数字化交付管理的设计集成管理系统。

（3）以造价管控为核心：建立工程项目预算管理体系，打造快速报价系统，从细度和准度上全面提升企业预算管理水平，管控采购业务，降本增效，有效地提高企业快速报价的准确性和能力，提高企业预算和成本管理水平，提升企业国内外市场竞争力。

（4）以采购管理为重点：规范采购流程，提高采购效率，并实现对客户要求的快速响应；高效地维护并管理供应商信息；借鉴历史采购价格数据，以便执行采购快速报价；流程化管理项目现场物资使用情况，加强对设备材料出库的监察力度。

（5）以施工管理为基本：规范施工及调试分包管理流程，加强对施工及调试分包成本预算的管控力度，为总包项目降本增效；建立严格的现场设备、文件管理流程与制度，实现标准化的施工过程。

（6）以物料管理为基石：制定物料管理作业指导书，从管理上规范和完善物料库管理；确定物料编码规则，建立企业级物料库；支持对物料的新增、修改、失效等管理；支持与各应用系统的无缝集成。

2. 管理支撑层

与企业职能管理相对应，包括人资、财务、物资、办公、科技、合同、计划等企业管理应用。

3. 应用支持层

是信息化的公用基础技术平台，为业务信息化、管理信息化、移动信息化提供基础应用服务。

4. 基础设施层

包括云平台、群件工具、视频会议系统、视频监控系统、远程办公平台、集中存储、网络、数据备份系统、异地容灾系统等信息基础设施。

5. 展现层

为管理者提供决策支持以及业务数据展现的平台。

6. 信息化标准体系

信息化标准体系是指信息化管理制度标准和信息技术标准两大类，包括信息化工作管理标准、信息化建设管理标准、运行维护管理标准、评估考核管理标准、信息安全管理标准、信息资源标准、信息应用标准、信息安全技术标准、基础设施建设标准和综合通用标准等。

7. 安全保障体系

网络与信息安全保障体系为公司提供网络与信息安全管理与技术服务。

9.2.2　信息化应用系统顶层设计

信息化应用系统的建设的总体要求是：以业务需求为驱动，大力建设以数字化设计为核心的工程数字化协同设计平台，深入构建流程优化、技术先进、覆盖全部主营业务的包括工程设计项目管理和工程总承包项目管理的信息化集成应用系统，实现资金流、业务流、信息流、物流的高效整合，促进企业资源的优化配置，做好信息化与业务流程的深度融合工作，实现管理精益化和设计精细化，有效提高企业生产管理效率与综合效益。

为实现以上要求与目标,规划工程设计企业信息化应用系统的顶层设计图如图9.4所示,图中描述得很清楚,后文有分系统介绍,此处不再赘述。

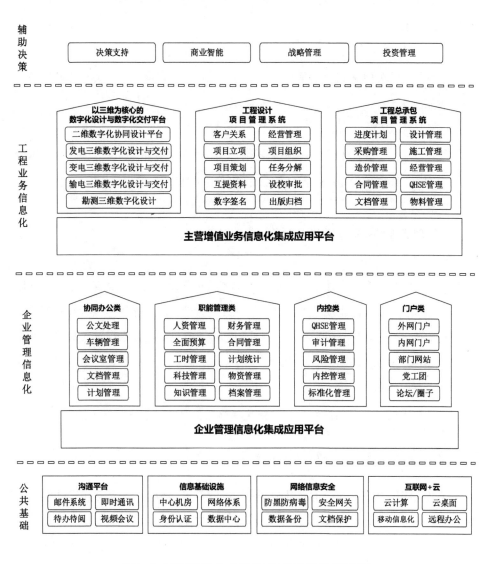

图 9.4 工程设计企业信息化应用系统架构图

9.2.3 基于企业服务总线的异构系统集成

企业服务总线 ESB（Enterprise Service Bus）是传统中间件技术与 XML、Web Service 等技术结合的产物，其提供了网络中最基本的连接中枢，是构筑企业信息管理神经系统的必要元素。ESB 提供事件驱动和文档导向的处理模式以及分布式的运行管理机制，支持基于内容的路由和过滤，具备复杂数据的传输能力，并提供信息系统间的标准接口。

为防止出现信息孤岛，最大化发挥各系统效用，建设企业服务总线 ESB 进行信息管理系统间数据的集成应用和数据交换是必要的。ESB 可消除不同系统应用之间的技术差异，让各应用服务器协调运作，实现不同服务之间的通信与整合，即通过用标准数据接口逐步替换旧的不统一的接口，减少应用整合接口的数量和复杂程度，降低运作成本，提升业务灵活性；也为企业进一步挖掘信息资源，建立辅助决策信息系统奠定了基础。

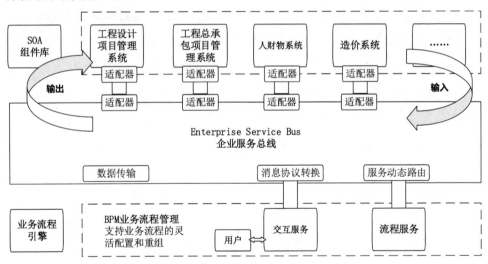

图 9.5 基于企业服务总线的异构系统集成架构图

基于企业服务总线的异构系统集成架构图如图 9.5 所示。图中所示的适配器应支持 ESB 产品能直接支持国内企业信息化建设过程中普遍采用的 Web Service、Socket、JMS/MQ、SOAP、Http/Https、JDBC、File、Database、TCP/IP、mail（pop3、

SMTP）等标准协议或接口。

9.3　信息基础设施

信息基础设施是指为公司生产管理信息化以及信息资源管理提供基础支撑的计算机网络、计算机通用软件、计算机硬件及相关信息设备等。

9.3.1　数据中心

维基百科给出的定义是"数据中心是一整套复杂的设施。它不仅仅包括计算机系统和其他与之配套的设备（例如通信和存储系统），还包含冗余的数据通信连接、环境控制设备、监控设备以及各种安全装置"。

数据中心的主体是机房，机房是网络和信息系统的物理中心，集中安装了企业生产经营与管理重要的各类信息设备，如服务器、存储设备（磁盘阵列、集中存储、云存储/云盘）、核心交换机、防火墙等核心设备，配备有保障计算机设备稳定运行的物理基础设备和系统。此外还应围绕机房配备辅助系统或设备,如有不间断 UPS、精密空调及通风系统、消防（气体灭火）、门禁、动力环境监控系统等。

（1）服务器。服务器是网络环境下能为网络用户提供集中计算、信息发表及数据管理等服务的专用计算机。从广义上讲，服务器是指网络中能对其他机器提供某些服务的计算机系统。一般来说，服务器是专指某些高性能计算机，能够通过网络，对外提供服务。相对于普通 PC 来说，在稳定性、安全性、性能等方面都要求更高，因此 CPU、芯片组、内存、磁盘系统、网络等硬件和普通 PC 有所不同。在网络环境下，根据服务器提供的服务类型不同，分为文件服务器、数据库服务器、应用程序服务器、WEB 服务器等。

（2）磁盘阵列。磁盘阵列是为服务器提供大容量存储的计算机设备，一般磁盘阵列由控制卡、大量磁盘组成，与计算机通过 SCSI、SAS、光纤等线缆连接。

（3）集中存储。数据集中存储是通过一系列设备，组成高性能存储系统，为多个信息系统提供存储空间。数据集中存储在容量上和性能上，都超过一般的服务器和磁盘阵列，能够承受多个服务器同时读写数据的需要。数据集中存储具有高可靠性、可扩展性、集中管理、支持多平台等特点。数据集中存储有利于提高数据安全性，提高系统整体性能，提高硬件利用率。采用 SAN 的存储技术架构图示范如下：

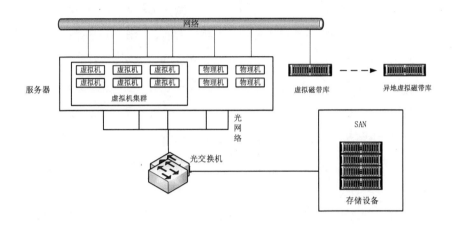

图 9.6　采用 SAN 的存储技术架构图

图中存储设备有 2 个控制器，具有在线扩容、存储分层等先进功能。存储网络由 2 台光纤交换机组成，存储设备和服务器与 2 台光纤交换机之间各由 1 根光纤连接，两台光纤交换机互为冗余。

（4）核心交换机。核心交换机是网络的中心，连接网络主干部分，提供高速的数据转发功能，管理、优化骨干网络。相比于一般交换机，核心交换机需要更高的可靠性、性能和吞吐能力。核心交换机一般还担负着路由、访问控制、IP 地址分配等功能，在网络中起着关键作用。为防止核心交换机故障导致全网瘫痪，一般配备两台交换机采用 GLBP 协议做成冗余网关。当一台交换机故障以后，另外一台仍可以担当核心交换机的任务。除此之外，两台交换机还具有双倍数据处理能力，实现双机热备和负载均衡。

（5）动力环境监控系统。动力环境监控系统监控机房的温度、湿度、供电、UPS 和精密空调工作状态，以及烟雾、地水、门禁等环境，对机房中智能或非智能设备的异常状态都能进行记录并报警。任何一个设备有故障或者断电等异常都将自动告警并发送短信给管理员。

（6）精密空调及通风系统。机房精密空调是指能够充分满足机房环境条件要求的机房专用精密空调机，是在近 30 年中逐渐发展起来的一个新机种，具有大风量、小焓差、高显热比、热负荷变化大的特点。数据中心要求空调机全年制冷运行，冬季制冷运行还要解决稳定冷凝压力和其他相关的问题，南方要求能在室外气温降至-15℃时仍能制冷运行，北方采用乙二醇制冷机组可在室外气温降至-45℃时仍能制冷运行。与此形成鲜明对比的是舒适性空调机或常规恒温恒湿机，在此种条件下根本无法工作。机房专用精密空调机送风形式多为上送下回和下送上回式。机房中铺设防静电活动地板，精密空调采用下送上回式送风，使冷气直接进入活动地板下，这样使地板下形成静压箱，然后通过地板送风口，把冷气均匀地送入机房内，送入设备机柜内。

（7）气体灭火装置。机房采用气体灭火系统，是指平时灭火剂以液体、液化气体或气体状态存贮于压力容器内，灭火时以气体（包括蒸汽、气雾）状态喷射作为灭火介质的灭火系统。常见的有七氟丙烷、三氟甲烷等，其中七氟丙烷自动灭火系统是一种高效能的灭火设备，其灭火剂 HFC-227ea 是一种无色、无味、低毒性、绝缘性好、无二次污染的气体，对大气臭氧层的耗损潜能值（ODP）为零，是目前替代卤代烷最理想的替代品。

9.3.2　网络体系结构与拓扑

网络体系结构是指计算机设备和其他设备如何连接在一起以形成一个允许用户共享信息和资源的通信系统，它为网络硬件、软件、协议、存取控制和拓扑提供标准，广泛采用的是国际标准化组织（ISO）在 1979 年提出的开放系统互连（Open System Interconnection，OSI）的参考模型。常见的网络体系结构有 FDDI、以太网、令牌环网和快速以太网等。按照作用范围分为广域网 WAN、城域网 MAN 和局域网 LAN。

网络拓扑结构是指用传输媒体互连服务器、路由器等各种设备的物理布局，结构主要有星型结构、环型结构、总线结构、树型结构等。一般企业内部网络为星型以太局域网，常见的拓扑结构图如图 9.7 所示。

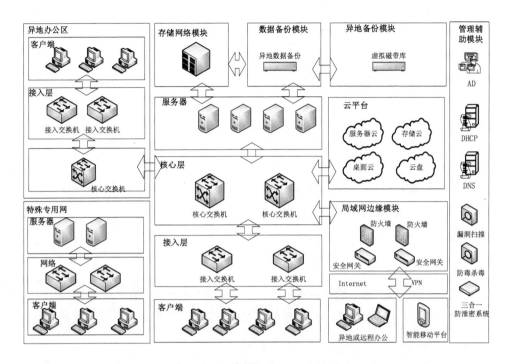

图 9.7　常见的企业网络拓扑结构图

9.3.3　域管理与统一身份认证

组建局域网是实现资源的共享，域和工作组是两种不同的网络资源管理模式。工作组将不同的电脑按功能分别列入不同的组中，工作组可以随便出出进进，而域则需要严格控制。"域"的真正含义指的是服务器控制网络上的计算机能否加入的计算机组合。在"域"模式下，至少有一台服务器负责每一台联入网络的电脑和用户的验证工作，相当于一个单位的门卫，称为"域控制器"。域控制器中包含了这个域的所有账户、密码。当电脑联入网络时，域控制器首先要鉴别这台电脑是否属于这个域，用户使用的登录账号是否存在、密码是否正确。

域管理的优点包含且不限于：

● 方便管理，权限管理比较集中。

● 安全性高，如一个文件只能让某一个人看，或者指定人员可以看，但不可以删/改/移等。

● 方便对用户操作进行权限设置，可以分发、指派软件等，实现网络内的软件一起安装。

● 很多服务必须建立在域环境中，对管理员来说可以统一管理，方便在软件方面集成，如邮件服务器、上网的各种设置与管理等。

● 使用漫游账户和文件夹重定向技术，个人账户的工作文件及数据等可以存储在服务器上，统一进行备份、管理。

● 通过 SMS 能够自动分发应用程序、系统补丁等，用户可以选择安装，也可以由系统管理员指派自动安装。

● 帐号集中管理，所有帐号均存在服务器上，方便对帐号重置密码。

● 环境集中管理，利用 AD 可以统一客户端桌面、IE、TCP/IP 等设置。

● 控制网络，员工访问网络完全受控，可提高员工的工作效率。

● 统一部署杀毒软件和扫毒任务，避免电脑系统经常崩溃，既节省开支，又不影响工作。

企业实行域管理所有计算机，可以方便地实现所有应用系统的统一身份认证，单点登录所有系统，而无需每个系统都单独输入用户名密码。应用系统通过域实现统一身份认证有三种方式：

（1）采用 IIS 作 WEB 服务器的应用系统，在 IIS 中设置采用"Windows 域服务器的摘要式身份验证"和"集成 windows 身份验证"。

（2）应用系统在代码中加入获取用户身份的代码。

（3）非 IIS 作 WEB 服务器（JAVA 等）应用系统，采用统一身份认证接口，由统一身份认证系统进行用户认证，之后将认证结果和用户信息传输给应用系统。

9.4 云计算

云计算出现之前，企业一般采用独立服务器为软件提供计算服务，使用独立服务器直接管理硬盘的直连存储方式存储数据。独立服务器方案具有架构简单、投入少、管理简单等特点，比较适合信息化发展初期的需求。随着信息化的深化，买再多的独立服务器也解决不了系统对随时随地高速访问等需要大量计算、存储和网络资源的需求，此时云计算技术应运而生。公有云发展最快，以致很多政府部门都不再建设独立机房，全部租用公有云；勘测设计企业根据自身特点，目前多采用私有云方式，后期可往混合云发展。

9.4.1　服务器云与集中存储

为解决上面提到的计算、存储、网络资源的问题，避免不同独立服务器忙闲不均、存储过多和过少等问题，需要对基础架构进行彻底的改变，采用服务器虚拟化、集中存储等云计算技术，提高存储的性能、可靠性、安全性，加强数据共享能力，提高数据管理能力，实现数据安全可靠有效的存储和应用。

服务器虚拟化是将服务器物理资源抽象成逻辑资源，让一台服务器变成几台甚至上百台相互隔离的虚拟服务器，用户不再受限于物理上服务器的限制，而是让 CPU、内存、磁盘等硬件变成可以动态管理的"资源池"，从而提高资源的利用率，简化系统管理，实现服务器整合，让 IT 对业务的变化更具适应力。云服务器是简单高效、安全可靠、配置灵活、具有弹性伸缩计算能力的虚拟服务器。

服务器虚拟化结构示意图如图 9.8 所示。

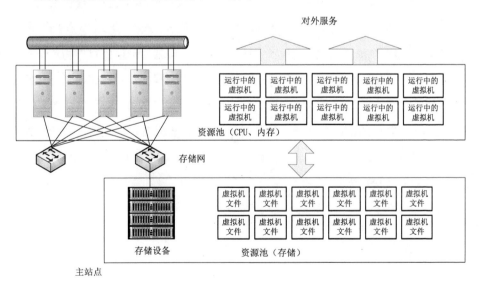

图 9.8 服务器虚拟化架构图

服务器云以服务器虚拟化为基础，通过智能管理平台，实现对计算资源、存储资源和网络资源的有效分配、动态调整、灵活使用。服务器云系统分为三个部分（总体架构如图9.9所示）：虚拟机集群、存储系统、备份系统。

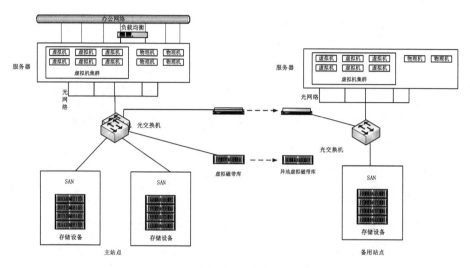

图9.9 服务器云系统总体架构

（1）虚拟机集群利用虚拟化技术，将物理硬件虚拟成软件服务，提供给应用系统使用，同时提供业务连续性、热备份功能。

（2）存储系统提供高性能、高安全性的存储平台，并为虚拟机集群和备份系统提供基础平台。根据各种类型的数据对操作系统的耦合程度和对存储设置支持的程度，采用SAN的存储架构来集中存储。为了避免存储设备故障，可采用镜像复制技术将主存储设备中的数据复制一份到备用存储中。两台设备可以配制成双活模式或者一主一备的模式。在主存储设备故障时，可以自动或者手工启动备用存储设备，以实现信息系统快速恢复。

（3）备份系统提供数据备份、异地容灾的功能（详见§9.5.4）

9.4.2　桌面云

桌面云是云计算的应用方式之一。桌面云是以虚拟化技术为基础，通过虚拟机服务器虚拟出若干桌面操作系统和应用程序，用户在终端通过桌面传输协议来访问

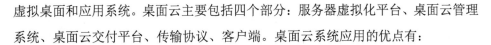

虚拟桌面和应用系统。桌面云主要包括四个部分：服务器虚拟化平台、桌面云管理系统、桌面云交付平台、传输协议、客户端。桌面云系统应用的优点有：

（1）随时随地移动办公

桌面云为用户提供一个云平台，可以通过计算机、手机、平板等各种终端随时随地使用。即员工出差、在家、在外集中三维协同设计，都可以通过互联网，使用计算机、手机、平板等访问桌面云系统，使用自己专属的、存储在企业数据中心而不是存在客户的计算机中的虚拟桌面和计算、存储、应用、带宽等资源，完全如同本人坐在公司一样。桌面云是从操作系统层面解决移动办公问题，所以企业现有应用系统也无需改造即可通过手机、PAD等移动终端使用。与虚拟专用网络 VPN 相比，解决了大数据量传输、三维设计不能异地协同等无法解决的问题。与传统开发应用APP相比，节省了很多时间成本，简单易行。

（2）不再需要传统 PC 计算机

用户既可以用传统 PC 计算机来访问桌面云系统，也可以使用一种被称为"瘦客户机或云终端机"的设备来访问桌面云系统，和传统 PC 机相比，瘦客户机或云终端机主机箱只有类似电视机顶盒一半大小，一般没有传统硬盘、CPU、内存，上面可以插入鼠标、键盘、显示器、网线，云终端只负责将显示信号和控制信号传输到远在异地的数据中心的桌面云系统，其运算、存储、网络等资源均来自桌面云系统。完全满足现代企业"本地无盘、电脑随身、访问随时随地"的工作要求。

（3）数据安全

由于没有本地硬盘，员工个人数据全部集中到企业的数据中心中。系统可以控制员工能否将数据导出导入，可以防止数据丢失或者泄漏。员工在院外通过互联网使用工程云，在互联网上传输的实际是屏幕图像和键盘鼠标的输入数据，真正的数据保存在企业数据中心，不会传输到员工院外的计算机中。

（4）用户计算机管理和运维集中化

从桌面运维角度看，在使用传统桌面的整体成本中，管理维护成本在其整个生命周期中占很大的一部分，管理成本包括操作系统安装配置、升级、修复的成本，以及硬件安装配置、升级、维修的成本，数据恢复、备份的成本，各种应用程序安装配置、升级、维修的成本。在传统桌面应用中，这些工作基本上都需要在每个桌面上做一次，工作量非常大。在桌面云解决方案里，管理是集中化的，IT工程师通过控制中心管理成百上千的虚拟桌面，所有的更新、打补丁都只需要更新一个"基础镜像"就可以了。对工程设计企业来说，可以为每个专业配置一个镜像，每个镜像安装专业特有软件，不同专业的员工连接到这些不同的镜像，如需做任何修改，只需要在这几个基础镜像上进行即可，大大节约了管理成本。

面向工程设计的桌面云根据业务和计算资源需求，可分为管理云、设计云、三维云等类别，虚拟架构图如下所示：

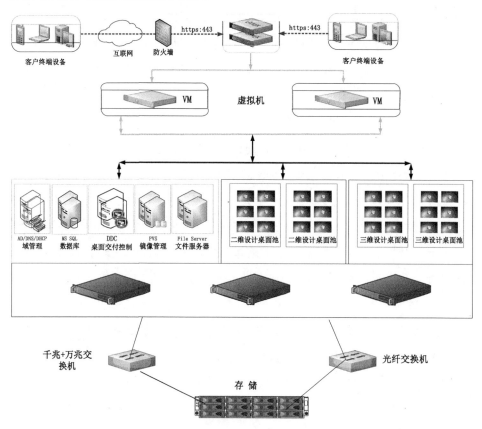

图9.10 面向工程设计的桌面云架构图

9.5 网络与信息安全

随着"互联网+"的广泛应用，网络与信息安全问题也越来越多地受到人们关注，然而很多人对"信息安全(Information Security)""网络安全（Network Security)"和"数据安全（DataSecurity)"的概念并不是很清楚。通常可以用网络信息安全统称以上概念，但三者从专业角度有所区别。

9.5.1　信息、网络、数据安全的内涵

1. 定义

（1）信息安全

美国政府定义信息安全是保护信息系统免受意外或故意的非授权泄漏、传递、修改或破坏。国际标准化组织（ISO）定义信息安全是为数据处理系统建立和采取的技术和管理的安全保护，保护计算机硬件、软件和数据不因偶然和恶意的原因而遭到破坏、更改和泄漏。中国政府定义信息安全涉及信息的保密性、可用性、完整性和可控性。保密性就是保证信息不泄漏给未经授权的人；可用性就是保证信息以及信息系统确实为授权使用者所用；完整性就是抵抗对手的主动攻击，防止信息被篡改；可控性就是对信息以及信息系统实施安全监控。

本书认为，信息安全是指保证信息的保密性、真实性、完整性、未授权拷贝和所寄生系统的安全性，其中前三个方面是信息自身的安全，后两个则依赖于所寄生系统的安全。所寄生系统的安全是指网络系统和信息系统（包括硬件、软件、数据、人、物理环境及其基础设施）受到保护，不受偶然的或者恶意的原因而遭到破坏、更改、泄露，系统连续可靠正常地运行，网络与信息的服务不中断，最终实现网络服务不中断与业务服务连续性。

（2）网络安全

从狭义来说，网络安全是指网络系统的硬件、软件及其系统中的数据受到保护，不因偶然的或者恶意的原因而遭受到破坏、更改、泄露，系统连续可靠正常地运行，网络服务不中断。网络安全从其本质上来讲就是网络上的信息安全。

从广义来说，凡是涉及到网络上信息的保密性、完整性、可用性、真实性和可控性的相关技术和理论都是网络安全的研究领域。所以广义的计算机网络安全还包括信息设备的物理安全性，如场地环境保护、防火措施、静电防护、防水防潮措施、

电源保护、空调设备、计算机辐射等。

（3）数据安全

数据安全有两方面的含义：一是数据本身的安全，主要是指采用现代密码算法对数据进行主动保护，如数据保密、数据完整性、双向强身份认证等。二是数据防护的安全，主要是采用现代信息存储手段对数据进行主动防护，如通过磁盘阵列、数据备份、异地容灾等手段保证数据的安全，数据本身的安全必须基于可靠的加密算法与安全体系。

2. 联系与区别

信息安全包含网络安全和数据安全。信息安全概念最大，网络安全和数据安全是并行的概念，一个是通信链路的安全，一个是数据生命周期安全。

从历史角度来看，信息安全早于网络安全。随着信息化的深入，信息安全和网络安全的内涵不断丰富。信息安全随着网络的发展提出了新的目标和要求，网络安全技术在此过程中也得到不断创新和发展。信息安全与网络安全有很多相似之处，两者都对信息（数据）的生产、传输、存储和使用等过程有相同的基本要求，如可用性、保密性、完整性和不可否认性等。但两者又有区别，不论是狭义的网络安全——网络上的信息安全，还是广义的网络安全都是信息安全的子集。

相对于信息安全这个相对广泛的概念，数据安全则显得更为精准，"数据"是组成信息的基本元素之一，数据安全是信息安全的"核心安全"。通过保证数据的安全，从而可实现保证信息安全。国家《网络安全法》对数据安全要求：一是要求各类组织切实承担起保障数据安全的责任，即保密性、完整性、可控性。二是保障个人对其个人信息的安全可控。

3. 构建网络与信息安全体系（图 9.11）

根据 OSI 信息安全体系框架构建网络与信息安全体系，由安全防范组织体系、安全防范管理体系、安全防范技术体系等构成。建立安全防范组织体系，负责操控数据中心安全防范技术；安全防范技术体系是一切信息安全行为的基础；数据中心安全防范管理体系负责管控数据中心安全防范技术和组织体系。

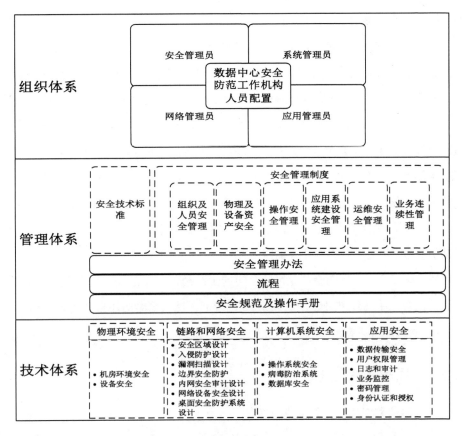

图 9.11 网络与信息安全体系

9.5.2 网络安全防护

常见的网络安全防护设备或措施有：

（1）防火墙（设备）。防火墙是一种在不同网络之间进行隔离以实现安全需求的软硬件结合的设备。防火墙有很多种类型，常见的是数据包过滤型防火墙，主要的工作原理是对通过防火墙的 IP 数据包进行检查，阻止不符合预设策略的数据包，以实现保护内部网络不受外部攻击。

（2）安全网关（设备）。安全网关是各种技术有机的融合，具有重要且独特的保护作用，其范围从协议级过滤到十分复杂的应用级过滤。设置的目的是防止Internet 或外网不安全因素蔓延到自己企业或组织的内部网。有的安全网关对垃圾邮件有非常明显的过滤作用。

（3）补丁分发。微软产品补丁是对微软产品存在漏洞的修补程序，及时对安装的微软产品尤其是操作系统安装最新的补丁对防病毒、防入侵、解决软件缺陷具有十分重要的意义。及时更新操作系统及软件的漏洞补丁是提高系统安全性的重要手段。建立一个内部 Update 服务器部署微软 WSUS（Windows Server Update Services）后，能自动下载最新的微软产品补丁更新，并通过域的组策略，让公司内网中的计算机定期到这台 Update 服务器上下载补丁，以缩短用户打补丁的时间，及时提高计算机和网络的安全性，有效地防止病毒在内网传播。

（4）网络版病毒防杀（设备）。病毒指编制者在计算机程序中插入的破坏计算机功能或者破坏数据，影响计算机使用并且能够自我复制的一组计算机指令或者程序代码，计算机病毒泛滥会严重影响公司的生产经营。有的网络版杀毒软件由软件和硬件结合，杀毒效果更好，如 McAfee 迈克菲，比较著名的还有 Kaspersky（卡巴斯基）、Norton（诺顿）等。

9.5.3　信息安全防护

常见的信息安全防护设备或措施有：

（1）文档加密与保护（设备）。文档保护是指以各种方式保护文档，如仅授予某些用户编辑、批注或读取文档的权限。文档加密是指对需要保护的文档通过技术手段加密（手动或自动），外部人员即时获得文档也无法打开使用。每个企业都有大量的信息资产，这些信息资产部分分散于各个终端上、各类文件服务器或是各个应用系统中，需要进行保护。文档保护与文档使用造成矛盾，文档保护过严会影响工作效率，在推行过程中阻力增加。因此需要在实践中寻找平衡点。

（2）上网行为管理（设备）。上网行为管理是指控制和管理用户对互联网的使用，主要用于用户上网行为内容的审计、控制和流量管理，包括网页访问管理、网络应用管理、带宽流量管理、信息收发审计、用户行为分析等主要功能。上网行为管理设备桥接于上网链路之间，对用户上网进行控制，客户端无需配置。其功能包括：①上网人员管理，包括上网身份管理、上网终端管理、移动终端管理和上网地点管理等；②上网浏览管理，包括搜索引擎管理、网址 URL 管理、网页正文管理和文件下载管理等；③上网外发管理，包括普通邮件管理、WEB 邮件管理、网页发帖管理、即时通讯管理和其他外发管理等；④上网应用管理，包括上网应用阻断、上网应用累计时长限额和上网应用累计流量限额等；⑤上网流量管理，包括上网带宽控制、上网带宽保障、上网带宽借用和上网带宽平均等；⑥上网行为分析，包括上网行为实时监控、上网行为日志查询、上网行为统计分析等。

（3）数据备份与异地容灾（详见§9.5.4）。数据备份是容灾的基础，是指为防止系统出现操作失误或系统故障导致数据丢失，而将全部或部分数据集合从应用主机的硬盘或阵列复制到其他的存储介质的过程。传统的数据备份主要是采用内置或外置的磁带机进行冷备份。但是这种方式只能防止操作失误等人为故障，而且其恢复时间也很长。随着技术的不断发展，数据的海量增加，不少的企业开始采用网络备份。网络备份一般通过专业的数据存储管理软件结合相应的硬件和存储设备来实现。备份系统是信息与数据安全的重要措施。

9.5.4　数据备份与异地容灾系统

鉴于数据备份系统与异地容灾系统的重要性，将§9.4.1 中与服务器云、集中存储集成一体的，属于§9.5.3 信息安全体系的备份与容灾系统单独放到一节中阐述。数据备份与异地容灾系统架构如图 9.12 所示。

数据备份系统采用虚拟磁带库备份和存储快照相结合的方式，另外在异地配备一个虚拟磁带库与数据备份系统相连形成异地容灾。

● 虚拟磁带库进行日常服务器数据和存储中数据异地备份和长期保存（半年以上），用于极端故障下的灾难恢复，是企业生产数据最后的保障。每天对服务器数据进行异地全备份，每周对所有数据进行全备份。

● 而存储通过自身快照功能，对存储上的数据每天进行一次或者多次快照，备份数据短期保存（1 周）。

两种备份功能结合，实现数据丢失时间不超过 1 天和恢复时间小于 4 小时的性能目标。

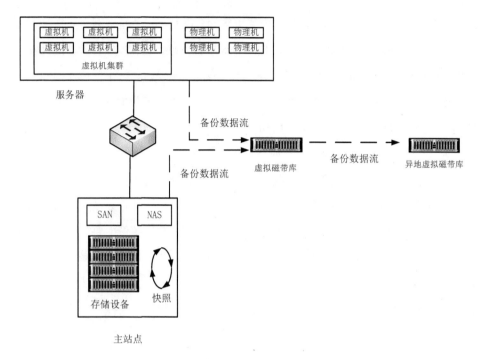

图 9.12　数据备份与异地容灾系统架构图

9.6　企业管理信息化应用系统

企业管理信息化应用系统包括办公自动化系统、人力资源管理系统、财务管理系统、物资管理系统、科技项目管理系统、文档管理系统以及档案管理系统等。

9.6.1　办公自动化

办公自动化(OA)系统一般包括如下子系统或模块：

（1）公文办理。包括收文登录、发送拟办、发送批示、发送办理和办理完结等功能，实现公文的无纸化协同办公。

（2）车辆管理。包括车辆网上申请审批、调度、运行，以及车辆档案管理、驾驶员档案管理、用车记录管理、加油管理、维修管理和费用管理等功能，实现企业车辆调度、运行管理信息的自动化。通过流程收集数据，为车辆管理的各类报表、台帐提供数据支持，实现车辆调度状况的实时查询。

（3）会议室管理。包括会议室网上申请审批、调度等功能。实现会议室由粗放型、人工型管理向网络化（配置、管理、使用、维护网络化）、可视化（会议管理、会议室管理、会议资源可视化）、无缝化（与其他信息系统集成）、智能化（智能判断资源冲突、汇总历史使用数据）管理转变，从而提高会议室的使用效率，提升会议管理及服务水平，促进会议室管理的规范化、标准化。

（4）工时请假管理。工时请假管理实现工程工时耗费的填报、审批和统计，请假单申请和审批，年休假管理，加班考勤的填报、审批和统计，法定工作日管理和假种管理等功能。工时按性质可分为正常工时、加班工时和请假工时，按业务可分为项目性工时和非项目性工时。工时主要记录、统计和分析员工在项目及非项目上的各项工作任务内容和所花费的时间，用以采集项目标准工时，考核员工绩效，核算项目人工成本。可以由此降低项目人工成本，提高员工工作效率。

9.6.2　人力资源管理系统

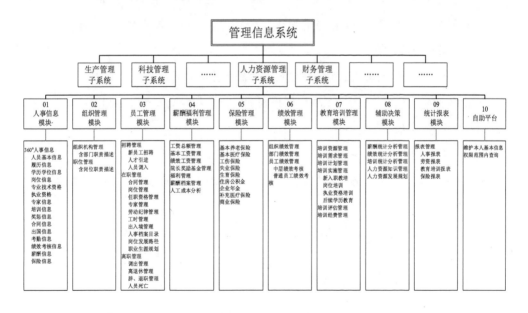

图 9.13　人资系统功能模块顶层设计图

来源：陈飞

人力资源管理系统（Human Resource Management System, HRS, 以下简称"人资系统"）顶层设计图根据角度不同，分为功能模块图、功能模块间业务与数据关系图、与其他系统关系图，在以上三图基础上，本书给出了人资系统的顶层设计图。

1. 人资系统功能模块顶层设计

图 9.13 为人资系统功能模块顶层设计图，主体为组织管理、人事信息管理、员工管理、薪酬福利管理、保险管理、绩效管理、教育培训管理、招聘管理等业务模块，以及辅助决策、统计报表等综合功能。

主要模块功能简介如下：

（1）组织人事模块。包括组织机构管理、职位管理、人事信息管理。能够完成组织的新增、撤销、变更，并能输出组织机构图，保存组织机构的历史记录。实现职位体系的建立、更新、查询和统计。

（2）员工绩效考核模块。实现绩效评价流程，评议团组建，考核指标体系建立，考核量表建立，可以选取上级、平级、下级等不同视角，实现 360° 全方位考核评价系统。主要包括：考核方案管理、考核指标体系管理、考核评分、强制分布、考核结果发布等功能。

（3）福利保险模块。实现对法定基本社会保险（五险一金），以及公司福利性基金（补充养老）的管理，主要包括福利设置、福利缴交管理、福利补缴管理、福利费用分摊等功能。

（4）薪酬分配模块。薪酬分配管理实现了员工薪酬的考核、审批以及财务计税和发放管理。包含基本工资管理、绩效工资管理、年终奖管理、员工薪酬查询四个业务功能。

（5）招聘模块。人员招聘实现公司招聘计划的编制、招聘信息发布，应聘材料的接收，评价、入围、面试和录用的管理。主要包括计划编制、招聘信息发布、应聘申请、简历管理，评价管理和录用管理等功能。

（6）教育培训模块。实现公司培训计划网上申报和审批、培训活动的记录和发布。主要包括培训资源管理、培训需求管理、培训计划管理以及培训活动管理等功能。

（7）人员岗位签署权模块。岗位签署权管理模块实现工程勘测设计的签署资质的管理。主要包括日常签署权和临时签署权的申请、审批、查询以及变更历史的追溯。主要用于工程设计项目管理系统在工作包的人员配置时，只能选到具有相应资质和岗位签署权的员工。

2. 人资系统与其他信息系统间的关系如图9.14所示。

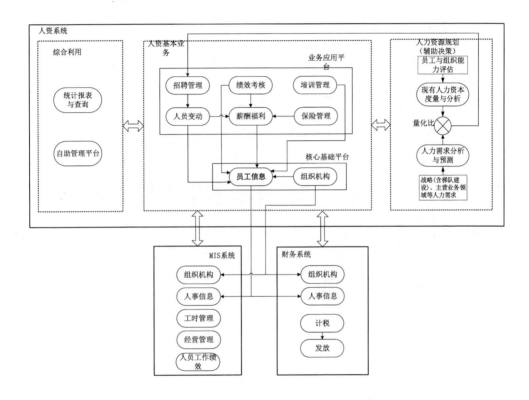

图 9.14　人资系统与其他信息系统关系图

3. 人资系统的业务模块关系（实线）、功能模块间数据关系（虚线）如图9.15。

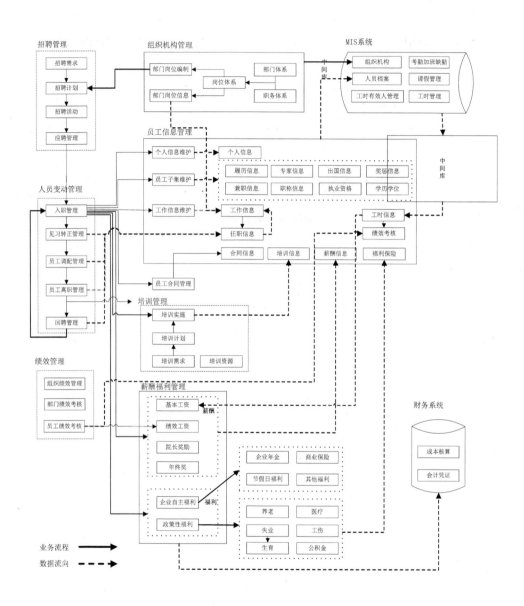

图 9.15 人资系统业务流程与数据关系图

9.6.3 财务管理系统

1. 财务管理系统总体规划

为满足会计核算和财务管控需要，以全面预算管理为核心，构建"预算管理、核算管理、收入结算、成本管理、费用报销、资金管理、固定资产管理、税务管理"八大财务管理模块，总体框架图如图 9.16 所示。

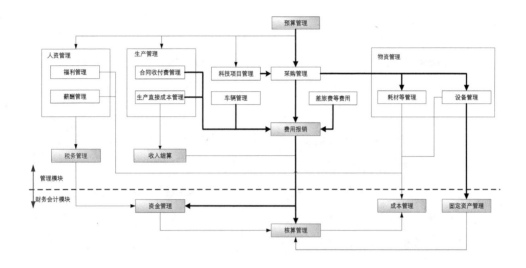

图 9.16 全面预算管理总体框架

财务管理八大模块中核算管理、资金管理、固定资产管理和成本管理四个模块主要实现财务会计，面向财务专业人员，采用专业会计软件实现；预算管理、费用报销、收入结算、税务管理四个模块主要实现管理会计，采用信息系统实现。

（1）预算管理起着主导和核心的作用，体现全面预算管理思想，一切经济业务均纳入预算管理，对人资、生产、科技项目、采购进行预算管理与控制；费用报销是面向业务的前端模块，是财务数据的输入中心，采购、生产合同付费、印制费、车辆使用费、差旅费、招待等各类费用都纳入报销管理。预算、报销是全面预算管理的核心，是衔接业务系统和财务系统的纽带。

（2）从预算管理的采购计划，到采购管理的过程审批，再到物资的设备管理，最后进入财务固定资产管理，实现固定资产从购置计划、采购办理到实物使用和分配管理的全过程管理，实现固定资产从实物角度到价值角度的全方位管理。

（3）物资管理实现实物的进库、出库和领用分配管理,根据物资价值的不同,物资管理分为低值易耗品管理和设备管理。设备管理为固定资产管理提供输入,实现实物和价值多方位管理,低值易耗品和设备管理为成本管理提供分摊信息。

（4）成本管理实现按工程项目、按部门进行成本的归集、分摊和控制。在费用发生时可以进行成本分摊的,在报销模、核算模块进行成本分摊;在发放领用时才能进行费用分摊的（如低值易耗品领用等）由相应的模块进行分摊管理。

（5）税务管理包括税务筹划、纳税申报、职工收入及个税台帐管理,与人资薪酬、福利管理接口。

（6）资金管理实现银企直联、资金支付、资金计划、票据、投融资业务、资金监控等。需要进行资金支付的业务模块都与其接口。

（7）收入结算主要是依据生产和销售系统的工程项目进度、合同收费情况进行收入的结转。

2. 财务报销系统总体规划

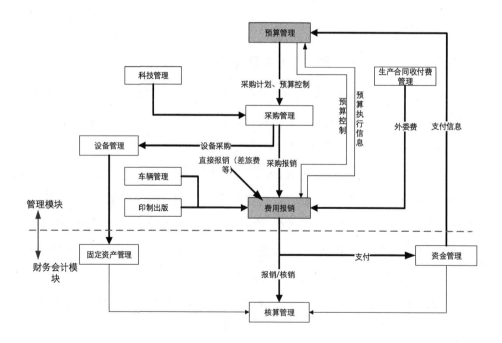

图 9.17 财务报销系统总体架构图

　　财务报销模块（系统）是全面预算管理的一个子模块（子系统），实现员工报销的网上审批以及借款、预付款管理。在财务管理系统中，报销系统作为面向业务的前端系统，起着信息收集平台的作用，是财务数据的输入中心，日常费用支出、差旅费支出、固定资产采购、借款等费用支出都通过报销模块，与财务管理系统中的预算管理、资金管理和核算管理三个模块紧密集成，与其他业务模块密切相关。

　　财务报销系统总体框架如图 9.17 所示。

9.6.4　物资管理系统

　　作为知识密集型企业，工程设计企业的物资管理区别于商贸、流通、生产行业，主要采取"年度计划，按需购买"的方式，侧重于物资的使用监管。物资管理主要分为实物管理和价值管理"两条线"，固定资产的价值管理一般由财务部门负责；实物管理一般由物资部门归口，实物包括信息设备、勘测设备、车辆、印制出版设备以及工程设备等，可由相关部门具体执行。

　　物资管理系统应涵盖固定资产管理和耗品管理两个部分，实现物资的采购、入库、使用、报废的全过程动态管理，主要包括采购管理、出入库、借用、设备送检、设备维修、资产报废、资产盘点、台账报表等功能。物资管理系统总体架构图如图9.18 所示。

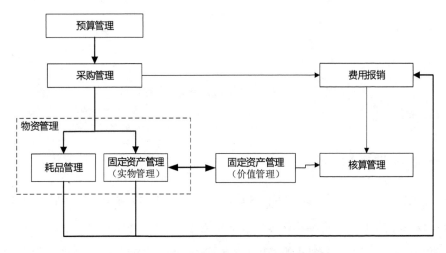

图 9.18　物资管理系统总体架构图

9.6.5　科技项目管理系统

为实现科技项目的年度计划、预算、立项、实施、采购付费、产值申报、结项全过程、多部门协同管理，为项目的实施和管理提供过程监控，建立科技项目管理系统。科技项目管理系统包括项目立项、项目发布、项目实施、项目结项、项目归档等 5 个阶段。每个阶段由若干流程组成。

图 9.19 是科技项目管理系统的功能架构图，表达了系统工作过程及其内部各流程之间的关系和接口，系统与采购、报销、文档管理、生产管理等均有数据交互接口。

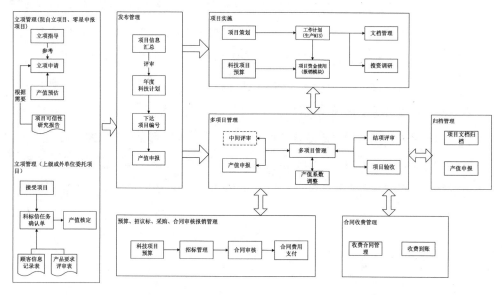

图 9.19 科技项目管理系统功能架构图

来源：杨丹

9.6.6　文档管理系统

文档管理系统（Document Management System，DMS）是对公司各职能业务活动的过程和结果信息等非结构化数据电子文档进行审批流转、共享、检索、规范管理的信息系统，是和门户集成的、基于数据库的、针对各专业多种规定格式的海量电子文档（非结构化数据）的管理系统。其目的是管理企业各职能各专业工作的文档，保存、共享企业主要业务活动的过程和结果信息/记录，实现通知、签报、会议纪要等管理类文档的无纸化审批和发布，提升业务知识组织化的水平和员工业务学习创新的能力。美国知名文档管理系统有 Documentum、Microsoft SharePoint、IBMLotus 等，中国的有 e-doc 等。

9.6.7　档案管理系统

档案信息资源是企业的重要资源，档案管理系统旨在实现档案信息资源的"归档自动化、管理数字化、存储电子化、利用网络化"，保证档案的完整性、有效性，既要达到档案作为历史记录的保管要求，又要充分发挥档案信息资源的利用价值，满足生产和管理对档案信息的需求。

工程设计企业的档案信息资源如图 9.20 所示：

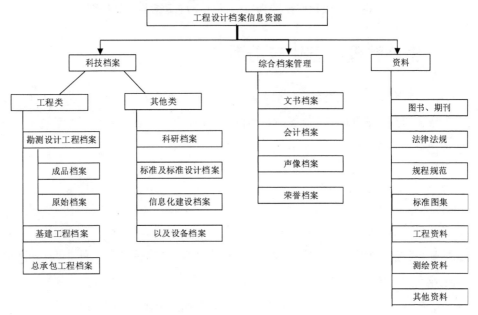

图 9.20 工程设计档案信息资源图

档案系统是知识的重要来源，是企业信息和知识的集散地，是数字档案馆的核心组成部分，档案系统的输入输出及与其他系统的关系图如图 9.21 所示。

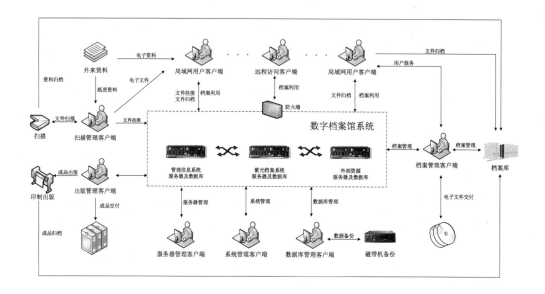

图 9.21 以档案系统为核心的数字档案馆系统架构图

9.7　生产管理信息化应用系统

　　生产管理信息化应用系统包括客户关系系统、合同管理系统、工程设计项目管理系统、工程总承包项目管理系统、项目进度计划管理系统、物料管理系统、工程造价信息管理系统等。

9.7.1　客户关系系统

　　客户关系管理（Customer Resource Management，CRM）是项目启动环节，其目标是：以客户为中心、以项目为主线协同管理项目干系人信息；为项目投标和提高企业在市场环境中的竞争能力提供支撑平台；以客户关怀、服务跟踪等方式提高企业的服务水平和客户满意度。围绕客户关系中的两大核心元素（项目、项目干系人）以及以项目为主线、以客户为中心的目标而构建的客户关系业务流程如图 9.22 所示。

　　横向分为项目信息流和项目干系人信息流两大模块。纵向分为 CRM 预备阶段、CRM 正式阶段、实施阶段和服务阶段四个不同阶段。其中 CRM 正式阶段又分为四层，这四层体现了 CRM 中项目的不同阶段及信息流向。

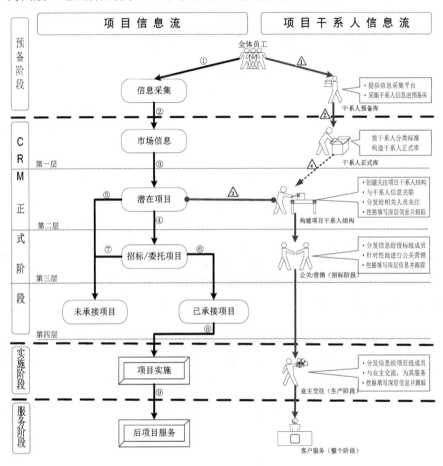

图 9.22 客户关系系统 CRM 流程图

9.7.2 合同管理系统

作为生产经营纲举目张的合同，如与后端财务系统和中间的生产管理系统集成，则可清晰反映出企业资金进出实况，也能清晰展现合同额、合同收费、营收、利润和应收账款等关键财务指标。

合同管理总体架构及与相关系统关系图如图 9.23 所示：

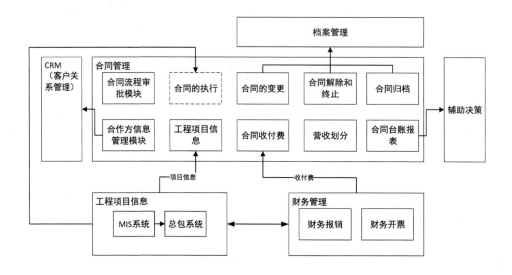

图 9.23　合同管理总体架构图

合同管理包括合同办理及审批、收付费管理、开发票管理、到款核定以及合同变更、解除、终止等环节。合同管理流程如图 9.24 所示：

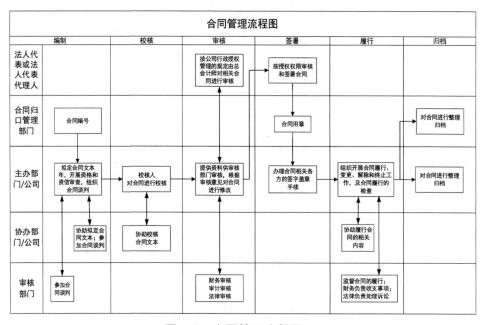

图 9.24　合同管理流程图

9.7.3　工程设计项目管理系统

工程设计项目管理系统实现了工程项目设计的全过程的信息化管理，包括项目立项、项目组织、项目计划、项目任务分解与下达、专业间提资、外部资料管理、设校审批、图文成品自动批量数字签名、数字化出版与归档、数字化产品交付等，前与经营及合同管理系统对接，后与文档及档案管理系统对接。系统旨在为规范勘测设计人员的作业过程，满足质量保证体系要求，沉淀并积累项目所有的过程数据和文档，提高设计质量和协同工作效率，提升项目设计管理的精细化水平，辅助生产和管理的决策。

系统以项目的执行为主线，以项目经理、专业主设人为核心，变传统的过程记录纸介流转管理为计算机数据流管理，通过设计作业过程的规范化，提高设计质量和效率；通过设计管理过程的精益化，实现对项目实时、深化管控；通过数据全方位实时积累，及对信息资源进行整合、分析、统计和利用，辅助生产和管理的决策。

一、系统功能架构

工程设计项目管理系统基本功能架构图如图 9.25 所示。

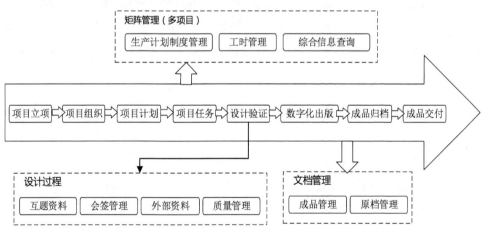

图 9.25 工程设计项目管理系统基本功能架构图

系统的主要功能模块简介如下：

（1）项目立项：完成对工程项目的审批立项，包括内容范围、进度、工程号分配等，之后将项目产值、出版要求等下发给工程组执行。

（2）项目组织：配置项目组织的组成专业，并按照各角色的签署权，配置各专业的审核人、主要设计人、校核人、设计人。

（3）计划管理：计划管理包括卷册作业计划、生产综合计划、质量科标信计划、人力配置、设计工作计划、提资计划等六类。从主设人级的计划编制，到专业审核人、基层负责人的审核，再到项目经理、中层领导的批准，不仅可实现计划的动态滚动修编，更重要的是，可实现计划与实际执行情况的对比监控，管理决策人员可以基于实时数据控制进度、更精准地决策。

（4）项目任务分解与下达：按照项目级与专业级两个层级分别编制任务分解结构 WBS（Work Breakdown Structure），明确每个 WBS 的设计、校核、审核、会签（如有）、批准人员，时间进度要求，以及工作任务书、技术规范书等指导性文档。

（5）设计输入类资料先归档后利用：为提高资料利用的及时性和准确性，解决设计输入类资料工程结束后归档造成的资料"迟、滞、漏、错、丢"等老大难现象，可以采用资料"先归档后利用"的方法：工程组成员获得纸介的厂家资料等设计输入类资料后，先送到印制部门扫描为电子文件后进行利用，纸介原件由印制部门送档案部门归档。"先归档"的主要目的不在于归档，而在于对厂家资料实现前期有效控制；"后利用"是在实施有效控制下的利用，确保利用有效性，在此情况下，归档问题也就迎刃而解。

（6）专业间互提资料：通常一个较大的工程项目将涉及许多专业，并且各专业之间或多或少存在着依赖关系，这种依赖关系在项目的运作过程中表现为资料的互提。为加强过程的规范性、可管理性和灵活性，应提供完善的提资计划调整和提资单版本升级（包括附件也有版本控制）功能。

（7）产品文件管理：系统应实现各种不同类型工程产品文件的信息解析与读取，自动判断图纸的字体、字形、线形、图幅、比例等信息，自动生成文件目录等。

（8）成品校审：作为系统主体功能，实现工程项目勘测设计产品的设计、校核、审核、会签和批准的校审流程，以及卷册任务书审批流程、工程成品文件修改申请流程、设计更改流程、设计跟踪，实现校审单、质量评定、会签信息、签名信息等过程信息的自动记录，实现提资单、厂家资料等设计输入的关联与管理。系统应能自动判断产品文件所在工程的类别、文件校审级别并匹配相关校审流程，使得项目中每个角色的操作更加规范化和标准化。

（9）图纸和文稿的自动批量电子签名：在四级校审过程中，根据工程设计阶段、成品文件类型、校审执行环节记录各校审岗位签署信息，然后对成品文件（格式包括DWG/DOC/XLS/ PDF/ HTML等）进行批量电子签名，自动生成会签栏并签名、自动盖注册师章/压力管道等资质章，自动盖政府部门颁发的出图章，自动将原始文件转换为可出版的格式以及符合归档要求的格式。

电子签章应具有传统签章和数字签名的双重功效，既能通过电子签章在电子文件上绘制出我们传统的手迹签名和传统印章，又能通过数字化的电子签名保证文件完整性、真实性、合法性、不可篡改性和不可抵赖性，提高工作质量和效率。

（10）数字化出版：应能实现每一笔印制出版委托任务（包括成品、中间成品、零星出版、扫描）费用明细的自动计算与统计。

（11）产品交付：系统自动生成递送单，打印后交顾客，签字后带回一份。

（12）产品归档：成品出版工作完成后，系统自动形成工程归档数据，自动推送至档案管理系统，由档案管理人员核实后归档。

二、系统与其他系统关系图

工程设计项目管理系统如果与其他系统集成，将发挥更大的效用。（图 9.26）

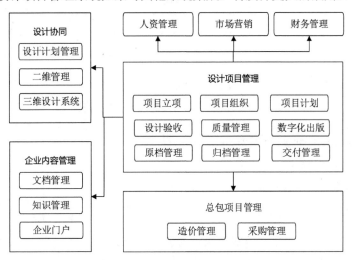

图 9.26 工程设计项目管理系统与其他系统关系图

9.7.4 工程总承包项目管理系统

工程总承包信息化应用按照 "以工程项目全生命周期管理为主线，以设计为龙头，以造价管控为核心，构建与设计管理、采购管理等核心系统集成的一体化平台"的目标，对应总包业务体系，将项目知识管理体系 PMBOK 的范围管理、时间管理、费用管理、人力资源管理、风险管理、质量管理、采购管理、沟通管理和整体管理等九大管理要素作为流程切入点，以项目协同管理、工程设计管理、采购管理、施工管理和造价管理五大核心为支柱，建设计划、设计、施工、采购、费控、成本、合同、造价、物料等功能模块。总体框架架构图如图 9.27 所示。

图 9.27 工程总承包信息化应用架构图

五大核心功能子系统的功能简述如下：

1. 项目协同管理

项目协同管理子系统建设，重点关注如下：

（1）建立项目预算编制流程，以合同和设计所制定的 PBS 为依据，及时编制并下达项目预算，确保项目成本可得到有效归集和控制。

（2）建立风险管理流程，通过执行项目风险管理，积累项目风险管理经验，控制风险。

（3）建立项目过程文档的存档及重大流程节点的知识管理收集流程，尤其是项目收尾阶段的项目文档整编归档流程，使未来项目知识能够快速复用。

（4）以总包项目协同管理流程为主线，加强统一的总包项目管理流程，完善制定项目计划流程，增加项目管理计划流程，明确定义项目概况及职责分工，确保各业务线计划得到执行和落实。

（5）完善项目变更流程，明确设计、采购和施工的内、外部变更执行程序及审批过程，以及项目部与各个相关部门之间的权责关系，提高项目部的执行力和反应速度。

（6）建立跨部门的信息系统平台，使项目部的设计、采购、施工等相关人员都能够在授权的前提下实现项目信息的共享及传递，提高项目执行过程效率，为项目的总结分析提供客观的数据基础。

2. 工程设计管理

除了具备工程设计项目管理的所有功能外，还需：

（1）建立设计工作计划与总包项目总体计划协调流程，并进行滚动调整。

（2）规范或增加设计总结流程，明确设计总结模板及要求，规范可重复利用的设计信息。

（3）规范设计变更控制流程，明确设计变更流入流出要求及职责方。

（4）关注施工图出图计划的跟踪与反馈。

（5）支持数据化的 PBS 结构及物料清单编制及信息收集。

3. 采购管理

除完成采购系统的采购关键功能外，还需特别关注如下几点：

（1）由设计部门直接提供结构化的设备材料采购清单，提高采购业务的执行效率。

（2）实时反馈设备材料到货信息，消除人工反馈带来的滞后性。

（3）通过执行供应商绩效评估等定量评价机制对供应商进行高效的维护管理。

（4）建立完善的现场物资管理流程，实现不同项目间的物资灵活调配功能。

（5）定期执行库存盘点，掌握项目现场最新物资储备情况。

（6）建立严格的领料出库流程。

（7）收集历史采购价格信息并定期维护更新，为同类型的采购报价提供参考依据。

4. 施工管理

除施工管理的本身功能外，还需关注：

（1）加强施工分包招标的成本预算管控力度，减少总包项目利润流失。

（2）完善施工进度反馈机制，通过及时、有效地反馈月施工进度及费用完成情况，便于项目经理及时调整项目整体进度计划。

（3）优化、提升施工质量控制体系，建立风险评估、分析及应对机制。

（4）建立整体的项目进度管控机制，对施工、设计、采购三者之间的进度计划进行有效的协调，避免施工进度计划与项目总体进度计划脱节。

（5）建立完善的施工现场设备、材料及人员标准化管理流程，改变施工管理过程因施工经理不同而各异的现状。

（6）建立完善的项目过程资产管理体系，将施工过程中的宝贵经验沉淀、积累，为今后的施工管理提供参考依据。

5. 工程造价管理

（1）建立集快速报价、预算管理、费控分析、设计造价为一体的造价管理流程。

（2）以 PBS 结构为核心明确项目范围，实现物料清单量与价的独立管理，使总包、设计、采购、技经通过平台协同分工合作，提升管理水平和运作效率。

（3）以设计为龙头驱动采购，以预算为基准控制成本费用，实现成本费用动态盈亏分析。

（4）通过 PBS 不同版本的演化，分别对项目各阶段进行有效的跟踪和监控，通过形成的管理闭环，可复用和借鉴历史项目经验和知识，不断积累企业无形资产。

工程总承包信息化以项目全生命周期为主线，基于数据的流转与共享，通过各应用系统模块的协同，共同支撑总包业务精细化的流程管理，管控项目风险，各应用或模块之间的主要数据流如图 9.28 所示。

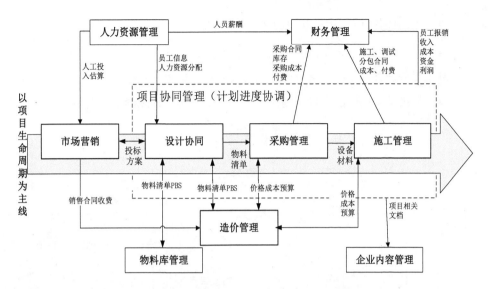

图 9.28 工程总承包信息化应用及模块间的主要数据流

9.7.5 项目进度计划管理系统

进度计划管理是项目管理的核心业务。项目组织根据任务要求，围绕项目目标对实施工作的各项活动做出周密的计划，包括确定工作范围、安排任务进度和交付要求、编制完成任务所需的资源计划等，并对计划的执行过程进行全程跟踪和动态控制，从而保障项目在合理工期和预算成本内交付出高质量产品。包括计划定义、计划编制、计划反馈、计划变更、计划监控等。

计划编制及反馈流程如图 9.29 所示，应具备如下功能：

- 支持全周期与阶段性的多视图计划管理

- 支持集成计划的制定，包括进度、交付、资源、质量等

- 支持技经专业在作业上手工和自动加载各种技经参数，能计算进度偏差、费用偏差等技经参数

- 支持多级计划的共享编制与下达、提交、发布协同管理

- 支持计划基线管理，提供基线维护和基线对比分析

- 支持 CPM 关键路径的自动生成与执行分析

- 支持基于甘特图模式的显示技术

● 提供任务进展跟踪与反馈审批协同

● 提供工时单报告与核准

● 提供任务调整的申请与审批、进度影响模拟分析

● 提供基于模板的项目计划快速构造，及结构化计划变更申请与审批管理

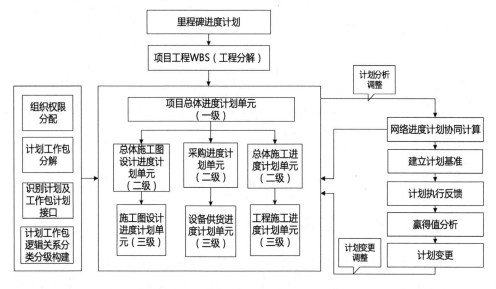

图 9.29　项目进度计划编制及变更流程图

9.7.6　物料管理系统

物料一般指工程项目设计、采购（含物流等）、造价控制/报价等所涉及的，具有商品特征的所有设备、材料等物品。

物料管理系统是工程总承包项目管理系统的基础子系统之一。物料管理系统的核心和基础是物料分类体系与编码规则。物料标准编码体系有《国际贸易标准分类》SITC、《全球产品分类》GPC、联合国标准产品与服务分类》UNSPSC 以及我国的全国主要产品分类与代码第 1 部分：可运输产品》（GB/T　7635.1-2002）、《建设工程人工材料设备机械数据标准》（GB/T50851-2013），以及各行业的物资分类与编码标准。

1. 系统建设目标

物料管理系统以设计为龙头，将采购管理、造价/报价管理等子系统所需的前

端结构化物料数据和工程量数据按规则沉淀并处理好且为其所用，以提升项目整体管理的质量和效率；支持标准物料库数据向工程项目物料库的高效转换；支持设计、造价、采购、施工、项目管理等业务的一体化应用。

2. 系统核心功能

系统包括基于物料编码的标准物料库、项目物料库以及与生产系统、造价系统和采购系统的集成应用，如图9.30所示。

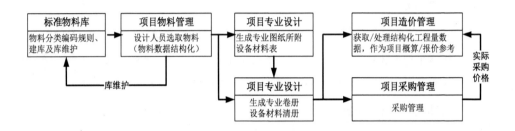

图 9.30 物料管理系统核心功能图

（1）物料编码规则。建议物料编码由 8 位物料分类码 ＋ 8 位物料属性码构成，分类码分为大类、中类、小类，属性码采用 8 位数字流水码，以对某类物料的每个属性差别分别进行标识区分。需建设描述所有物料的自然、计量等需使用到的特定属性库，按物料属性的相关性构成"分专业、分类、分层"树，来支撑全"选择式"的物料编码方式和物料数据应用方式，确保数据统一及管理便利。

（2）物料库分为标准物料库和项目物料库两类。标准物料库是公司统一管理并应用的标准库，是各系统、各用户的物料"源"。项目物料库是各项目从标准物料库中选择所需物料后，按照项目产品结构 PBS 关系而建立形成的项目物料库。项目物料库应从标准物料库中引用物料数据并加入项目特有属性。

（3）支持某工程项目的专业设计人员从标准物料库中选择某些设备、材料数据（可以是某张图纸所附的标准表式的设备材料表数据，也可以是某卷册标准表式的设备清册数据和材料清册数据），经校审后发布到与该项目对应的项目产品结构 PBS 中，供造价管理子系统、采购管理子系统等系统使用。

（4）支持项目 PBS 中设计卷册的物料汇总数据和各专业的物料全部的汇总数

据，以供设计人员使用。

3. 物料管理系统与其他系统之间的关系

物料系统并不单独存在，其与设计系统、采购系统、造价系统紧密集成，详见下节"图9.33"。

9.7.7　工程造价信息管理系统

1. 系统功能

在统一的信息化管理平台上，通过整合各种系统资源来获得量、价、费信息从而实现快速报价能力；以总承包项目为核心，通过与设计、采购、施工、合同管理和财务等专业部门的接口实现对 EPC 项目的费用控制；在专家系统的支持下实现概预算编制过程中的知识推送；对技经专业所涉及到的全部造价信息进行统一管理，以实现知识和信息的积累和复用。

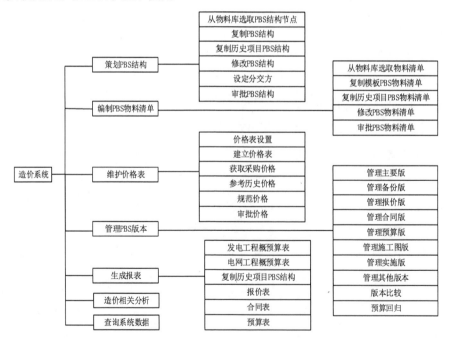

图 9.31 工程造价管理系统功能架构图

2. 建设目标

建立造价信息管理平台，提高技经专业信息化管理水平；为适应国际工程和总包项工程的需要，提高快速报价能力；提供总承包项目费用控制的手段；提高现有工程概预算编制的效率和质量。

3. 功能架构

工程造价管理系统包括策划 PBS 结构、编制 PBS 物料清单、维护价格表、管理 PBS 版本以及造价的查询和统计分析等功能。系统的功能架构如图 9.31 所示。

4. 产品分解结构 PBS 及在造价系统、物料系统、采购系统中的核心作用

产品分解结构（ProductBreakdown Structure,PBS）是把产品按组成关系，从整体逐级拆分的树状结构；是面向项目交付成果的分解，用于定义项目可交付产品及产品的组成单元，确定项目交付成果中应含的范围、功能和结构；是项目参与各方之间传递和管理工程产品相应数据的工具。

PBS 通过多层树状结构描述项目的各个组成部分或产品的各类部件且含物料清单；同时它采用编码体系来保证项目产品结构的完整性。

PBS 应按系统、区域、专业、项目阶段等属性对项目产品进行描述。对电力工程来说，如系统属性包括主机设备、工艺系统等，区域属性包括主厂房、碎煤机室等，专业属性包括机务、建筑、电气等，项目阶段属性包括初步设计、施工图等。

基于 PBS 编制工程快速报价及预算的示意图如图 9.32 所示。

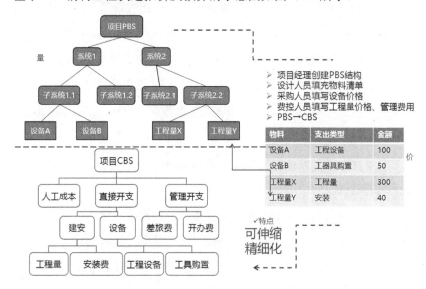

图 9.32 基于产品分解结构 PBS 编制工程报价及预算示意图

产品分解结构 PBS 与造价系统、物料系统和采购系统之间的逻辑关系如图 9.33
所示。

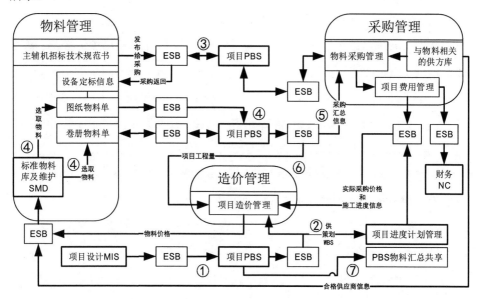

图 9.33 产品分解结构 PBS 与设计、物料、造价、采购系统间的逻辑关系图

其中：

① 工程项目经理或其委托人从项目设计 MIS 中接收到工程项目的设计任务时，
即在 PBS 标准模板的基础上，依据合同范围或项目招标书范围，以及工程项目经理
要求，增删产品分支、选择相关属性后而建立本项目 PBS 树的第一层；PBS 树的第
二、三等层允许项目经理或其委托人设置，并允许其逐步分层细化。

② 工程项目经理/项目设计经理或其委托人依据已确定的 PBS，在其他系统中
策划项目 WBS 和 OBS。

③ 项目设计人员可分批编制工程主辅机/设备的技术规范书，经审核后上载至
PBS，供采购管理接收后使用。

④ 项目设计人员从 PBS 接收到采购管理回馈的设备定标信息后继续深化设计：
在设计卷册中的图纸时，从标准物料库 SMD 中选取物料；选取物料后，系统自动弹
出项目 PBS 树，并要求选择挂接到 PBS 的那个分支或节点下；最后可根据需要自动
生成图纸物料单，并按标准表式插入到图纸中；随着各专业设计的完成，利用 PBS

可展现按系统、或区域、或专业、或整个工程汇总的全部物料清单（含订货图），也可展现某个/某类大宗材料的数量，供相关管理使用。

⑤ 采购管理子系统可从项目 PBS 提取详细物料数据或订货图，生成相应请购单并按计划进行采购。

⑥ 造价管理子系统可从项目 PBS 引用项目交付物分解结构数据和物料数据，开展工程造价的管理。

⑦ 项目综合进度计划管理子系统可依据 PBS，策划并分层制定相应的 WBS，以满足 EPC 深度交叉管理的需要。

第十章 工程设计嵌入式知识管理系统的实现

本章以某工程设计企业（以下简称 J 设计院或企业）为例阐述嵌入式知识管理系统(下文有时简称 J-EKMS)的实现与应用。由于涉及知识产权和企业秘密等原因，本章并不是一份完整的嵌入式知识管理系统实施方案，主题旨在通过典型实例，阐述本书的核心思想，并提供实证性支持。另本章阐述的视角为研究探索角度，内容不与组织真实情况直接挂钩。

10.1 概述

本节概述了企业知识管理面临的内外环境、建设目标、建设原则、范围、重点和影响因素等。

10.1.1 面临的内外环境

10.1.1.1 企业内部情况

J 设计院是行业知名的工程设计企业，是典型的知识密集型企业。企业勘测设计过程主要是以信息系统为载体，对信息进行深加工的过程，即输入信息，通过知识处理信息，输出知识；所提供给顾客的产品既是各种文档，也是积累的知识资产。

J 设计院的市场竞争优势之一在于所拥有的适用人才以及对知识资源的利用效果；产品合格、创新和提升产品的附加值（如数字化产品等）是企业生存和发展能力的体现。因此，以知识为核心，建立知识管理系统对各类知识资源加以整合和管理有利于提升企业的市场竞争力。其中，工程技术人员的设计输入、工程经验共享等在工程设计企业的知识中占有很重要的地位，管理和用好各类显性和隐性知识资源，通过个人知识显性化、显性知识组织化、组织知识效益化来加速人才成长，对提升企业核心竞争力具有重要的现实意义。

J 设计院多年来的信息化工作为知识管理系统的推行与实施打下了良好的基础。

从其业务特点来看，多为项目导向性，且项目多具时限性与重复性，知识管理系统的应用可以帮助企业合理安排人员与项目进度，提升知识重复使用的经济效益，促进业绩的快速成长，还有机会产生突破性的经营模式；从企业员工特点来看，员工多为知识型员工，具有超强的个性、快速流动性，其工作成果具有无形性，为个人绩效考评带来难度，知识管理系统通过对个人在企业内知识活动的记录，可以清晰地反映个人对企业发展的贡献；企业知识资本的积累，可以提升企业价值与核心竞争力，知识管理系统的运用可以促进企业知识资本的积累，并为企业创新提供方向；企业信息化工作取得显著成果的同时，也面临着信息化挑战。知识管理系统的实施是解决这些问题的最佳选择。

企业当前亟待解决的主要知识管理问题包括：

（1）显性知识的规范化管理：企业大量的业务建设成果、标准化成果、图库图集、典型工程案例、各类过程文件模板、质量反馈信息、质量分析卡片、产品样本等显性知识没有统一管理，散存于信息系统、档案系统、文档系统、各级门户、文件服务器和个人计算机中，需要一个具备多种分类和管理方式、全文检索、具有可设定保护等功能的知识管理集成系统来进行全方位管理，以便于利用。

（2）知识的查找获取：设计人员在工作中平均有 30%的时间花在设计输入的获取上；产品质量的常见病、多发病在以往工程中都提示过，但由于缺乏专门管理，导致无法及时找到、复用和共享。应用知识管理系统，有助于提升工作质量和效率。

（3）企业对拥有知识的"四化"要求：企业对"隐性知识显性化、显性知识规范化、个人知识组织化、组织知识效益化"的迫切要求。考虑到人员异动、员工快速成长等因素，一是缺乏知识社区、知识专家、知识问答等辅助手段，不利于将隐形的个人的经验、知识等显性化、沉淀、保存和利用；二是企业希望将更多的个人知识转化为组织知识并固化、蓄积与传承，使企业信息/知识资产不断增值，并缩短员工的学习与成长过程。

企业当前面临的情况主要有：

（1）具备实施知识管理的基本条件。近年来，企业信息化工作成绩卓著，在工程设计行业内处于领先地位。包括三维工厂设计系统等一批数字化设计软件、综合信息管理系统、技术标准化管理系统、文档管理系统、档案管理系统、企业门户、

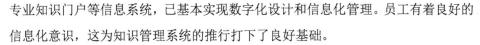

专业知识门户等信息系统，已基本实现数字化设计和信息化管理。员工有着良好的信息化意识，这为知识管理系统的推行打下了良好基础。

（2）项目导向型的业务特点。企业的业务特点是项目导向型，一个项目的完成大多需要十几个专业的从事不同工作的人共同努力。如何将这些人有效地组织在一起，有效地将所有的资源结合在一起，按照预定的时间将项目交付给客户是企业常常需要面对的问题。

● 项目的时限性。每个项目都有明确的开始和结束时间，如何在规定的时间内高质量完成合同规定的任务，是项目成功与否的关键。此外，企业内通常会有几百个项目同时进行，一个员工常常负责或参与十几个甚至几十个项目，如何进行合理的人力资源安排、精准的时间控制、高效的员工间协作和有效的管理，一直是困扰管理者的难题。如果实施知识管理，可以有效解决此类难题，更加合理有效地安排企业人力与知识资源。

● 项目的重复性。由于很多项目设计属于标准化/成熟型的产品，所以重复性很强，属于重复使用型的经营模式，因而建立起知识管理系统可以大大提升知识重复使用的经济效益，促进业绩的快速成长，有机会产生突破性的经营模式，使得每次使用的成本都会降低。

（3）知识型员工的特点。企业的生产员工都是知识型员工。辛考茨基将"知识型员工"定义为："知识型员工是那些创造财富时用脑多于用手的人们。他们通过自己的创意、分析、判断、综合、设计给产品带来附加值。"在工程咨询类企业，知识型员工的一些特性表现得更加明显。他们大多受过系统的专业教育，具有较高学历，掌握一定的专业知识和技能，具有较高的个人素质、开阔的视野、强烈的求知欲、较强的学习能力、宽泛的知识层面，以及其他方面的能力素养。但同时人才的流动率较高，淘汰率较高。有价值的经验、方案和技巧都保留在员工的大脑中，员工作为一个知识的载体为企业发挥作用。但是员工离职时，企业没有有效方法将员工头脑中的隐性知识保留下来，这就造成大量的知识流失，对企业来说是个极大损失。知识管理系统通过对个人在企业内知识活动的记录，可以清晰地反映个人对企业发展的贡献，体现员工在企业中的价值，防止因员工流失带来核心知识的流失，也为员工业绩评估提供了依据。

（4）企业智力资本/知识资本占主体。工程设计企业的固定资产较少，流动资产不多，现金流量也不大，其最重要的资产就是知识资产。企业的知识资本是指能够体现企业核心能力，对企业核心竞争力起到至关重要作用的知识。知识资本具有四方面特性：

● 具有较高的价值，能使企业在创造价值和降低成本方面比其竞争对手做得更好；

● 具有高度稀缺性，难以在市场上或通过其他外部途径获得；

● 难以模仿，这既可能来自企业独特的历史经历，也可能是一系列持续决策的结果，同时也可能需要复杂的互补性知识支撑；

● 难以被替代，具有一定的稳定性。

和物质资本不同，企业的知识资本不仅不会在使用和共享中丧失，而且会在这一过程中不断成长，它包括：人力资本、结构资本与关系资本。因而，知识资本具有明显的社会复杂性，它是企业内部组织成员共同作用和相互渗透的结果，它在整体上具有一定的独立性，难以简单量化到个人或者还原为各部分之和。

（5）缺乏知识战略与规划。信息技术对于知识的获取、应用、固化、分享与保护起着非常重要的作用。知识获取需要内部网络、外部网络和搜索引擎等信息基础设施的支持。企业非常重视隐性知识的"编码化"，并通过信息科技手段，促进知识活动的展开，促进隐性知识向显性知识、个人知识向组织知识的转化。但是，从知识管理角度来看，企业在知识管理的系统性、协调性与全员性方面还存在一些问题：

● 由于缺乏知识管理理念与系统性规划，知识库建设还处于知识堆积的初级阶段，缺乏智能分析系统，导致知识利用率和可复用性不高；

● 系统界面人性化不足、人机互动不够，使得知识活动成本较高；

● 组织内已有各信息系统之间的通道尚未建立，形成"信息孤岛"，导致信息冗余，且利用率低；

● 企业对于知识管理组织和系统的独立性认识不够充分；

● 企业还没有制订明确的知识管理战略规划，没有设立知识管理主管，对知识管理的普及与宣传也较少，缺乏对知识活动的有效控制，对知识管理工具的使用尚不充分，企业知识管理与业务流程间处于游离状态。

（6）信息化道路依然任重而道远，具体表现在：

● "信息膨胀"：企业所处理的信息量正在迅速膨胀，来自企业内外部的信息基本上正在按照几何级数的速度增长，这种高速增长的信息量往往使企业工作人员感到无所适从。

● "信息孤岛"：企业内仍有一些相互独立的应用系统，这些独立的系统在提高了本部门的工作效率的同时，它们间的相互独立性也为企业的整体管理设置了障碍，它们没有相互连接的信息渠道，数据通常都被封存在企业的不同数据库、主机、文件服务器上，只有少数有特许访问权的用户能看到这些数据。

● 信息的"非结构化"：结构化数据的比例较低，更多的是数据库存取了的大量非结构化数据。而对于企业决策者来说，往往一个备忘录、一封邮件等这些"管理死角"里会隐藏了非常重要的信息资源。

● 信息的"非个性化"：企业领导、员工、客户、供应商、合作伙伴等都是企业信息的提供者和需求者，而他们所切入的角度和关注重点是不一样的，这种"个性化"体现在各个方面，例如：内容（一般的知晓/情报）、频率（例外/定期/持续）、结构（同类文件/各种来源文件）、安全（加密/公开）、存取（个人/团队/公司）、集成（内部/外部）等等。而现在企业的信息系统还未能实现个性化定制，只实现了"如果你肯找，最终反正能找到"的这样一种被动式、大众化的信息提供方式，而没有实现个性化的信息存取和全系统的全文检索。

10.1.1.2　企业外部环境

虽然内部有利条件不少，但企业也面临严峻的外部环境：

（1）行业市场需求的变化。电力工业是能源工业的重要组成部分，是经济发展的重要支柱。前十年，电力建设需求相应持续旺盛，用电高峰出现缺电局面，企业处于黄金发展时期。但近十年，一方面，电源建设尤其是火电建设日趋饱和，已呈现供过于求的态势，导致行业内竞争加剧，知识需求明显上升，企业明显感到市场业务量下降；另一方面，电网建设处于快速增长的空间，这样既饥饿又饱满的市场需求特点与企业的业务能力之间存在着一定的不匹配性。

（2）业内同行间的竞争。随着电力设计系统体制改革的完成，业内同行业的竞争加剧，J 设计院面临着第一集团的技术控制、第二集团的市场竞争的压力、第三集团的市场争夺。具体表现为：第一集团强强联合，以资产为纽带的资源整合，在控制六大直属院的顾问集团公司，形成了新的大型国有企业集团，这对省级设计院（第二集团）构成新的竞争压力；第二集团省级设计院由于受到来自第一集团的技术控制和市场压力，表现出竞合态势，区域临近的省院间的竞争加剧；第三集团快速发展，省内的各市供电公司所属电力设计院陆续升级为乙级资质，进入 220kV 等级电网建设市场后，迫切需要获得业绩，随着市场开放程度加大，省内发电咨询设计资源短期内供不应求，竞争加剧。

（3）行业新进入者的威胁。我国加入 WTO 已十余年，国外工程咨询企业已经可以进入我国市场享受国民待遇，平等地参与国内市场竞争，电力工程咨询业进入国际竞争的时代已经到来。国外工程咨询企业以其先进的服务理念、服务产品与管理经验，已在我国大型项目招标中尽显优势。从国外咨询企业参与竞争的项目来看，直接参与专业性的工程项目设计竞投标的比较少，而以工程公司带入资金承包整个工程建设获得丰厚利润的居多。国外工程咨询类企业进入中国市场，对国内工程设计企业来说，最直接的威胁是其以优越的用人机制和待遇抢夺国内工程咨询业的人才。

10.1.2 建设目标

重点面向公司基本常态业务及其相关管理，首先抓住公司产生或梳理的、利于工作应用的信息及知识，兼顾外部信息资源的利用，采取基于业务流程的、针对性强而有效的知识收集、存储、管理、分享和应用措施，开展知识管理系统的顶层设计，梳理知识分类体系，构建以专业技术或职能管理的知识完整性为特征的、具有完善管理/保护的、有效管理和方便利用的知识管理系统，实现个人知识显性化、显性知识组织化、组织知识效益化，主要为咨询设计、工程总承包等生产经营活动提供信息支持，兼顾各职能知识的管理，为人才成长、业务连续和信息资产的积累奠定坚实基础，实现组织卓越与个人优秀共同发展。

10.1.3　建设原则

1. 设计原则

（1）以专业技术和管理职能的知识完整性为准则，以知识门户建设为核心，以合理的维护机制为特点，进行系统建设。

（2）以人（好用、方便、实用）为本，避免建设大而空泛的知识管理系统。

（3）以业务流程为主线，构建信息流程和知识流程。企业实施知识管理的目标是提升竞争力，这必然要通过业务来实现，知识管理只有与企业业务紧密结合，才能保证其生命力。暮于知识管理系统实施战略的业务流程重组的目的是确保组织知识运转流畅，获得最大的价值增值。知识管理就是对业务流程中无序的知识进行系统化管理，实现知识共享和再利用。因此只有准确把握企业业务流程中的知识控制点，将业务流程与知识流程结合起来，才能切实提高企业竞争力。

（4）上下融合共同推进。在知识管理实施过程中要注意"自上而下"与"自下而上"的关系。首先也是一贯强调知识管理是"一把手"工程，主要领导的重视至关重要。其次虽然推进知识管理是企业行为，但也需有员工的积极参与。因此，在推进知识管理的过程中，一方面企业"一把手"要亲自抓并制定知识管理发展战略，调整管理理念，使其适应环境的变化；另一方面，要加强教育与培训，让知识管理成为全体员工的共识，因为在知识管理实施过程中最大的阻力可能来自那些不喜欢或不愿意适应新技术环境的管理者或员工。面对各种阻力，推行者需要有充分的理由来说服企业员工并证明知识管理的确会给企业与员工个人的发展都带来好处。真正实现上下结合，共同推进，这是知识管理获得成功的基础。

（5）将嵌入式思想贯彻到各系统的集成中。以嵌入式知识子系统为起步建设知识管理系统是基于当前形势选择的一种适当方式。知识管理系统建设是一个复杂的系统工程，也是革命性变革的过程，需要根据具体情况循序渐进地推进。

（6）知识的积累、交流与共享。知识积累是实施知识管理的基础，知识共享才能使知识创造价值，知识交流是使知识体现其价值的关键环节。可以通过各种计算机、网络平台和手段辅助知识积累、交流和共享，如当前火爆的博客、微博、论坛等方式。

（7）知识使用的过程管理。知识管理不仅体现在对已形成的知识进行管理，更多地是体现在知识产生以及创新过程中的管理。

（8）知识内容管理。加强对有效知识的管理，避免垃圾信息充斥。

（9）知识的显性化与组织化。个体知识是组织知识动态发展的基础，知识管理在实施中要注重隐性知识的显性化、个人知识的组织化和组织知识的效益化。

（10）自下而上的知识管理。知识型企业的知识主要是自下而上流动的，企业基层的知识管理水平决定了整个企业知识管理的成败。

（11）组织的扁平化与网络化。知识管理的目的就是使企业内部的信息和知识快速地流动起来，知识管理体系力求促进企业组织的扁平化和网络化。

（12）知识创新的培育与激励。为知识的产生、创造和应用提供良好的情境，为知识创新建立全方位的激励体系。

2. 系统建设关注的三个方面

（1）组织层面

由于这是一项系统工程，首先要在梳理组织的各个管理与业务模块基础上，建立起全面的、多维度的知识体系，并通过组织和个人的知识贡献和补充，定期对知识体系进行内容更新和维护，使知识内容质量能够满足业务要求，并且能在长期的体系化结构的知识积累过程中，沉淀大量对体系有用的知识。

（2）项目层面

电力工程设计项目技术越来越先进，分工越来越细致，信息越来越复杂，交互越来越频繁，对项目的规模、进度、资源估算越来越困难。因此，必须梳理项目管理知识体系，在项目层面制定规范的流程，过程文件以统一的标准和质量体现在流程中，以控制技术服务的质量。在项目执行的每个阶段，均形成对项目参与人员有较强指导意义的作业指导文件，促进自我学习和过程中学习，以加强设计人员的迅速成长，促进知识应用。所有的项目过程文件和成果均通过系统实时完成记录和归档，记录到知识库中，并对项目知识体系进行必要的补充和更新，为其他或后续项目提供知识支持并促进知识共享。

（3）员工层面

短时间学习和掌握岗位所需的知识和技能，是每位员工快速成长、提升自身能力的必要途径。传统上，工程设计企业大多是员工个人在工作实践中摸索学习，缺乏基于职业规划的知识学习和储备，造成个人学习成长慢，同期入院员工知识技能参差不齐的现象。所以从快速培养、提升整体员工水平的角度考虑，可研究讨论不同岗位所需的知识地图。员工可以通过与知识地图相结合的日常工作流程自主学习或交流学习补充已固化的显性知识（标准化成果等），也可通过专门的 BBS、专家讲课培训、专题研究小组等发帖或提问，大家相互学习交流，尤其是帮助年轻员工补充岗位实践中的实用知识。

这三个层面的知识管理体系是统一的，组织知识的积累依赖于一个个单体项目的知识积累和总结，来源于各个专业室员工的经验知识贡献。同时项目知识、个体知识的组织化，通过知识管理体系的整合和完善，又为新的业务开展、员工新的学习需求提供支持，这种良性的知识管理体系的循环，将更好地支持工程设计和工程咨询业务的开展，成为组织创新和团队成长的推动力。

10.1.4 范围与重点

1. 建设范围

（1）各类标准、规程规范（设计依据性资料），工程成品及工程原始文件（设计参考性资料），业务建设内容（手册导则、专业技术模板、质量信息、图库图集、产品样本等设计参考性资料）；

（2）各种知识管理系统专业模块及工具的建设和应用，包括全文检索、知识门户、知识地图、知识社区、知识专家门户、网络培训（培训、学习、考试等）、知识百科、知识问答、知识圈子、知识群、即时通讯、知识网盘、网上调查、投票管理、手机/pad 移动终端访问等；

（3）知识系统与各信息系统间的信息采集与推送。知识收集与推送是指从各个业务流程或信息系统中获取知识到知识库并发布到知识应用门户供检索利用，并通过知识推送工具将知识库中的知识在适当的时间、适当的流程节点主动推送给适当的知识需求人以分享和利用。

2. 建设重点

（1）标准规范的管理（含技术、管理、工作三种类型）；

● 国际、区域、国家、行业标准规范

● 本公司企业标准

● 相关方标准规范：如国家电网、五大发电集团等客户标准。

（2）业务建设内容的管理（设计参考性资料）

● 设计手册：如通用手册、项目经理手册、专业设计手册、专业设计准则等。

● 专业技术模板：如工作计划模板、标准卷册目录模板、卷册任务书（作业指导书）模板、设备技术规范书模板、提资模板、计算书模板、设计评审纪要模板、设计总结模板、勘测大纲模板，以及设计流程、设计校审要点等。

● 质量信息：如质量分析卡、质量信息反馈、经验教训、QC 小组等。

● 标准图库图集典型设计：标准图库、标准图集、典型设计。

● 产品样本；如产品样本、厂家资料等。

● 专项技术：如科技成果、专利与专有技术、专业论文等。

● 经验交流：工作过程中的各类讨论会资料，从知识社区、知识圈子、知识群、知识问答等各类隐性知识显性化工具中沉淀提取的知识。

● 学习培训调研：各类培训及业务学习，员工外出学习、专业会议、调研的成果资料。

● 信息化：如专业软件、数字化设计、管理信息系统等。

（3）专业知识门户

从专业技术的角度，以专业知识门户的方式为知识管理系统建设和运转的着眼点。

（4）职能管理知识门户

从职能管理角度，而不是部门角度进行职能管理知识门户的建设。

（5）知识管理系统的内容建设

从院层面成立内容建设工作组，制定工作计划，明确责任人，配套激励制度，与标准化工作、业务建设工作协同推进。

（6）知识系统与信息系统间的知识采集与推送

将知识系统与信息系统集成，将知识在合适的时间合适的流程阶段推送给合适的人，并从信息流程中进行知识采集。

10.1.5 影响因素

本书从流程/任务、人员、组织结构、领导、文化、衡量及技术七个维度来探讨影响 J-EKMS 的成功的关键因素，并针对每一个影响因素，分析其优势与劣势，详见表 10-1。

表 10-1 实施 J-EKMS 的关键影响因素

影响因素	优势	劣势
流程/任务	● KM推动共分为问题解决、导入知识、建立雏型及实验、建立与整合新技术四个步骤。 ● 业务流程皆有固定标准。 ● 拥有明确的企业发展任务及目标。	● 没成立知识管理推动小组或其他常设组织。
人员	● 员工学历高，素质好。 ● 员工对KM使用已建立高度共识。 ● 员工对信息科技的接受度高。 ● 员工清楚每个工作如何进行。 ● 员工拥有完善的教育培训机会。	● 员工工作负荷较重，无时间提供知识分享，易影响知识积累的时效。 ● 尚未针对KM使用绩效的好坏给予员工特别激励。
组织结构	● 以项目为主的组织结构。 ● 主管授权各项目运用KM解决问题及创造新知识。 ● 具备较全面的技术与组织结构。 ● 具备学习型组织特质。	● 不同组织间，知识分享较少。
领导	● 公司主管鼓励员工运用知识管理解决问题及创造新技术知识。 ● 各项目皆有相关主管负责新技术参考价值的审核。	● 专业主工、项目主管由于工作繁忙，无法全程或实时参与项目小组的知识选择或创造，以做出有时效性的决策。

续表 10-1

影响因素	优势	劣势
文化	● 公司内部对于建立工程设计知识库具有高度共识。 ● 主管鼓励员工间、项目间的知识分享。 ● 建立以技术讨论为主的交流文化。	无
衡量	● 以项目参考技术通报及工程设计规范的多少进行衡量参考。 ● 以各项目产出工程设计文件质量及施工建造的变更进行比较，评估两者的差异程度。	● 未单独针对知识管理所产生的经济效益予以量化评估。
技术	● 个人计算机等信息科技使用普遍及扎实。 ● 运用各类信息系统和文档系统辅助建设KM知识库。 ● 运用局域网络提供给员工联机查询。 ● 提供知识库管理机制。	● 各工程设计项目性质与规模不同，使用的数据库亦不相同，跨系统检索困难。 ● 目前知识管理系统的建设尚处于第一和第二阶段之间。

10.2　实施策略与方法

本节阐述了实施策略、基于标杆管理的方法、系统设计流程图及系统建设"三步走"的方法论。

10.2.1　实施策略

知识管理系统的实施策略是：

● 整合数据水池

● 疏通流程管道

● 增强信息驱动

● 抽送知识活水

10.2.2　基于标杆管理的建设方法

标杆管理与企业再造、战略联盟并称为 20 世纪 90 年代三大管理方法。标杆就是针对相似的活动，其过程和结果代表组织所在行业的内部和外部最佳的运作实践和绩效。标杆管理就是寻找和研究一流公司的最佳实践，以此为基准与本企业进行比较、分析、判断，提出措施，从而使自己的企业得到不断改进和创新，使自身进入创造优秀业绩的良性循环过程。

标杆管理的精髓主要表现在以下三方面：1）围绕本组织的战略和要求进行对标；2）要选择适当的对象进行对标；3）在标杆管理中要特别注重创新工作。

不同阶段企业知识管理系统应具有不同的总体目标以及具体的管理标杆与信息技术标杆，以寻求系统的协调运行；同时该标杆体系也可以用于诊断企业的知识管理现状，或作为企业推行知识管理的导航。下面将基于业务流程的嵌入式知识管理系统在不同发展阶段的总体目标及具体标杆汇编于表 10-2。

10.2.3 系统设计流程图

一般而言，计算机应用系统的开发包括四个主要阶段：系统的需求分析、系统设计、系统实施和系统评估。首先，在企业总体发展战略的基础上，通过对企业内外部环境进行分析，明确知识管理系统的需要；其次是进行系统设计，包括系统战略设计、环境设计和流程设计；接下来是系统的实施，包括详细设计、分步实施和阶段运行；最后是系统的评估，即发现运行中存在的问题，进行调整与改进。J-EKMS的设计流程如图 10.1 所示。

10.2.4 系统建设"三步走"

知识系统与信息系统、常规系统既是并列系统，又是"系统之系统"。作为知识系统的有效实现方式，知识系统可以先嵌入到信息系统和常规系统中，发展到一定阶段后（比如建立学习型组织、智慧型企业），当知识管理系统有了更加适合其生存的土壤后，再拔高知识系统到"系统之系统"。为达到这个目标，知识管理系统的建设可分为"三步走"：

（1）构建相对独立的原型性知识系统；

（2）构建嵌入信息系统与业务流程间的嵌入式知识系统；

（3）构建全面完整的柔性知识系统。

表10-2　嵌入式知识管理系统不同发展阶段的标杆体系

阶段	总体目标		重要节点	管理标杆与信息技术标杆			
				知识获取与产生	知识存储与管理	知识共享与传递	知识应用与创新
构建相对独立的原型式知识管理子系统	①传播知识管理理念，开始有意识地开展知识活动，编写知识编码，对知识进行分类，组建基本的文件化知识管理体系 ②构建相对独立的原型式知识管理子系统	基础	行业知识内涵§3.3 确定知识管理目标§1.4.3 规划知识管理体系§1.4.3	· 梳理企业的知识分类，确定知识编码，界定知识的大键知识 · 分析企业的外部环境和内部资源，明确企业的知识管理目标 · 根据企业战略、知识管理目标、信息技术及企业知识内涵确定，规划行业知识管理体系			
		方案	信息技术平台	· 不扼杀员工创新 · 互联网、员工创新、知识门户、个人BLOG等	· 知识分类 · 知识编码 · 文档管理 · 文件聚合	· 与DMS结合或将知识文档化	· 非工作流程的独立知识应用
		实施	原型式知识管理子系统	· e-Learning · e-Meeting · RSS · 搜索引擎		· BBS · BLOG/微博 · E-Mail · 知识社区	· 直接访问知识库 · 虚拟社区 · 实践社团 · 团队工作 · 知识地图
		文化	企业文化 制度建设 组织结构	· 建立和谐、多采、创新的企业文化 · 无知识管理制度 · 在金字塔式的组织结构基础上，逐步强调以职能部门来开展业务，着手建立矩阵式组织结构	· 鼓励共享和沟通		
构建嵌入到信息系统中的嵌入式知识管理子系统	①梳理业务流程、信息流程 ②从知识管理的视角去优化原有的信息系统，以知识管理促进生产率及管理的提高 ③以上基础上，理清知识活动、梳理知识流程 ④逐步提取粒度较小、功能相对完整，能嵌入到信息系统中的知识，以知识获取、存储、分享、利用为目标，构建嵌入式知识管理子系统	基础	梳理业务流程模型§3.5.1 梳理信息流程模型§3.5.2 构建嵌入式知识流程模型与框架§3.3 优化完善知识管理体系§3.4	· 梳理企业的业务流程和生产知识，以流程为主线，构建嵌入的信息流程模型 · 在业务流程基础上，梳理全面覆盖业务流程的信息流程模型 · 在以上基础上，进一步优化行业的知识管理体系			
		方案	信息技术平台	· 通过嵌入知识系统中的知识	· 设计知识和知识管理模块 · 设计嵌入式群件技术、Web 2.0等知识管理模块	· 通过Agent访问知识系统 · Web 2.0相关技术 · OLAP等数据挖掘技术	· 知识检索 · 协同设计管理模块 · 项目管理模块 · 专家系统
		实施	嵌入式知识管理子系统	· Agent、Web Service、Components等嵌入式	· 文档管理模块 · 设计嵌入式群件模块 · 设计成果管理模块 · 工程数据库系统	· 网上培训模块 · 知识地图社区 · 个人门户	· 通过知识嵌入实现知识的传递
		文化	企业文化 制度建设 组织结构	· 建立和谐、多采、创新、为民的企业文化 · 创建相应的知识管理制度，加强知识获取制度、知识存储与管理制度、知识共享与传递规定、知识应用制度、知识保护制度 · 建立短阵式组织结构	· 激励创新、自我学习、主动学习、知识共享、互助共享		
构建柔性知识管理系统	①将嵌入式知识管理子系统中的知识管理系统与相关的信息系统正式的合并集成，合并共享、互融发展 ②将各类嵌入式知识管理子系统，在统一基点成链、连片成络，在统一规划布局基础上，建立针对相对完整的知识整体的统一的跨领域集成知识管理系统 ③建立知识的评价体系 ④建立知识保护体系	基础	信息技术平台 超级知识管理系统 企业文化 制度建设 组织结构	· 根据企业战略目标的变化，进行全面数据规划分析，建立超级知识管理系统的大框架 · 超级知识系统是一个集大成的 · 多元化的和谐文化 · 相对完善的知识管理制度 · 扁平式的组织结构	· 数据中心	· 知识流程与流程、在线 · 知识主体利用超级知识管理平台上	
		方案	超级知识管理系统	· 支持嵌入式知识管理子系统 · 各类门户、信息系统等	· 结构化数据的存储 · 非结构化数据的存储	· 基于信息化手段的知识传递 · 隐性知识的共享与传递	· 流程中的被动式应用 · 培训与学习中的主动式应用及创新

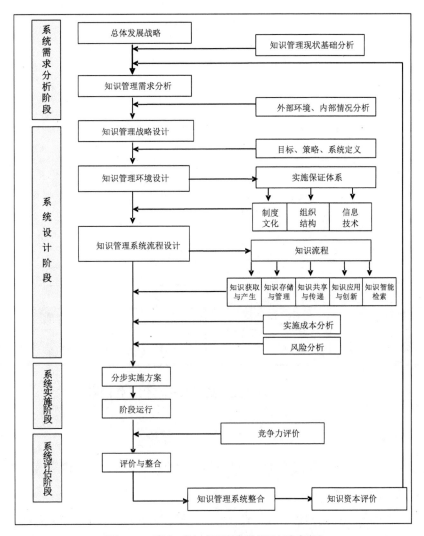

图 10.1 嵌入式知识系统的设计流程图

10.3 基础工作

知识系统的建设需要完成一系列前置性或基础性工作，如知识分类系统、标准化、业务流程分析等。

10.3.1　工程设计企业的知识分类体系

内容详见§5.2工程设计知识分类体系。

10.3.2　工程设计业务建设及标准化工作内容

本节以生产部分为例阐述工程设计企业标准化工作内容，主要包括设计流程规范化、过程文件模版化、设计模块标准化、专项技术专家化四大部分。如图10.2所示[①]：

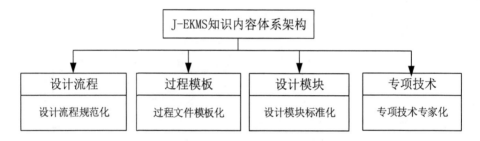

图 10.2 工程设计业务建设及标准化工作内容

1. 设计流程

通过设计流程规范化工作，确立规范的作业流程。流程的规范化是信息化和知识系统成功的重要前提和因素。

生产核心的设计流程包括项目设计流程、三维设计流程、项目管理流程等。

典型的设计流程如图10.3所示：

---

① 本小节的插图基于王斌、江蛟等人的思想构建。

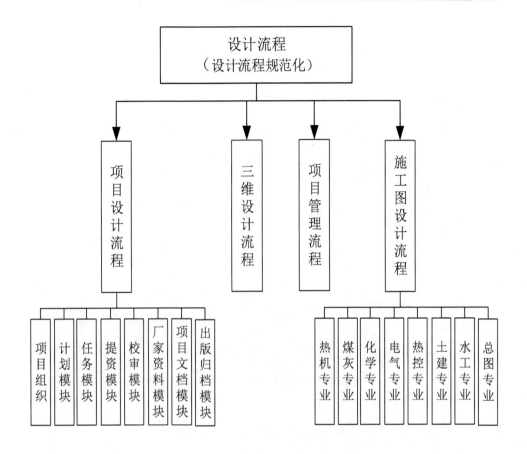

图 10.3 设计流程架构图

2. 过程模板

通过过程文件模板化工作，形成基于设计流程的标准版过程文件。要实现知识共享，要使不同的应用系统相互交流和使用计算机化的知识，关键是知识的标准化，即采用统一规范化的模型来描述数据、信息和知识。典型的过程模板架构如图 10.4 所示：

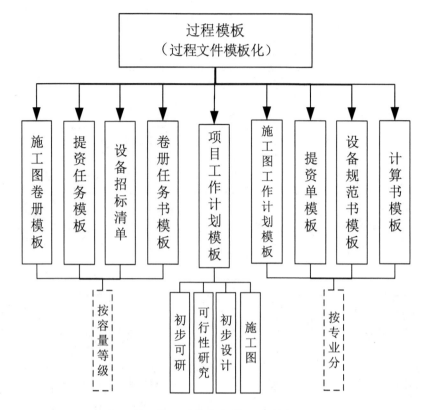

图 10.4 过程文件模板架构图

3. 设计模块：以发电业务为例

通过设计模块标准化工作，促进已有知识的利用和推广。知识管理的主要目的是实现知识共享，而设计模块的标准化有助于快速实现知识共享。知识管理的模块化是采用面向对象的技术，从知识共享的角度，将围绕某一对象的全生命周期所需要的知识集中在一起，并进行封装。基于组件的 CAD 的一体化技术是一种利用模块化知识快速实现知识共享的技术，其原理是利用组件技术对产品的结构要素进行标准化、系列化和模块化设计，得到可以组成不同产品的基本模块，通过搭积木的方法来产出产品。典型的设计模块如图 10.5 所示。

4. 专项技术

通过专项技术专家化工作，鼓励和促进科技创新，促进隐性知识显性化。

知识专家是这样一些人：有技能、经过培训并且知道如何把知识组织到系统中，便于系统高效使用知识资源。包括资料管理员、报告管理员,卷宗保管者、其他的信息专家。他们的任务是:表示各种不同的企业知识;开发组织和使用知识和系统的方法;知识的发布和传送;扩大知识的使用和价值;知识存储和检索等。他们的目标是增强知识的可用性和价值,使得企业对自己和其他的环境有很好的认识。知识专家设计和开发知识产品和服务来提高学习和意识。

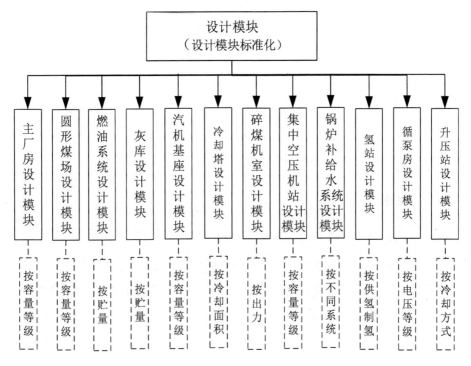

图 10.5 设计模块架构图

技术专家是工程设计企业中形成工程设计企业知识结构的特殊专家。知识技术专家包括系统分析人员、系统设计者、软件工程师、程序员、数据库管理人员、网络管理人员、其他开发基于知识的系统和网络的专门人员。他们的任务是建立和维护知识基础设施,这些基础设施能够加速数据的处理和信息的交互。知识技术专家建造应用系统、数据库、网络,使得工程设计企业能够可靠和高速地工作。

专项技术包括作业指导书、系统说明书、勘测设计要点等,如图 10.6 所示。

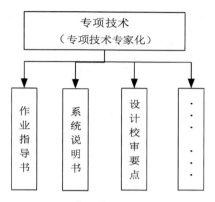

图 10.6 专项技术架构图

5. 专业基础建设

通过专业基础建设规划，梳理各专业知识细分。包括明确各专业在各工程中的任务，确定质量分析卡片、工代信息表等内容。

10.3.3 业务流程分析

J 设计院是一个流程导向性的企业，也是一个高度知识密集型企业。内部的员工需要在该专业领域有多年的知识积累，包括质量控制、客户需求识别等多方面的知识。而这些类型的知识普遍存在于人们的大脑中，并且具有不稳定和易变的特征，所以迫切地需要挖掘这类知识，并进行知识获取、应用、固化、分享和保护。

本节以发电设计的业务流程为例，通过抽象与提炼，分析各个阶段业务流程的关键内容、知识控制点与知识活动方式。J 设计院的一个典型的业务活动流程可总结为项目运转流程图、项目设计流程图、成品（图纸）设计流程图和项目实施流程图等。

项目运转流程图（图 10.7）主要描述设计项目在设计院与客户间的流转过程，各部门与相关人员在项目中的角色与任务、设计业务开始与终止的标志等。

项目设计流程图（图 10.8）主要描述在项目设计过程中各专业间遇到的各类问题解决方式，分管总工、项目经理、各专业主设人（审核人）与专家在项目设计过程中所扮演的角色等。

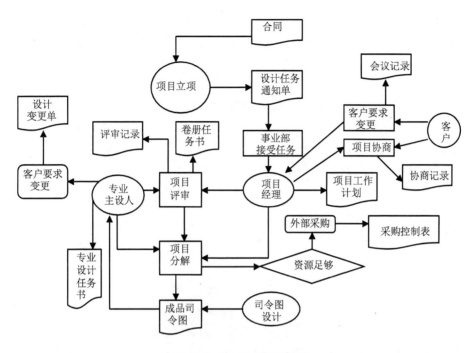

图 10.7 项目运转流程图

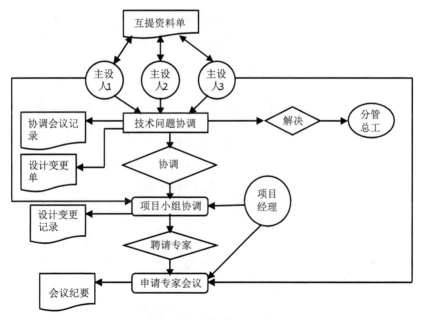

图 10.8 项目设计流程图

成品（图纸）设计流程图（图10.9）主要描述项目的主要产出产品文件（图纸）从最初资料搜集（厂家资料、客户资料）→设计→校核→审核→批准的整个流程中，设计人、校核人、主设人、审核人、项目经理的主要职责等。

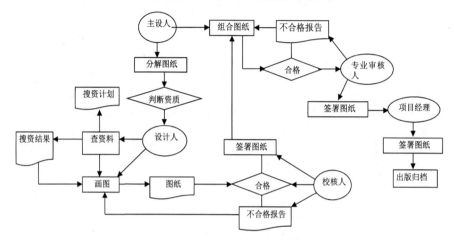

图 10.9 成品（图纸）设计流程图

项目实施流程图（图10.10）主要描述从设计完成到正式交付的过程，描述了项目组与客户间的交互活动、客户意见反馈与过程记录等。

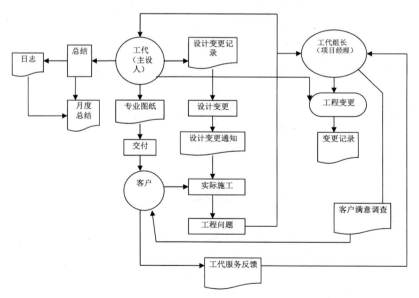

图 10.10 项目实施流程图

10.3.4　知识活动关键节点控制法

基于业务流程为知识流的获取和控制提供了一条有效的途径，J设计院的业务运行是流程化的，而且员工对与自己相关的那部分流程非常熟悉，很容易辨析业务流程中关键的知识活动控制点。所以，在基于流程的知识管理系统战略导向下，J设计院可以选择"节点控制法"来达成系统设计，这是最有效的系统设计方法。根据知识活动的五个部分，找出知识活动的关键控制点与业务流程中知识活动的具体表现形式，描述业务流程中的知识活动，找到知识活动的控制点和业务活动与知识活动的接口，也有利于知识管理的全面展开，如图10.11所示。

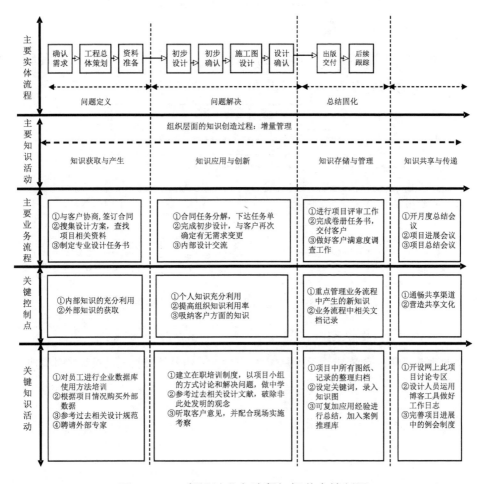

图 10.11　工程设计业务流程知识节点控制图

10.3.5　信息系统分析

J 设计院信息化应用平台由工程管理集成系统、勘测设计集成系统和综合管理集成系统三大部分组成。如图 10.12 所示：

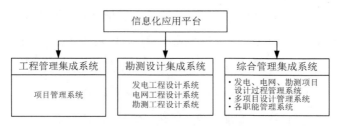

图 10.12　企业信息系统架构图

1.　工程管理集成系统

工程管理集成系统实现工程项目的计划、合同、采购、物资、费用控制、现场、沟通、进度等管理和控制。如图 10.13 所示：

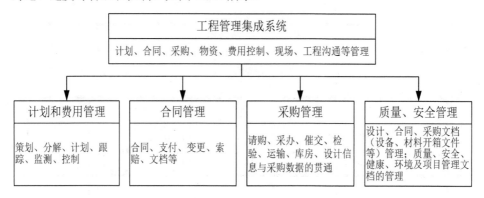

图 10.13　企业工程管理集成系统架构图

2.　勘测设计集成系统

勘测设计集成系统是 J 设计院的"生产力"，由各计算机辅助设计工具组成，通常简称为 CAD。根据发电、电网和勘测的不同特点，各自的主要计算机辅助设计系统应用如图 10.14 所示：

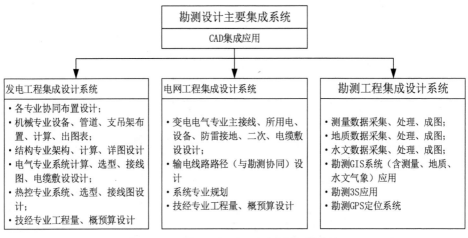

图 10.14 企业勘测设计主要集成系统

3. 综合管理集成应用系统

综合管理集成应用系统是企业的"生产关系",由各管理信息的系统组成,通常简称为 MIS。根据功能与范围不同,如图 10.15 所示:

图 10.15 企业综合管理集成应用系统

(1) 项目设计过程管理

项目设计过程管理的目的是实现项目设计过程的信息化管理,是生产管理的核心部分。主要包括项目从立项,经过计划、设计、提资、校核,直到出版归档的过程。其组成如图 10.16 所示:

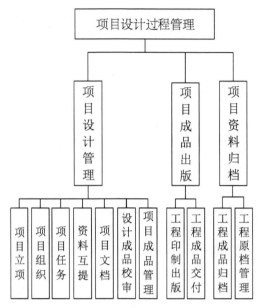

图 10.16　工程项目设计过程管理

(2) 多项目资源管理

多项目资源管理实现多项目的管理、统计、分析等，分析企业生产经营状况，为企业决策提供依据。包括多项目的合同管理、计划管理、工时管理等。如下图：

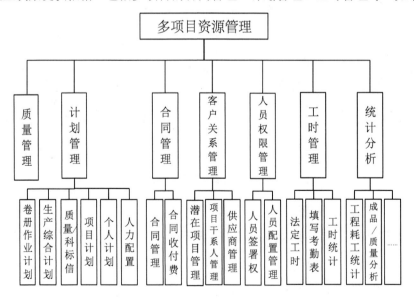

图 10.17　多项目资源管理

（3）职能协同服务管理

职能协同服务管理的主要目的是为了维持组织运转、辅助生产等。主要包括办公自动化、人财物管理等组织职能管理。如下图所示：

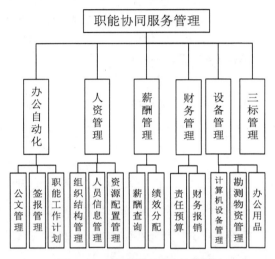

图 10.18　职能协同服务管理

（4）辅助支撑管理

辅助支撑管理为组织的日常运转或业务开展等提供支撑，目的是使组织运转和业务开展等更高效、便利。包括门户、文档管理、法律法规等，如下图：

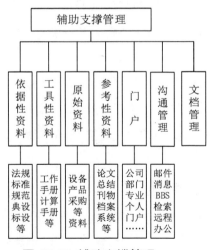

图 10.19　辅助支撑管理

10.4 嵌入式知识管理系统的顶层设计

嵌入式知识管理系统的顶层设计分为两部分阐述：第一部分是嵌入式知识系统的顶层设计图，第二部分是知识管理系统与其他主要信息系统的关系与定位。

10.4.1 嵌入式知识管理系统的顶层设计

面向公司基本常态业务的嵌入式知识管理系统的顶层设计图主要包括公司基本常态业务、知识应用门户、外部信息收集、知识集散虚拟管理中心四部分（如图10.20所示）。

在对公司内部知识进行分类后，由知识应用门户等方式提供对外利用，对外部信息知识提供系统检索与管理，在知识集散虚拟管理中心诸多知识工具的支撑下，在流程中实现知识采集/获取、知识推送/应用的双向流动。各部分含义简述如下：

1. 企业基本常态业务

企业生产经营与管理包括主营业务、资源/资产管理、支撑/公共基础业务三部分基本常态业务。

（1）主营业务包括计算机辅助设计（数字化设计、工程数据管理、数字化交付），技经（概预算、咨询、总包费控、招投标），经营管理（客户关系、合同），设计项目过程管理（计划→设计→提资→校审→会签→出版→归档），总承包项目管理（进度、合同、采购、分包、QHSE、文档）等。

（2）资源/资产管理包括人力资源管理（人事、党群、薪酬福利、绩效、保险、教培、招聘）、全面预算/财务管理（预算、采购、报销、物资；核算、成本、资金、资产）、科技项目管理（立项、产值、合同、评审、结项、报奖、知识产权）等。

（3）支撑/公共基础业务包括企业标准管理（管理标准、技术标准、工作标准），全面风险管理（三标、环保、安全、审计、廉政），办公自动化（办公、车辆、会议、日程、总务），企业文化，公共基础（文档/台账、门户/沟通、网络通讯、信息安全）等。

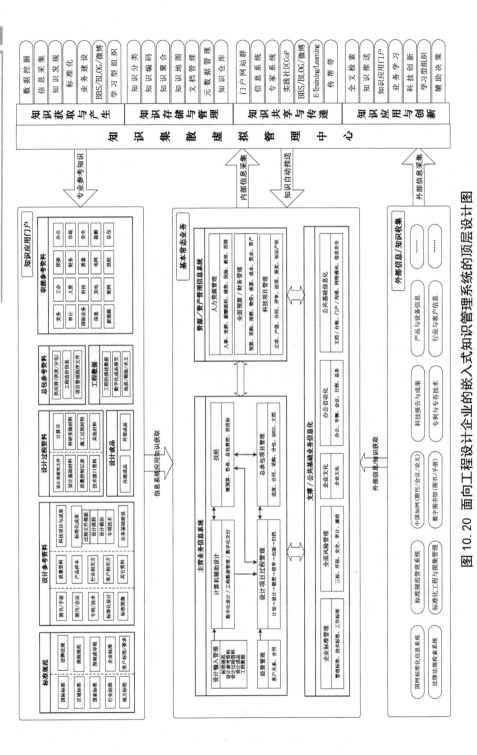

图 10.20　面向工程设计企业的嵌入式知识管理系统的顶层设计图

2. 知识应用门户

知识应用门户是企业员工日常工作所涉及相关主题内容知识的入口和展示窗口，构建于根据生产和管理人员的工作需求特性而进行的知识分类基础之上，具有主题知识分类、信息系统集成、全文检索、个性化展示等功能。知识应用门户一方面为员工提供方便快捷的信息知识检索查找功能，另一方面通过知识管理集散中心提供的各类知识工具与企业基本业务中的流程实现信息采集和知识推送，达到自我丰富和知识反哺。

知识应用门户的架构包括两部分：一是主要为生产人员服务的标准规范、设计参考资料、设计过程资料、设计成品、工程数据和总包参考资料，二是主要为管理人员服务的各类职能管理资料。此外，门户中还集成了实现外部信息和知识收集的功能。具体内容不再罗列，详见图 10.20。

3. 知识集散虚拟管理中心

知识集散虚拟管理中心，是使用各类知识工具，通过知识的获取和产生、存储和管理、共享和传递、应用和创新的过程循环，而实现知识"集中"与"分散"的服务平台。

集散中心在企业知识管理系统体系中的作用是，在企业基本常态业务的各个流程中进行信息和知识的动态采集获取，在中心的服务平台上经过处理后，在适当的时间适当的地点推送到适当的流程节点、推送给适当的知识需求人、发布到知识应用门户。

集散中心主要提供如下功能和服务：

（1）知识获取与产生

● 数据挖掘（Data Mining，DM）：DM 是从存放在数据库、数据仓库或其他信息库中的大量的数据中获取有效的、新颖的、潜在有用的、最终可理解的模式的高级处理过程。通过数据挖掘工具，企业可以在凌乱的数据中，找到有用的知识。

● 信息采集：是指通过内部途径（企业内部组织、内部信息网络）或外部途径（传媒、政府、会议、客户、外部信息网络）采集信息的过程。

● 知识发现（Knowledge Discovery in Database，KDD）：KDD 是从各种媒体表示的信息中，根据不同的需求，向使用者屏蔽原始数据的繁琐细节，从原始数据中提炼出有意义的简洁知识的过程。其过程由数据准备、数据挖掘、结果表达和解释三个阶段组成。

● 标准化：是指企业内部的标准化建设过程，该过程可产生若干标准化成果，如企业的生产方面的过程文件模板、设计流程、设计模块、专项技术，管理方面的管理标准、技术标准和工作标准。是典型的显性知识产生过程。

● 业务建设：指为提高工作效率和工作质量，在对日常的、经常性的工作或即将拓展的新业务进行梳理、分析、汇总的基础上提出新的、科学合理的工作方法、工作流程、工作标准。是典型的显性知识产生过程。

● Web 2.0 技术：以 BBS、BLOG、MicroBLOG、RSS、社区网络 SNS、实践社区 CoP 为代表的 Web2.0 技术强调以人为中心的信息传递方式，在一定程度上为广大网民（个人或群组）提供了知识沉淀、共享、学习、应用和创新的平台，成为个人知识管理的有力工具，促进了知识的社会共享。如可以利用 SNS 技术建立专家系统、利用 BBS 建立专业技术论坛、利用 RSS 建立知识与个人之间的"推""拉"模式等。

● 学习型组织：学习型组织是一个能熟练地创造、获取和传递知识的扁平式组织（传统企业是金字塔式结构），同时也更善于修正自身的行为，以适应新的知识和见解。其五项要素是建立共同愿景、团队学习、改变心智模式（勇于创新）、自我超越、系统思考。知识管理是建设学习型组织的最重要的手段之一，学习型组织倡导的思想有利于知识的产生、传递和应用。

（2）知识存储与管理

● 知识分类：Thomas Trimmer 认为："尽管不知道如何开始，好的分类法是知识管理系统的核心部分。"合理的知识分离将大大有利于个人更快地找到所需知识。

● 知识地图（Knowledge Map）：是一种知识导航系统，包括知识的来源、整合后的知识内容、知识流和知识的汇聚，以及不同知识存储之间重要的动态联系，用于帮助人们知道在哪里能找到知识，是企业知识管理的三要素之一（其余两个分别是知识库和知识社区）。

● 文档管理（Document Management）：文档管理用来管理院各职能、各专业多种规定格式海量电子文档（非结构化数据），主要包括公司内部产生的产品文档、产品原始文档、工程总承包项目文档、科技、标准化项目文档、专业技术类文档、管理类文档，以及内外沟通需要管理的文档。文档的管理主要由文档的起草、储存、查询等功能组成。

● 知识仓库：知识仓库是在知识库基础上发展形成的，是面向业务主题的、集成的、可有不同版本的知识集合，是实现知识管理与知识服务的基础。业务系统侧重知识的加工和过程文档的管理，知识仓库则主要是对沉淀的组织知识（业务结果知识）的统一管理；业务系统的文档管理主要满足当前业务活动的开展，知识仓库则注重对海量历史知识的统一管理。

（3）知识共享与转移

● 门户网站群 Portal：以发布企业各类信息和集成企业信息系统、数据资源应用为主的网站。企业门户、部门网站都属于这个范围。

● 信息系统 IS：是由人、计算机及其他外围设备等组成的能进行信息的收集、传递、存贮、加工、维护和使用的系统。常见的信息系统有 MIS、档案、文档、OA、财务、人资等。

● 实践社区（Community of Practice，CoP）：是指关注某一个主题，并对这一主题都怀有兴趣的一群人，他们通过持续的互相沟通和交流增加自己在此领域的知识和技能。CoP 认为学习是一项社会化的活动，人们在群体中能最为有效地学习。埃森哲、麦肯锡、西门子等企业知识管理均以企业内部员工业务经验交流和培训学习起步。

● web 2.0 技术：包括 BBS、BLOG、MicroBLOG、RSS、SNS 等，不再赘述。

● 电子化学习/网上学习 e-Learning：e-Learning 是指通过网络或其他数字化内容进行学习与教学的活动，它充分利用现代信息技术所提供的、具有全新沟通机制与丰富资源的学习环境，实现了一种全新的学习方式。e-Learning 不仅仅是 e-Training，它包括教育、信息、通讯、培训、知识管理和绩效管理。

● 传帮带：传帮带，是指前辈对晚辈/老手对新手等在工作或学习中对文化知识、技术技能、经验经历等给予亲自传授的通俗说法。传帮带既是方式和方法，更是氛围和风气，是中国的一种传统技艺教授方式，其形式和效果也一直被人们所

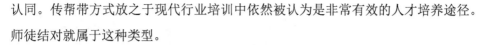

认同。传帮带方式放之于现代行业培训中依然被认为是非常有效的人才培养途径。师徒结对就属于这种类型。

（4）知识应用与创新

● 全文检索：全文检索是一种将文件中所有文本与检索项匹配的文字资料检索方法，是快速找到所需知识的重要手段。如百度、谷歌等搜索引擎均属于此类。

● 知识推送：是指知识系统以业务过程为导向、以知识需求为驱动，主动把知识库中的知识推送给用户的方式，是一种知识找人的方式，是实现"四适当"的重要途径。

● 知识应用门户：上文中已经做过解释，是面向用户的知识利用统一入口和知识展示窗口。

● 科技创新：是指创造和应用新知识和新技术、新工艺，采用新的生产方式和经营管理模式，开发新产品，提高产品质量，提供新服务的过程。分为知识创新、技术创新和管理创新三种类型。

10.4.2　知识系统与信息系统的关系与定位

知识管理系统与其他主要信息系统之间有何联系？它们之间的关系是什么？不同的发展阶段、不同的实施深度、不同的实现方式下的情况各不相同。本书认为可以分为如下两种情况，下面以知识管理系统、管理信息系统、文档管理系统和企业信息门户四类主要的系统为例说明。

一、把知识管理看作是一个系统

从系统的功能和技术角度看，四个系统间是相对独立又有多方联系的系统，四者通过流程联系为一个有机整体，如图 10.21 所示。

（1）企业门户功能包括内容知识的组织展现平台、内容知识的传播沟通平台、集成个性化和组织知识轮廓等；

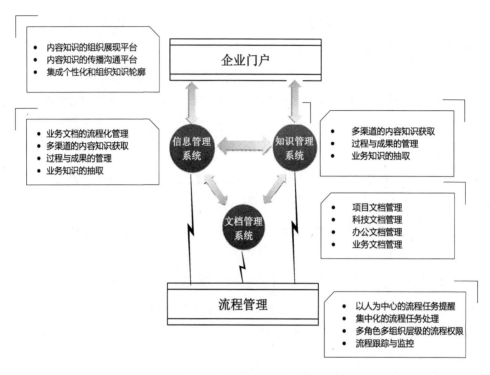

图 10.21 基于流程的主要系统关系图

（2）信息管理系统的功能包括业务文档的流程化管理、多渠道的内容知识获取、过程与成果的管理、业务知识的抽取等；

（3）知识管理系统包括多渠道的内容知识获取、过程与成果的管理、业务知识的抽取等；

（4）文档管理系统包括项目文档管理、科技文档管理、办公文档管理、业务文档管理等功能；

（5）作为四者之间联系纽带的流程管理则包括以人为中心的流程任务提醒、集中化的流程任务处理、多角色多组织层级的流程权限、流程跟踪与监控等功能。

二、把知识管理看作是一种管理思想

从管理学的角度看，知识管理和其他三个系统之间是交叉融合、蕴含于其中的关系。不仅仅各类系统通过各种方式体现着知识管理的思想，甚至组织机构都会因知识管理的思想而进行重组，如学习型组织等。四者关系如图 10.22 所示：

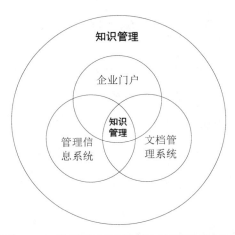

图 10.22 基于管理思想的主要系统关系图

三、知识系统与其他信息系统管理内容的定位

知识管理系统与门户、管理信息系统、文档管理系统、档案管理系统（甚至包括数字化设计系统）等都具有知识管理的功能，但管理重点不同，它们的应用具有互补关系。简要说明如下：

表 10-3 知识系统与其他信息系统管理内容的区别

	内容特征/范围	目的	举例
门户	需通知到企业相关人员的动态运营信息	信息发布管理	·关于体检的通知 ·关于召开运动会的通知
文档管理系统	企业日常管理中产生的，需经审批后发布的各类文档	企业生产管理中对非结构化过程记录和成果的规范化管理。	·会议纪要的审批、会签、发布 ·计划、月报的审批、发布 ·部门各类综合性管理文档
管理信息系统	企业各类业务的信息化过程中产生的数据或信息。	实现企业精益化管理和对结构化数据、信息的管理。	·财务系统中的报销审批 ·生产系统中的图纸校审
档案管理系统	企业运营过程中需要归档的工作依据、产品文件或实物。	具有档案管理的特性（如依据、保管年限等）并符合规定要求。	·图纸成品文件 ·各类企业荣誉奖章 ·企业相关照片、影像
知识管理系统	生产和管理的信息/知识输入。	工作的依据或参考，提高工作能力。	·标准 ·质量分析卡片等质量信息 ·设计校审要点 ·各专业设计准则

10.5 嵌入式知识管理系统的核心功能架构

嵌入式知识管理系统的核心功能架构由网络基础设施与网络信息安全平台、支持嵌入的知识管理平台、门户三大部分组成（图10.23）。第一和第三部分非本书重点，现仅对核心的第二部分"支持嵌入的知识管理平台功能架构"阐述。

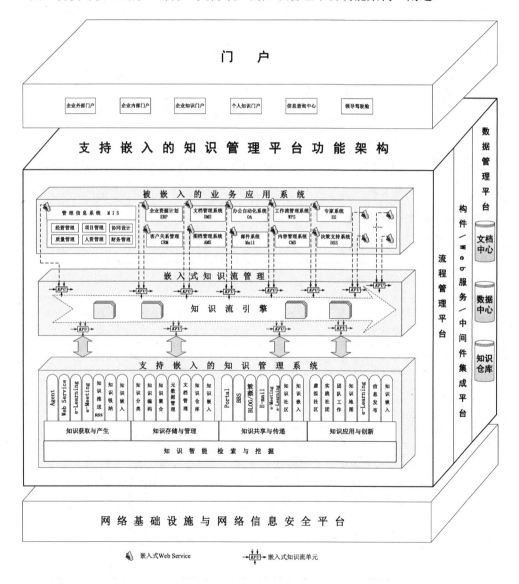

图 10.23 嵌入式知识管理系统的核心功能架构图

支持嵌入的知识管理平台分为外部底层支撑性平台和内部结构两大部分。其中，外部底层支撑性平台包括流程管理平台、构件/Web Service/中间件集成平台和数据管理平台三部分；内部结构由支持嵌入的知识管理系统、嵌入式知识流引擎、被嵌入的信息系统三层构成。

（一）外部底层支撑性平台

知识管理平台深度依赖的外部底层支撑包括流程管理平台、构件/Web Service/中间件集成平台和数据管理平台三部分。

1. 流程管理平台

流程管理（Business Process Management，BPM）平台对企业内部及外部的业务流程的整个生命周期进行建模、自动化、管理监控、优化，包括流程定制、管理、使用等。

流程管理的作用，正如 Hammer 教授所说，BPM 是一种让优异的绩效变成常态而非侥幸的方法。图形化的 BPM 工具，可以让用户很容易地设计、分析业务流程，并建立流程模型和流程文件。

2. 构件/Web Service/中间件集成平台

构件/Web Service/中间件集成平台有实现软件功能复用、不同系统间接口与数据交换、无缝访问异构数据库等重要作用。

构件（Component）是具有一定的功能，能够独立工作并能同其他构件装配起来协调工作的程序体，构件的使用同它的开发、生产无关，它可以跨越网络、应用、语言、工具和操作系统。构件技术是实践软件复用思想的关键技术，旨在提高软件的生产效率和产品质量、减少软件开发人员频繁流动造成的负面影响、缩短产品的交付时间、增加产品的灵活性和适应能力等。

中间件（middleware）是一类独立的系统软件或服务程序，独立于硬件或数据库厂商，位于客户机服务器的操作系统之上，处于应用软件和系统软件之间，管理计算资源和网络通讯，用以解决应用的互连和互操作。中间件是客户方与服务方之间的连接件，是需要进行二次开发的中间产品。分布式应用软件借助这种软件在不同的技术和应用之间共享资源，不管这些应用分布在什么硬件平台上，使用了什么数据库，透过了多么复杂的网络，或是同一电脑中的不同应用系统。

Web Service 是由 URI（Uniform Resource Indication）标识的一个软件应用，其接口和绑定可以通过 XML 文档定义、描述和发现；它使用基于 XML 的消息通过互联网协议与其他软件之间直接交互。IBM 认为 Web Services 是自包容、模块化的应用，它能够被描述、发布、定位以及通过网络、特别是 WWW 来调用。Microsoft 则认为 XML Web Service 逻辑性地为其他应用程序提供数据与服务，是通过标准的 Web 协议和数据格式可编程访问的 Web 构件。Web Service 除具有构件的功能以外，还具有支持异构系统集成、跨平台访问、可穿越防火墙和代理服务器、可远程调用、解决异种分布式构件间通信和互操作等特性。Web Service 技术是实现嵌入式知识管理系统的关键技术。

3. 数据管理平台

数据管理平台负责管理企业的全部结构化数据和非结构化数据，包括文档中心、数据中心和知识库三部分。常由数据库管理系统、文档存储系统、磁盘阵列、存储服务器等组成。

（二）内部架构

1. 支持嵌入的知识管理系统

知识管理系统的核心功能是知识获取与产生、知识存储与管理、知识共享与转移、知识应用与创新以及知识智能检索与挖掘等。

（1）知识获取与产生。用于辅助实现知识的获取与产生的技术或系统有：代理 Agent、Web 服务、电子学习 e-Learning、电子会议 e-Meeting、知识订阅 RSS 与知识推送、基于 Agent 的知识吸纳、基于 Web Service 的知识嵌入、维基 Wiki、百度知道等。

（2）知识存储与管理。用于辅助实现知识的存储与内容管理的技术或系统有：知识分类、知识编码、知识聚合、元数据管理、文档管理、知识仓库和知识嵌入等。

（3）知识共享与转移。用于辅助实现知识的共享与传递的技术或系统有：知识门户 Portal、电子公告牌 BBS、博客 BLOG、微博、维基 Wiki、电子邮件 E-Mail、电子学习 e-Learning、电子会议 e-Meeting、知识社区、知识嵌入等。

（4）知识应用与创新。用于辅助实现知识的应用与创新的技术或系统有：虚拟社区、实践社团、团队工作、知识地图和知识嵌入等。

（5）知识智能检索与挖掘。与上面提及的四大部分交叉融合，主要对知识进行全文智能检索和挖掘，是知识型员工检索知识的重要方式。

2. 嵌入式知识流管理

嵌入式知识流是知识管理系统与业务应用信息系统的重要桥梁，负责管理知识流中的知识活动、知识流单元等。

具体功能详见本章第 7.3.3 节，此处不再赘述。

3. 被嵌入的业务应用系统

业务应用系统是企业业务活动的信息化体现，是企业流程的信息化体现，提高了企业增值的效率，也是企业生生不息的生命力的载体。以 Web Service 或 Agent 的方式嵌入到各系统的相关功能模块的各知识子系统，可实现知识的获取、推送、吸纳、共享、传递和应用，一方面使得知识库不断积累扩大，另一方面也促进员工成长、提高生产效率、增加信息系统的好用性。

这些应用系统包括管理信息系统 MIS、企业资源计划 ERP、客户关系管理 CRM、文档管理系统 DMS、图档管理系统 AMS、办公自动化系统 OA、邮件系统 Mail、工作流管理系统 WFS、内容管理系统 CMS、专家系统 ES、决策支持系统 DSS 等。

10.6　嵌入式知识管理系统的概要设计

J-EKMS 是一个包括知识管理的目标引导系统、知识活动管理系统以及知识管理基础建设系统三个一级子系统或知识管理目标等十一个二级子系统的整合性系统[①]。如图 10.24 所示。

---

① 郑晓东,胡汉辉.工程设计企业流程导向的知识管理系统框架研究[J].西安电子科技大学学报(社会科学版)，2010,20(5):16

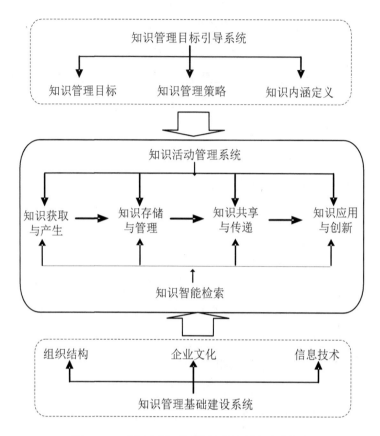

图 10.24 嵌入式知识管理系统的概要设计图

简介如下：

1. 知识管理目标引导系统

知识管理目标引导系统主要包括三部分：

（1）企业实施知识管理的目标。从根本上说，其目标是通过积累企业的知识资本来实现提高竞争力的目的。

（2）企业知识管理策略选择。组织导向与信息技术类型是工程设计企业知识管理策略选择的主要依据。包括上文中提到的个体化策略和编码化策略。

（3）知识内涵的定义。工程设计企业的知识按其载体分，大致可以分为机器设备（物化知识的载体）、文档（资料、说明书、报告、操作手册、管理制度和质量标准等）和员工（经验、组织文化）等。按其内容分，大致涵盖基础科技知识、法律规范知识、市场经营知识、组织技术知识和个人经验知识等。

2. 知识活动管理系统[①]

知识活动管理系统是知识管理系统的主体，由知识获取、应用、固化、分享和保护5个子系统组成。知识活动并不是孤立的，它与企业核心业务流程的问题定义、解决与记录紧密相关。

（1）知识获取与产生子系统。企业获取知识可同时经由组织内部与外部等不同渠道，如内部自行创造、协助内部发展、市场采购、组织间合作和购并等。对获取知识的内容应考虑其有用性，且重质不重量。知识获取与产生子系统包括 CAD 集成模块、知识提取模块、内外部专家网络和知识查询与检索模块等模块。

（2）知识存储与管理子系统。面临快速变化的环境和日益升高的人员流动率，组织固化其有价值的知识，不仅可以提高知识的利用效率，同时也可避免由于人员流动而流失重要的知识资产。知识固化可将曾经流入组织的知识，有效率地转化成长期或短期的组织记忆，以节省其他成员需要同类知识时所花费的摸索和试错的时间与成本，并方便日后的修正。知识存储与管理子系统由通用文档管理系统、知识地图系统、知识库与工程数据库、设计成品管理模块和原始材料文件管理模块等组成。

（3）知识共享与转移子系统。知识共享是一种沟通的过程，知识不像商品可以自由地传递，当个人向他人学习新知时（即分享他人知识），个人必须要有重建的行为。知识分享牵涉两个主体：知识拥有者和知识重建者。知识分享的过程包括两个步骤：知识拥有者必须将知识"外化"、知识重建者必须将所接收的知识"内化"。知识共享与转移子系统由知识论坛 BBS、博客 BLOG、邮件系统 E-mail、网上培训 e-Learning、实践社区 CoP、知识门户 EKP 和电子档案 AMS 等系统组成。

（4）知识应用与创新子系统。知识应用是指组织的员工或团队将所采纳、吸收的新知识，实际运用到工作流程、问题解决或决策上，这是组织知识产生价值的前提。因为，没有得到应用、没有行动力的知识，是不具任何价值的。具体如：使用已有知识改善组织架构、提供产品及服务等、开发新技术。工程设计类企业的核

---

① 下一节详述。

心业务流程为设计流程,因此,其知识应用的相关业务活动即为应用已有知识进行设计工作。知识应用与创新环节由项目管理系统、协同设计系统、知识发布系统、批量数字签名系统等组成。

(5)知识智能检索。通过 Autonomy 智能搜索引擎以及嵌入、推拉技术,可对包括门户、文档等在内的系统的结构化、非结构化数据进行全文检索。

3. 知识管理基础建设系统

知识管理基础建设系统主要包括"信息技术""企业文化"和"组织结构"三大要素。

(1)信息技术。虽然知识管理并非一定要导入信息技术,但是信息技术提供的知识管理解决方案,无疑会极大促进知识管理的成效,可有效辅助知识的获得、应用、固化、分享及保护。这类技术通常有网络、搜索引擎、知识库、知识地图、知识挖掘、人工智能和专家系统等。

(2)企业文化。企业文化是指组织成员所共享的假设、价值观、信念和意义体系,使组织不同于其他组织。不可否认,要让组织成员愿意将其所知的知识分享出来,其实是一件非常困难的事。一个好的企业文化将是知识管理生存的优良土壤。另外,企业知识管理的顺利实施离不开制度的保障,其中,知识分享的激励制度是关键。

(3)组织结构。组织结构促成知识管理活动的运作,组织结构包含了组织内的高层管理者对知识管理的充分支持,并运用正式的制度、任务与职权来管理组织成员或资源,以达成组织知识管理的目标。组织结构可分为扁平化结构与层级式结构,扁平化的组织结构包含较多的团队,对于知识管理较为有利。而近年来提倡的学习型组织也对知识管理的有效实行起着非常积极的作用。

10.7 J-EKMS 知识活动管理系统的组成

知识活动管理系统是嵌入式知识系统概要设计图中的重要部分,由知识获取与产生子系统、知识存储与内容管理子系统、知识共享与转移子系统和知识应用与创新子系统组成。

10.7.1 知识获取与产生子系统

知识获取与产生子系统由 CAD 集成模块、知识提取模块、内外部专家网络和知识查询与检索模块等组成。

本环节以知识提取模块为例进行阐述。知识提取模块对收集来的原始信息进行提取、识别和归纳。该模块提取的知识主要包含以下几类：

（1）对基于设计图纸、文档的知识的提取。这类设计知识主要涉及单张图纸或单篇文档的信息。通过在对图纸和文档进行管理的时候提取相应的设计知识，形成系统知识管理的一个基本知识单位。

（2）对基于设计方案的知识的提取。设计方案涉及大量相关的图纸和文档信息，通过对此类设计知识的获取，可以帮助用户形成更高层次的关于图纸和文档的设计知识。

（3）对基于设计人员的知识地提取。这类设计知识通过对设计人员的设计能力、设计习惯、设计经验等个性化信息的了解、分析和运用，可以真正促进设计的创造性和效率。

（4）对基于设计项目的知识地提取。项目是系统进行信息管理的基本单位，它所涉及的知识包含上面所提到的三类设计知识，还包含其他一些知识，例如管理知识、资源调度知识等。通过对这类知识的有效管理和利用，可以帮助用户全方位地提高对设计过程的管理水平。

（5）系统对基于图纸和文档的设计知识、基于设计人员的设计知识这两类知识的提取。主要是用户按照一定的知识描述定义对设计信息进行描述，并保存描述的结果；而对另两类设计知识的提取则采用智能 Agent 检索、多策略获取、多模式获取和检索、多方法多层次检索以及网络搜索工具等多种数据挖掘算法实现。同时，系统通过定义相应的知识链，来优化这两类设计知识的管理。

（6）数据分析管理模块。本模块支持企业对信息数据进行分析和汇总，它提供的多维数据分析系统可以对原始数据进行任意维度的立体汇总和自由汇总，经过良好的分析后对企业管理和决策起到巨大的辅助作用。

10.7.2 知识存储与内容管理子系统

知识存储与内容管理子系统包括通用文档管理系统、知识地图系统、知识库与工程数据库、设计成品管理模块、原始材料文件管理模块等组成。本环节以通用文档管理系统为例进行阐述，分为非结构化数据和结构化数据知识管理两大类：

1. 非结构化数据知识管理模块

该模块是通用文档管理系统的重点，主要包括如下功能：

（1）对企业内外采集、接收和产生的各文档进行分类和标识；

（2）分析各文档搜集、储存、保护、流传和处置的路径，对纸介文档进行电子化和识别，对不同类/路径的文档区别采用 MIS/门户文档管理流程控制软件，将各电子文档纳入数据库；

（3）文档的管理流程软件应具备对纳入数据库的文档统一进行 XML 格式转换的功能，为文档的内容管理奠定基础；

（4）选择使用合适的分类检索方式和搜索引擎，使所需文档的查询简便易行；

（5）在文档管理系统中设置适当的分权限/自助管理、分权限浏览功能，注重信息安全与方便使用的平衡，同时要利于各文档信息的方便维护。

非结构化数据的知识管理过程与其他系统关系如图 10.25。

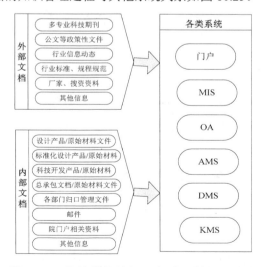

图 10.25 非结构化数据（文档）管理示意图

2. 结构化数据知识管理模块

结构化数据类知识绝大部分在应用企业内 MIS、CAD 集成应用系统的过程中产生并沉淀在相应的数据库中。对这些数据和数据模型，可通过预置的逻辑模型得到经过整合/分析的有用数据信息。结构化数据类知识基本取决于使用部门对数据表的明确需求、MIS/CAD 的功能以及预置逻辑模型的合理性。典型的文档处理过程包括文档获取、文档管理、文档共享和文档应用，如图 10.26 所示：

图 10.26 文档处理过程示意图

10.7.3 知识共享与转移子系统

知识共享与转移子系统由知识论坛 BBS、博客 BLOG、邮件系统 E-mail、网上培训 e-Learning、实践社区 CoP、知识门户 EKP、电子档案 AMS 等系统组成。本环节以综合电子档案应用服务体系（图 10.27）为例进行阐述。

电子档案系统是集电子文件收集归档（输入）、纸质档案扫描（处理）、系统化管理（控制）、档案信息资源服务（输出）全流程管理的档案管理体系。主要包括：

（1）电子文件收集归档（输入）。结合知识管理系统的开发，逐步由手工收集各类电子文件转变到通过知识管理系统自动收集归档的模式。

（2）纸质档案扫描处理（处理）。外部收集的纸质资料遵循先扫描、再利用的原则，及时进行扫描、处理，并根据分类规则及时将电子文件上载到档案信息门户或电子档案管理系统。

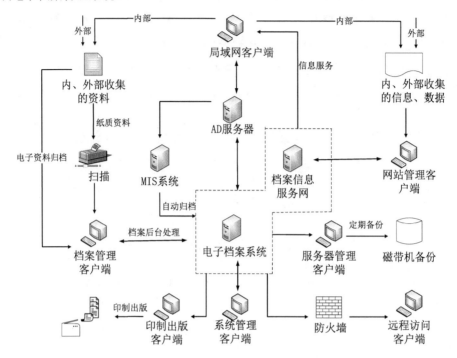

图 10.27　综合电子档案应用服务体系图

（3）系统化管理（控制）。①档案资源管理：对所有电子档案进行分类整理，对个人岗位进行档案利用权限设置；从收集、归档、整理、入库、利用等各个环节对档案实施有效控制，确保档案实体完整、数据准确、存储安全、利用方便。②档案门户管理：收集、整理实用的档案资料信息，及时发布上网，充实门户内容；从用户使用方便的角度考虑，不断更新其内容，保持门户的正常运行。③档案系统管理：严格按照《档案管理系统管理规定》设置档案管理系统的各类角色权限，建立档案系统应急预案，确保档案系统的安全稳定运行。④档案设备管理：加强档案管理系统服务器及档案服务门户服务器的安全防护，适时更新、维护服务器设备，保证服务器性能满足系统安全运行的需求。⑤系统数据安全管理：确立档案系统及数据备份机制，定时备份档案门户、档案管理系统及档案数据库，确保档案信息资源的安全。

（4）档案资源利用服务（输出）。①印制出版：全面实现用电子文件打白图的出版流程，对外提供的图纸全部由印制出版人员直接通过电子档案系统调出电子文件打印。②档案利用：除财务凭证外，各类档案均实现电子化利用，院内用户均能在个人权限范围内查看相关档案信息及浏览、下载电子文件。③信息服务：档案信息服务门户是面向院内用户发布档案相关信息的主通道，用户不仅可查询信息，还可反馈改进意见，以利于系统的升级完善。

10.7.4 知识应用与创新子系统

知识应用与创新子系统由项目管理系统、协同设计系统、知识发布系统、批量数字签名系统等组成。

本环节以项目管理系统为例进行阐述。项目管理系统提供强大的项目组织及项目管理的功能，使项目管理者能够方便地分配项目设计任务、配置人员、指定起始及结束时间等，并可随时对项目进行管理和控制，监测项目实施的情况。实践证明，在设计过程中，以项目为单位来进行管理是最合理的方式。同时，以项目为单位来收集或提供设计信息也是最为有效的。

项目管理系统模块主要包括如下部分：

（1）计划模块。计划是项目管理的龙头，指导和监控项目的进度。计划由各专业主设人负责编制并上报给项目经理审批。以一个发电厂设计为例，一般由 10 个左右的专业构成，平均每个专业有 70 个左右的卷册、800 张左右的图纸、上百个文稿或清册，一个电厂多达 8000 余张图纸和文稿。这样在计划编制时，如果采用手工输入的方式，费时费力。通过知识嵌入子系统，可以从以往的典型项目中导入卷册目录，不仅大大减轻工作量，而且为专业主设人提供了知识总量参考，防止遗漏或延误卷册。最重要的是，还可将每个卷册每张图纸的设计强制性标准、设计重点、难点、常见问题以及同事在论坛中的讨论实现关联查询，一方面提高设计质量和速度，另外，还可加速人才的成长速度，缩短人才的成长周期。

（2）提资模块。一个电厂由热机、运煤、化学、电气、热控、建筑、结构、总图等专业协同设计完成，因此，专业间需要互相提供设计资料或要求。提资专业主设人编制提资单，将其发送给各接资专业主设人，接资专业主设人接受资料进行设计，设计完的成品还需要分别送交相关专业进行会签。

（3）校审模块。当设计人员提交成品后，需要经过校核、审核和批准的校审过程以保证质量。各级校审人员必须留下校审意见和质量评定后，方能审核通过。如果有意见，还需要退回设计人修改。

（4）出版归档模块。设计成品经过设校审批后，提交出版，出版完成后，自动归档到电子档案系统。

10.8　嵌入式知识管理系统的部分模块

知识管理系统一般包括如下功能：知识门户、全文检索、知识地图、知识社区、专家门户、知识百科、知识问答、知识圈子、知识群、知识网盘、网络培训、知识评测、知识收集与推送网上调查、移动终端访问等。部分功能如下所述。

10.8.1　知识门户

知识门户可分为综合门户、专业知识门户、职能管理门户和个人门户等。

1.　综合门户

综合门户综合展示企业知识管理系统的各模块功能，以及知识仓库的主要内容，显示相关显性文档或论坛的最近更新等。主要模块或栏目有：标准规范、专业业务建设、专业知识门户、职能管理门户、知识论坛、知识问答、知识达人、知识百科、知识地图、个人中心、知识排行等，系统界面如图 10.28 所示。

2.专业知识门户

专业知识门户是知识门户的主体，指各设计专业自有的以技术为主体的知识门户，实现面向专业知识完整性的常用标准、相关标准、业务建设内容等组织知识的管理，以及旨在实现隐性知识显性化的知识问答、论坛、百科、圈子等互动交流方式。内容架构如图 10.29 所示，系统界面如图 10.30 所示。

图 10.28 知识综合门户示意图

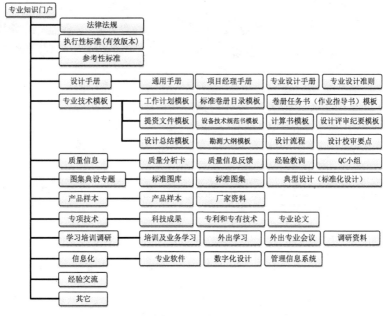

图 10.29 专业知识门户内容架构

图 10.30　某设计专业知识门户示意图

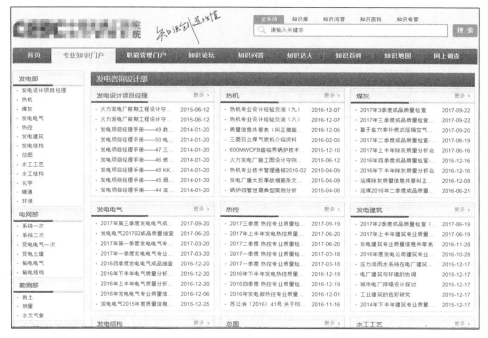

图 10.31　专业知识门户列表示意图

3. 职能管理门户

职能部门提供管理服务、进行业务建设的门户。以人力资源部门户为例：

图 10.32 职能管理知识门户示例

10.8.2　知识仓库

知识仓库在企业内部用来构建科学、规范、统一的组织知识资产库，将企业中分散的知识资料进行有效管理，最大程度上避免知识流失，促进组织知识的积累和共享，方便协同工作。承担着知识管理系统中关键知识的管理功能，属于系统核心应用，是一个面向主题的、对多种类型知识库进行集中式管理，同时满足各类用户需要的数据管理和操作集合。知识仓库中的知识在形式上包括文字、影像、图形、维基百科等；在展现上，文字、影像、图形、维基知识的展现也各不相同。知识仓库提供创建、审批、查找、点评、收藏和推荐等功能以管理显性知识。

知识仓库知识主要由两大部分组成：标准规范类知识和业务建设类知识。

（1）"标准规范"中显示了所有"技术标准""管理标准"和"工作标准"的

一级分类，点击相应的标签可进行三个标准的切换。当鼠标移动到对应的分类上时弹出该分类的二级分类，点击对应的分类链接可进入相应的标准文档列表中。

图 10.33 标准规范界面示意图

（2）"业务建设"中显示了生产部门业务建设的所有分类。当鼠标移动到对应的分类上时弹出该分类的二级分类，点击对应的分类链接可进入相应的分类文档列表中。

图 10.34 业务建设界面示意图

10.8.3 知识地图

知识地图主要是以导航图的形式、再配合知识采集规则，来展现各个知识集中的具体内容，知识地图本身并不包含知识信息。知识地图形象化、多样化地展现知识脉络，提供基于线索的知识点导航知识地图点击导航。图 10.35 为新员工入职流程知识地图。

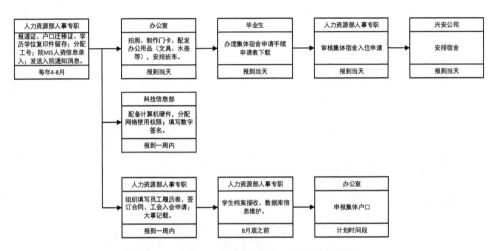

图 10.35 新员工入职流程知识地图示意图

常见的知识地图还有：

- 新员工衣食住行知识地图

- 新员工培训知识地图

- 新员工工作流程知识地图

- 入职管理知识地图，离职管理知识地图

- 校园招聘知识地图

- 社会招聘知识地图

- 绩效考核管理地图

- 培训管理知识地图

- 职称申报知识地图

- 会议申办知识地图

- 外事管理（因公）知识地图，外事管理（因私）知识地图

- 印制出版业务流程知识地图

- 档案管理业务流程知识地图

- 科技项目管理流程知识地图

- 专利评审办法及申报流程知识地图

- 技术信息反馈知识地图

- QC 小组申报流程知识地图

- 设计流程知识地图

- 应用系统需求分析知识地图

- 采购流程知识地图

- IT 运维管理知识地图

- CAD 软件引进/开发/升级申请知识地图

10.8.4 知识问答

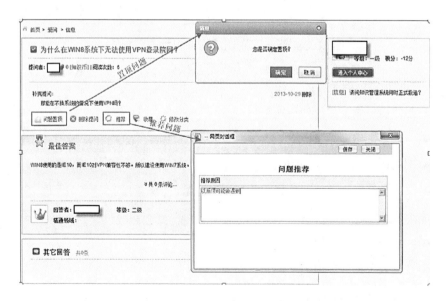

图 10.36 知识问答示意图

知识问答类似于百度知道，支持用户通过知识问答，向所有人提出自己的问题，也可向指定的专家或某个领域下的所有专家进行提问，并支持用户设置最佳答案。

知识问答用于使用者提出自己的问题，其他人员来回答，回答者既可以是普通用户，也可是管理员，还可以是专家，使用者在提问题的时候可以指定某个专家来回答，也可以不指定回答人员，那么就是所有的用户都可以回答，在选定其中一个答案为最佳答案之后，该问题就自动结束，也可以手动结束问题。

提问者在提了问题之后，答案中还没有最佳答案之前可以补充提问、个人求助、领域求助、增加悬赏、删除提问和结束问题；可以对答复进行评为最佳答案、删除、赞成和评论等操作；回答者还可以对自己的答案进行补充。

10.8.5　知识百科

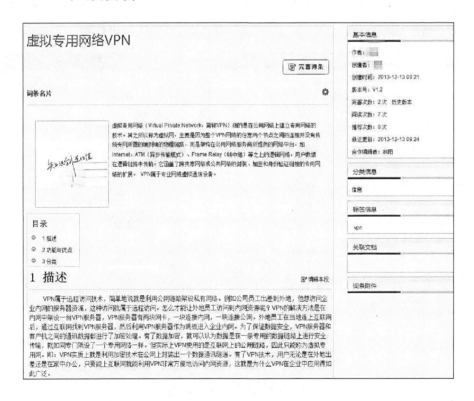

图 10.37　知识百科示意图

知识百科类似于百度百科，是对企业的专业词汇、名词解释、行业标准、专利技术、产品定义等内容建立企业统一的、标准的词典。

知识百科支持多人合作编写同一篇知识，并且保留所有的版本，同时支持版本对比。同一篇知识，可以分多个段落，设置各个段落的编写权限，每一次的编写内容提交时，都需要经过流程审批（必要的情况下），审批完成后，系统自动合并内容，并且生成新的版本，同时，历史版本保留。

10.8.6　知识达人

知识达人，即在某个领域具有丰富经验的人员，可以为普通员工（如国际业务部某员工熟悉非洲标准，那他就是非洲标准方面的知识专家）。点击某个达人的头像可进入其个人门户，查看相关信息，包括他的知识库、他的问答、他的百科、他的知识地图等内容，页面与个人门户一致，具体请查看个人门户模块。

图 10.38　知识达人示意图

10.8.7　知识论坛

各专业的知识自由交流论坛。各位员工均可自由发帖、回复。功能同 BBS，不再赘述。

本专业内的板块分类和内容均由各主工全权管理，其中分类的增删改的具体操作由信息部根据主工的要求执行。主工的维护职责包括置顶、推荐、删除帖子，或者推荐、汇编为精华帖等等。

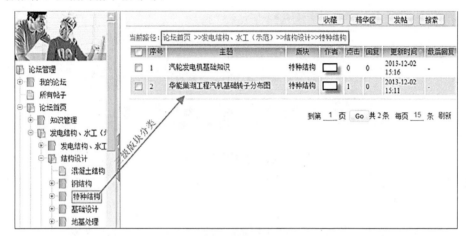

图 10.39　知识论坛示意图

10.8.8　知识专辑

在知识管理的日常应用中，时常会遇到此类需求：①专家或业务骨干希望将自己关注的知识点整理成册，然后对其实现分享、点评；②以项目为主线，将与项目相关的知识点集中管理，并且将其打包下载和分享。

知识专辑的主要功能则是将知识仓库中的知识点集中化管理，按照业务场景设计项目类专辑、产品培训类专辑或营销指引类专辑等。同时，专辑的阅读者可以对其进行点评/评分、推荐、点赞以及打包下载等操作。

10.8.9　知识圈子/实践社区

知识圈子常用于用户按照真实工作中的关系（最典型的如某个项目组、某个专题讨论组、某专业、某个共同爱好）建立圈子，并向同一圈子的陌生人的对象发起对话，拓展关系。可实现圈子内部的话题讨论、图片共享、投票及活动发起等应用。

图 10.40 知识圈子示意图

10.8.10　知识培训与学习

包括学习门户、线上学习、线下培训、考试等功能。功能框架如图 10.41：

选课中心	考试中心	学员门户	管理门户

我是学员												我是培训管理员									
学习任务	学习提醒	每日一学	课程学习	课程作业	课程考试	课程自测	学习轨迹	课程点评	课程收藏	培训报名	培训请假	训后学习	创建课程	上传课件	发起学习	课程维护	学习跟踪	学习统计	批改作业	每日提醒	创建培训	培训跟踪
考试任务	考试提醒	每日一考	在线答题	考前自测	错题库	重新考试	补考	成绩查询	课程推荐	培训签到	活动评分	训后考试	导入试题	创建题库	新建试卷	创建考试	考试跟踪	成绩统计	批改试卷	学分设置	训后评估	训后考试

培训管理		学习管理		考试管理		运营推广	移动应用	
培训课程	培训活动	课程分类	创建课程	试题管理	题库管理	学分设置	每日一学	每日一考
培训报名	培训请假	课程维护	上传课件	试卷管理	考试活动	学分排行	在线学习	在线考试
训后评估	训后考试	课件维护	学习计划	在线答题	考后阅卷	学分获取跟踪	选修课程	错题巩固
线上课程关联	统计分析	在线学习	课程评分	错题管理	统计分析			

图 10.41 知识培训与学习的功能框架图

（1）学习门户提供以人为导向的角色门户及以功能为导向的学习考试门户，多维度支撑培训者及学员、导师对培训管理的应用。

（2）线上学习是一种融合了学习及考试的全新的类互联式的学习模式。企业根据实际情况，可以制订各类学习课程，在学习过程中融入学习、考试、作业提交等各种关卡，当所有关卡完成后，学习结束。通过线上学习实现对学习活动的发起、学习、跟踪、评估、优化的全过程管理。支持普通学习课件、闯关学习课件双重模式。线上学习管理包括课程管理、学习活动管理、在线学习、交流互动等四大部分。

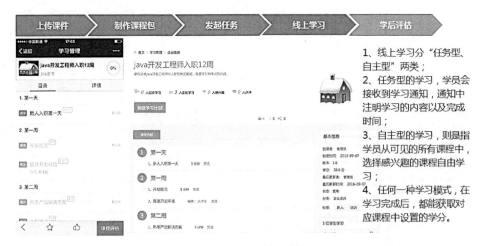

图 10.42 线上学习示意图

（3）线下培训是实现线上线下相结合的混合式的学习模式，企业根据不同岗位的工作需要，梳理出员工需要培训的内容，管理者有计划有针对性地把需要培训的员工集中起来安排培训，指定专业的讲师进行授课。员工报名参加，整个培训中以面授学习为主，以线上学习为辅，完成培训以及训后考核。线下培训充分利用移动学习的技术优势，实现员工扫码签到，系统自动统计出勤记录，减少管理者一部分繁琐的出勤统计工作。

（4）考试是检验学习情况的标准之一，通过考试，检查学习是否到位，哪些知识仍需要巩固。而类互联网的考试模式，增强了考试的趣味性和互动性。考试模块对试卷、试题以及考试活动进行统一管理，实现对考试活动的过程跟踪及考后评估。支持每日一考以及考试管理的移动端应用。考试模块包括试题管理、试卷管理、考试活动管理、在线考试及交流互动等五大部分。有两类考试模式：①每日一考，用户根据自我情况选择题库、定义考试计划，系统自动测算每天的考试题量，然后每天都发送一条考试通知，提醒用户参加考试，考试完成，即刻给出考试结果，在考试中学习，学习中得到提升。②统一考试，游戏化的每日一考以外，依然保留传统的统一考试功能，设定考试起始时间、考试对象后，统一发送考试通知，在规定的时间段内进入线上考场进行考试；所有客观题均由系统自动阅卷，仅主观题需阅卷人进行审核。考试成绩线上统一公布。

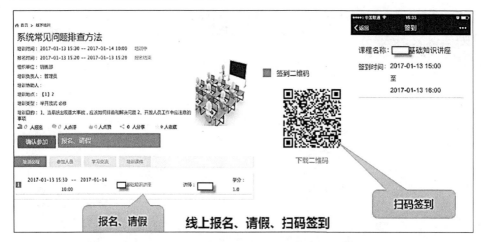

图 10.43 线上报名线下扫码签到示意图

图 10.44 线上考试示意图

10.8.11　知识全文检索

全文检索是知识管理最为重要的应用，企业的知识经过各种整理和过滤，保存到系统以后，最终的目的是让所有用户能够快速获取所需的知识，并应用于工作中。企业在发展过程中，积累了非常庞大的知识数据，随着数据的不断增长，如何更快、更准确地搜索目标知识，则变得尤为重要。

知识管理系统提供多种搜索方式，以帮助用户快速、准确地找到所需要的知识。基于无刷新的点击式知识搜索应用，为用户带来最好的用户体验。在系统当中除了提供跨知识库组合条件搜索、点击式多维组合条件搜索及标签搜索外，还提供了统一的搜索平台。如：

（1）全文搜索：基本爬网技术，能够实现整个系统的全局搜索，包括知识的标题、正文、摘要等资料的搜索；支持对常用 Office 类文件的检索，如 word、excel、ppt 文件，同时也支持对于可编辑的 pdf 类文件的检索。

（2）热门关键字：系统根据关键字的搜索频率过滤，自动推送当前搜索频率最高的几个关键字为热门关键词，这样，通过热门关键字即可获取当前用户所关心的知识点都有哪些。

（3）分词管理：自动将用户输入的文字按照中文词组结构和语言习惯进行分词，提高搜索准确率。

（4）按时间搜索：缺省按照搜索相关度排序，即系统认为此文档比较贴切搜索词的排在前面。支持按时间排序。

（5）搜索联想词：输入搜索关键字时，系统根据输入的内容，推荐相关的搜索关键词，例如输入"知识"，会推荐"知识管理、知识地图、知识评测"等关键词。

（6）关键词高亮：搜索结果中，自动将搜索关键字出现频率最高的部分形成摘要，同时，在摘要中将关键词高亮显示，以便用户一眼能识别出关注的内容位置。

（7）按时间搜索：搜索时，可以指定某一时间区间，如一周内、从某一天到某一天的内容中进行搜索。

（8）排序：缺省按照搜索相关度排序，即系统认为此文档比较贴切搜索词的排在前面。支持按时间排序。

（9）相关搜索：根据当前用户的搜索内容，自动关联与当前搜索相关的其他搜索关键词，通过"相关搜索"，用户可以对搜索需求获得另外的启示，以发现更多更精准的知识，例如，输入"知识管理"后，在相关搜索中会列出"知识地图、知识功能"之类的搜索词。

（10）在结果中搜索：输入关键词进行搜索后，如果搜索结果太多，需要缩小搜索范围时，可以在结果中进行二次搜索，例如第一次输入"知识"，在结果中搜索时，输入关键词"功能"，那么将搜索既包含知识，又包含功能的所有内容。

（11）搜索结果聚合：输入关键词进行搜索后，自动对搜索结果进行聚类，例如搜索结果中有 1000 份文档，自动会将 1000 份文档在各分类、属性下的分布情况进行聚合，同时支持按分类、属性对结果作进一步的筛选。

图 10.45　全文检索示意图

10.8.12　知识接入接出

作为知识管理系统，知识的接入接出是必不可少的功能之一。

1. 知识接入

目前业界知识接入的方法有很多种：如利用搜索引擎进入知识扒取，在知识管理系统中仅仅存储知识标题、链接等信息；利用中间表的形式进行接入；项目中定制开发等。采用 web service 的方式进行知识接入，知识仓库提供标准 web service 接口供异构系统调用，实现知识实体的主动写入。

2. 知识接出

知识接出的应用场景大致分为以下 2 种：一是在业务系统中办公时，F1 就能呼出知识管理的查找页面，进行知识查找；二是在业务系统中，根据当前业务直接将相关联的知识推送给用户。知识管理系统提供的知识接出方法包括：

（1）根据业务场景自动推送：在部署了即时消息系统的前提下，无需与第三方系统的应用集成，即可实现知识接出。在业务系统中遇到问题时，直接点击屏幕上方的悬浮窗，即可呼出相应的应用场景，比如"相关知识、相关问答、相关专家"等信息。

（2）异构系统中按 F1 呼出知识：与第三方系统实现单点登录及应用集成的前提下，业务系统中，直接按 F1 可呼出与业务相关联的知识场景。

（3）异构系统中内嵌知识场景：在 KMS 中按业务逻辑配置知识关联规则，通过异构系统中的内嵌页面来获取相应的知识场景。

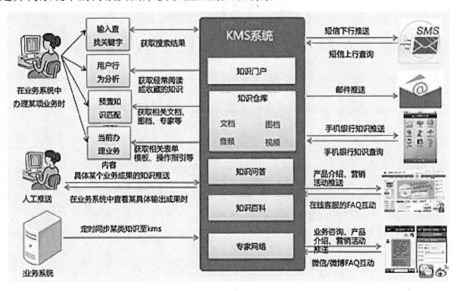

图 10.46 面向业务场景的知识接入接出

第十一章 案例分享

11.1　国内外企业实践概述

一、国内外的差异

（1）国内外研究重点不同

国外对知识管理的研究目前集中在知识管理的实施、知识管理与组织学习和技术创新、知识管理与相关领域研究以及知识管理技术和知识管理软件工具的开发等方面；国内知识管理的研究主要集中在知识、信息与数据的区分，知识管理的定义、功能、内容与技术，知识管理与图书馆、知识管理与信息管理，以及知识管理的体系结构等方面。

（2）国内外发展阶段不同

国内比较侧重于理论的研究，而国外基本上已经处于理论与实际相结合的阶段。这说明我国知识管理的研究起步较国外晚，现在主要是在解决理论层面上的东西，为赶上国际先进水平，还需要走很长的路。国内对于企业知识管理的具体方法与手段既没有展开，也没有进行系统的研究，现在还不能给企业提供一套操作性强的知识管理方案。

（3）国内外知识管理系统离有效实施尚有距离

学者们对知识管理的研究涉及的范围比较广泛，内容非常丰富，涉及知识管理的方方面面，从知识的特性、知识管理的定义到知识管理的原则和策略、目标和内容以及能支持知识管理的信息技术等，成果斐然。然而，对于企业知识管理的具体内容和知识过程的研究则相对薄弱，对于企业知识管理的具体方法与手段系统研究不足，不能把知识管理与企业的信息化建设相结合，这样形成的知识管理系统不能与企业的其他信息系统相融合，这与我们所要实现的全面信息化的目标显然是背道而驰的。

二、国外实践

由于一些咨询公司、IT企业的极力推动，以及一些国际顶尖级企业在战略性知识管理和操作性知识管理方面的成功运作，使得它们在知识管理的推广过程中产生了较大的"标杆效应"。始于 1998 年的"世界最受尊敬的知识型企业（MAKE）"的遴选，在最大化这些企业的标杆效应方面就发挥了很大的作用。本书选择 MAKE 前十大公司中的巴克曼实验室（Buckman Labs）、惠普公司（HP）、麦肯锡公司（Mckinsey）、国际商用机器公司（IBM）、西门子公司（Siemens）、Documentm 的知识管理实践进行介绍，如表 11-1 所示：

表 11-1 国外部分组织或企业实践简述表

国外组织或企业	知识管理实践简述
巴克曼实验室（Buckman Labs）	全球公认的知识管理最出色的组织之一。1992 年，巴克曼的知识管理实践初具雏形，其知识管理思想有：高层支持、持续推动创新、永远把顾客放在心上、创造灵活的程序、继续工作。巴克曼的知识管理经验是：当知识管理完全集中在"人"上时，技术扮演了一个关键的可以解决快速沟通和远程学习需要的角色；IT 改变了人们对传统工作地点的认识；高新技术的运用集中在知识的转移、增强学习能力和鼓励创新上；将顾客和员工一起纳入到知识管理中等。
惠普（HP）	1995 年惠普总部开始探索知识管理并获得了成功。有如下启示：①从塑造企业文化入手。②惠普的核心价值观"惠普之道"鼓励知识共享、鼓励相互学习。③除了文化以外还需要制度、管理、技术等硬性的手段。④管理对象是知识，管理重点是人才，管理基础是高度分权的组织结构，惠普的企业文化"惠普之道"在管理中强调企业和员工的自我组织、自我调节功能。⑤卓有成效的知识管理事实上建立在松散的组织结构的基础上，以技术为主要手段，通过尊重员工、激发员工参与知识管理的积极性，把员工作为知识管理推进的主体。
麦肯锡（McKinsey）	全球最有名的专业管理咨询公司之一，超过六成的世界财富百强企业为其客户。麦肯锡不仅为世界各地企业带来知识，其自身知识管理也很有借鉴意义。 ①创造知识管理的企业文化基础。麦肯锡公司的结构是被一种协同合作的文化支持着，这种文化又被公司不断增长的利润而强化着。 ②公司内部知识的交流和共享。通过建立内部信息网以便于员工进行知识交流，利用数据库存放和积累信息，营造有利于员工生成、交流和验证知识的宽松环境；制定激励政策鼓励员工进行知识交流；通过放松对员工在知识应用方面的控制，鼓励员工在企业内部进行个人创业来促进知识的生成。 ③公司的外部知识管理。主要措施包括关于用户、竞争对手等利益相关者的动向报告，对专家、顾客意见的采集，关于行业领先者的最佳实践调查等。 ④设立首席知识官（CKO），负责领导知识管理流程，使知识流程（知识的采集和加工、存贮和积累、传播和共享、使用和创新）变得顺畅。

续表 11-1

国外组织或企业	知识管理实践简述
国际商用机器公司（IBM）	IBM 的新人们习惯基于公司的内部主页开展工作，主页是 IBM 知识门户解决方案的界面，该平台基于 IBM 收购的 Lotus 公司名闻遐迩的 Notes 系列产品，包括 Domino Doc 和 workflow 套件。①Domino 包含丰富的协同功能：E-mail(电子邮件)、即时通讯(My Quickplace)、 e-meeting center(电子会议中心)、e-Learning Center(电子学习中心)、图书中心、知识门户、知识树、OA(办公自动化)、CRM(客户关系管理)、内容管理、Blue Page(蓝页)等。② IBM 工作流 workflow 的渠道是通信基础平台和知识管理平台。前者主要是 OA、邮件和即时通讯工具。IBM 的协同工作环境战略相应地包括了四部分：协同、内容、学习和专家。这种协作环境是企业信息化的基础，是知识管理的必由之路。 IBM/Lotus 还提出了从总体上可分为企业应用集成层、协同工作/发现层、知识管理应用层和知识门户层的知识管理框架，每层都着重介绍了其所使用的知识管理技术和工具。Lotus 所提出的知识管理体系框架涉及的技术工具包括文档管理技术、群件技术、Lotus Notes、Lotus K-station、Lotus Discovery Server 和 IBM Domino 等。其中，Lotus K-station 是具备知识管理功能的知识门户服务器，Lotus Discovery Server 是知识发现服务器。两者共同组成了 LOTUS 的知识发现系统 KDS，并与 IBM Domino 服务器结合提供当前市场上功能强大的知识管理解决方案。
西门子（Siemens）	①西门子提出了知识管理的具体目标与实现模型。超越了对于知识管理的传统技术观，认为成功的知识管理系统应是一个"社会—技术"系统。②指出了一条通向成功的知识管理道路——以业务目标为导向，依据一定的知识战略，实施知识管理活动。③提出了知识管理战略指导思想，即应将企业业务目标、知识战略以及知识管理实施过程有机融合，知识管理实践应"从企业战略、业务目标中来，并到企业战略、业务目标中去"。④有如下经验：知识管理系统是一个"社会—技术"系统——成功的知识管理是"机械"方法和"生态"方法的结合；实践社区是推进知识管理系统的核心概念，有效的实践社区的实施是知识管理成功的一半；用户友好的 IT 环境支持对知识管理同样十分重要；应建立一个可行的实施知识管理的基本标准——知识管理框架模型；具有充分资源的跨职能的知识管理核心团队、上层部的关注以及良好的沟通也是实施知识管理的必要条件；要有结构化的知识战略规划、针对业务目标的知识管理实施路径。 通过对西门子公司知识管理实践的考察，能够基本了解实现一个成功的知识管理系统所应具备的方法论——它决不仅仅是一个技术相关问题，而是同企业战略、价值观、组织、人员技术等各个方面都有紧密联系。应该说，它对我国目前仍盲人摸象般的知识管理实践具有良好的指导作用。

国外组织或企业	知识管理实践简述
Documentum	Documentum 公司是市场上第一家利用标准关系型数据库技术以及面向对象方法提供企业级文档管理解决方案的公司，也是唯一一家能够以一个集成平台方式提供完整企业内容管理解决方案的公司。该平台包括了一流的文档管理、网络内容管理以及数字资产管理技术。它使大量不同类型的内容——包括文档、网页、XML 文件、富媒体（如图片、动画、视频、声音）——的创建、管理、定制和分发过程更加智能化和自动化，并集成在一个通用的内容平台和知识库中。Documentum 公司的平台使得公司能够在各种内外系统、应用程序以及用户交流中传递知识。
其他	Microsoft、Oracle 等公司已经推出了自己的知识管理产品，例如 Microsoft 公司推出的知识管理产品 Tahoe（太湖）、Autonomy 的 ConceptAgents、SAP 公司的 Portal 等。

三、国内组织或企业实践

国内部分组织或企业也在知识管理实践方面进行了探索。从统计结果来看，这些组织或企业均具有 IT 背景，有信息化厂商，有 IT 厂商。（如表 11-2 所示）

表 11-2 国内部分组织或企业实践简述表

国内组织或企业	知识管理实践简述
中国长城战略研究所	于 1998 年建立国内第一个专业知识管理网站中国知识管理网 www.chinakm.com；于 2000-2006 年推出了三个版本的知识管理平台 KMP。
蓝凌股份	开发了"基于知识管理的企业知识化平台（EKP）"软件产品，涵盖信息门户、协同办公、知识管理、人力资源、商业智能、流程管理、IT 管控等管理领域。强调以提高企业产能和效益为目标、以知识管理为核心理念、以应用开发平台为技术支撑手段，一方面帮助企业实现咨询成果的有效落地，另一方面为企业提供管理支撑系统，促进企业管理的精耕细作。为 400 多家企业建立了知识管理系统。
金蝶	企业知识管理划分为四个阶段：知识收集、知识整理、信息发布和知识在企业中的再利用，在不同阶段中可以配合金蝶 K/3 系统不同的软件产品来完成具体工作。可实现知识化流程管理、知识型文档管理、知识信息共享等多类功能。

续表 11-2

国内组织或企业	知识管理实践简述
AMT 咨询	国内知名的"管理+IT"咨询服务机构，已为进入世界500强80%的中国企业以及中国百强中60%以上的企业提供过管理咨询服务。
联想集团	2003年，联想正式启动知识管理项目。认为管理分为现场管理、流程管理、信息管理，最后才是知识管理。知识管理是锦上添花，不是雪中送炭。首席知识官是个新设岗位，知识管理部门约三四十人。2010年，联想控股引入蓝凌知识管理系统，实现联想控股知识文档存储系统化，加强部门间、员工间协作与共享，提高知识的再利用程度，逐步形成知识管理企业文化。
其他	方正集团、深圳华为、中远集团、金山公司、科利华、亚信和清华紫光等

11.2　案例分享：中国运载火箭技术研究院①

11.2.1　公司简介

中国运载火箭技术研究院（本章以下简称研究院）创建于 1957 年，是我国最大的导弹武器和运载火箭研究、设计、试制、试验和生产基地，中国航天的发祥地。下属 10 个事业单位、3 个企业单位、1 个职工医院、3 个全资公司、2 个院本级实体单位和 3 个控股公司，主营业务包括航天型号工程、航天技术应用产业等领域，覆盖系统总体、空间飞行、结构与强度、自动控制、地面发控、伺服机电、计量测试、强度与环境、新材料、特种制造、总装总测、新能源、煤化工等多方面专业技术，具有先进雄厚的生产制造能力。

研究院目前从业人员约 3 万人，其中包括 8 名中国科学院和中国工程院院士、5 名国家级专家、12 名百千万人才工程国家级人选、2 名中华技能大奖获得者、23 名全国技术能手、314 名享受国家政府津贴的专家。共获得 3573 项部级以上科研

---

① 此部分内容由中国运载火箭技术研究院技术发展部知识管理处杜俊鹏博士向本书作者提供，谨此致谢！另《知识+实践的秘密》一书中也有该案例，感谢该书作者夏敬华博士等人！杜俊鹏博士与夏敬华博士均为知识管理国家标准的主要起草人。

成果奖、7 项国家科技进步特等奖、1 项国防特等奖。

图 11.1 从文化、科技、产品、技术、质量、知识等角度概括了研究院的发展历程。

图 11.1 中国运载火箭技术研究院发展历程

经过几代航天人的艰苦奋斗和顽强拼搏，中国运载火箭技术研究院从无到有，从小到大，从弱到强，先后成功研制了 10 余种长征系列运载火箭，形成了长征火箭系列型谱，能发射近地轨道、太阳同步轨道、地球同步转移轨道卫星或航天器。实现了从常规推进剂到低温推进剂、从串联到捆绑、从一箭单星到一箭多星、从发射卫星到发射载人飞船的技术跨越，奠定了中国航天事业发展的基础，承载了中国航天五十二年的发展，使中国航天发射技术处于世界先进水平。

11.2.2 知识管理历程

中国运载火箭技术研究院知识管理规划为三个阶段：知识管理推进阶段（2011年—2013年）、知识管理深化阶段（2014年—2015年）和知识管理发展阶段（2016年—2020年）。知识管理推进阶段的重点工作是知识管理基础建设，形成适合研究院科研生产需求的知识管理模式；知识管理深化阶段的重点工作是知识管理融合发展，实现知识管理在研究院军民产业科研生产和经营管理中的广泛应用；知识管理发展阶段的重点工作是知识管理引领创新，通过知识管理促进新领域探索、新体系建设和发展战略规划，为确立研究院新的经济增长点和提升经济效益提供支持。研究院知识管理路线图如图11.2所示。

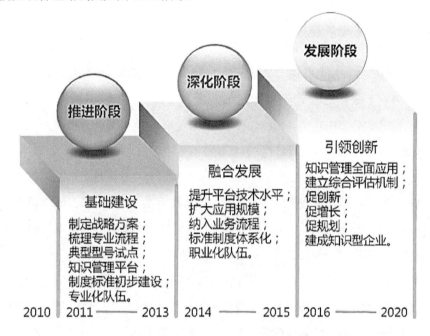

图 11.2　中国运载火箭技术研究院知识管理路线图

研究院前五十年的知识管理活动与航天发展阶段密切相关，比如建院初期主要是模仿研制，以知识引进为主，通过向苏联专家学习以及"反设计"，培养研究院自身的科研人员和专业能力。20世纪60年代和70年代，研究院任务特点转向自主研制，研究院开始注重知识积累，显性知识主要通过图书馆、技术资料管理和档案管理，隐性知识则通过师傅带徒弟的方式进行传承，多采用"面对面交流，手把手演示"的形式。20世纪80年代以后，人员离退和断层问题日益突出，为此研究院开始注重知识固化，尤其是专家隐性知识的提炼，这一阶段主要采取编制图书、手册或报告的方式。进入21世纪，研究院面临的市场竞争性和多型号并举态势日益突出，知识管理重点开始转向体系管理和创新应用。

2008 年，研究院开始探索知识管理在研究院发展规划中的战略价值及其推进思路。2010 年，研究院在技术发展部下设置知识管理处，负责统筹、规划、协调、监督、考核全院知识管理工作。随后，研究院知识管理工作得到快速有序的发展。发展到当前阶段，研究院已经基本完成了组织结构、系统建设、标准规范及初步应用等规划目标，后期将重点转向深化应用与创新发展。

研究院知识管理发展简要历程如下：

● 2008 年，研究院提出从知识管理战略、知识管理系统和知识库体系等方面开展工作，初步确定了知识管理的推进思路。

● 2009 年-2010 年，研究院完成创新基金项目"支持导弹火箭研发的企业知识管理技术研究"，为知识管理建设积累了技术基础。

● 2010 年，研究院在技术发展部下设置知识管理处，统筹全院知识管理工作。组织编制了知识管理战略纲要及推进阶段实施方案，明确了研究院知识管理发展方向和具体实施途径。《中国运载火箭技术研究院知识管理战略纲要》的正式发布，标志着研究院知识管理实践进入体系化推进阶段。

● 2011 年，研究院启动知识管理系统一期论证、设计与建设工作，实现系统在全院的部署及运行，初步具备了显性知识全生命周期管理能力。同年，研究院开展了知识管理标准及知识库建设，并在两个院属单位开展了专业知识资源采集试点应用。

● 2012 年，研究院启动了知识管理系统二期建设，继续深化知识管理标准及制度体系建设，全面推进专业知识资源采集，并开展外部知识采集试点工作。研究院组织召开了首届知识管理论坛活动，并出版内部文集及《航天工业管理》专刊。首届知识管理论坛由院主管领导、厂所主管领导、主管处室领导、主管人员、设计师队伍代表等 60 余人参加，搭建了一个全院知识管理经验交流的平台。

● 2013 年，研究院启动基于型号研制流程的岗位知识资源梳理模式探索工作，组织开展跨单位交叉访谈工作。研究院组织召开了第二届知识管理论坛活动，并出版内部文集及《航天工业管理》专刊。

● 2014 年，研究院开展了外部知识管理系统建设，深化探究制造单位知识管理模式与方法。研究院组织召开了第三届知识管理论坛活动，并出版内部文集及

《航天工业管理》专刊。研究院牵头编写的两项知识管理国家标准正式发布（GB/T 23703.7-2014《知识管理第七部分：知识分类通用要求》、GB/T 23703.8-2014《知识管理第八部分：知识管理系统功能构件》）。积极参与全国知识管理标准化技术委员会筹建。

11.2.3 知识管理定位

以推动培养具有航天传统精神、两弹一星精神、载人航天精神的高品质航天人才，研发具有稳妥可靠、万无一失、零缺陷的高质量航天产品为目标，建立"知识获取→知识存储→知识共享→知识应用"的良性循环，实现个人知识与组织知识、隐性知识与显性知识的相互转化，达到引领创新、提升效益、驱动发展的战略效果，为建设国际一流宇航公司提供有力支撑。

研究院知识管理核心价值包括：

● 凝聚型号、项目、员工创造的知识，构建企业核心智力资产；

● 在正确的时间将正确的知识传递给正确的人，加速知识流动与互动，激发知识创新；

● 推进知识驱动的业务模式，提升企业能力，确保竞争优势。

11.2.4 建设成果

作为我国最大的运载火箭研制、试验和生产基地，研究院要向国内外用户提供稳妥可靠、万无一失、零缺陷的航天产品。复杂的产品设计和制造过程必须依赖知识的有效应用。同时，质量管理作为一种有效的控制手段，使用知识管理方法提高质量管理水平，对于确保成功具有重要意义。而一切技术和管理活动均由人员来完成，以知识传承和能力提升为目标的航天人才培养是企业持续发展的关键。

这里分别从设计环节、制造环节、质量管理、人才培养以及基础支撑五个方面，选取研究院具有代表性的知识管理实践做法，予以介绍。

11.2.4.1　面向产品研发的设计模版

1. 设计模版实践背景

产品研制和生产过程中，技术文件是信息的重要承载媒体。在航天领域，技术文件包含设计文件、软件文档、研究试验文件和工艺文件等。其中，设计文件是指由设计部门编制的，用以规定产品的组成、型式、结构尺寸、技术要求、原理以及制造、调试、试验、验收、使用、维护、贮存和运输时所需要的技术数据和说明的技术文件。

设计是航天产品研制的源头，设计文件是航天产品设计、生产、试验、使用和管理的基本依据。研究院在院属各单位开展了面向产品研发的设计模版建设与推广工作。设计模版是根据型号产品研制的需求，在总结、提炼各型号同种设计文件的编制成果和经验的基础上，考虑型号和专业的发展需要，充分融入相关标准和规范要求，按照型号产品（型号总体、分系统、单机等）设计输出文件的形式，分门别类地针对具体设计文件而编制的设计文件样本。设计模版充分吸收了型号研制中的经验与教训，将专家头脑中的隐性知识结合业务输入要求进行了显性化和规范化，从而达到指导设计工作，减少设计差错，避免重复性问题的效果。

2. 设计模版实践过程

设计模版实践内容主要包括：

（1）宣贯培训，建立组织结构

（2）顶层策划，明确编写原则

（3）总结经验，制定编制要求

（4）统计分析，明确体系框架

（5）优化流程，逐批推进编制

（6）信息化应用，形成闭环管理

11.2.4.2　知识驱动的质量管理

1. 质量管理与知识管理的关系

航天产品关乎国家地位与形象，关乎人民群众的生命安全，产品质量不容有失。

在五十七年的航天历程中，质量这个词让所有航天人刻骨铭心。对于中国运载火箭技术研究院来说，"质量是政治、质量是生命、质量是效益"已经成为企业全体员工共同的质量理念。伴随着航天事业的不断发展，航天质量管理重点也从"符合性质量"发展到"适用性质量"进而到"顾客和其他相关方综合满意的质量"，最终将达到卓越经营质量。从知识管理角度看，航天质量管理的发展始终是在知识发现、获取、提炼、沉淀、推广的基础上进行的。航天质量管理是一种知识驱动的、面向质量的、持续创新的管理活动。发展历程及知识管理特点如图 11.3 所示。

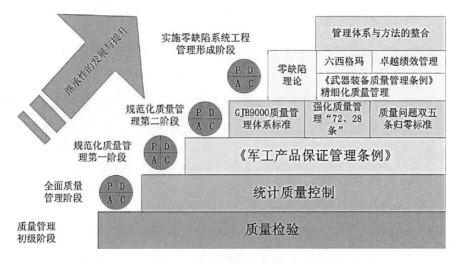

图 11.3 航天质量管理发展及知识管理特点

航天质量管理过程中形成了一系列的方法，其中质量问题归零方法和成功数据包络方法体现了知识驱动的典型特点。

2. 航天质量问题归零方法

质量问题归零是在航天工程的实践过程中总结形成的具有中国航天特色的质量管理方法，已经在航天领域得到了成功实践。通过质量问题归零方法可以准确定位问题，深入剖析问题的原因和机理，有效识别质量管理体系的薄弱环节，改进完善流程规范，提升管理能力。从知识管理的角度看，质量问题归零方法是一种问题导向的知识获取方法。对于研究院的航天专家及骨干来说，虽然头脑中积累了多年的工作经验，但是在没有外界任务或问题牵引的情况下，仍难以梳理、显化及共享。

在质量问题归零过程中，每个参与者的知识可能是部分或片面的，通过反复讨论，则众多参与者的隐性知识相互补充、相互融合、相互激发，最终形成更全面、更完善、更准确的认识，并采用标准、规章、要求等形式予以固化。

质量问题归零是对在航天产品设计、生产、试验、服务中出现的故障、事故、缺陷和不合格等问题，从技术上、管理上分析产生的原因、机理，并采取纠正措施、预防措施，以从根本上消除问题，避免问题重复发生的闭环活动。按照问题的性质，分为技术归零和管理归零。

11.2.4.3　知识管理系统平台与标准规范

软件系统与标准规范并重是中国运载火箭技术研究院知识管理工作的重要实施原则。知识管理是一项全员参与的工作，涉及范围广、沟通交互多、资源处理量大，借助信息化手段确保工作落地，同时必须制定参与者共同遵守的行为规范。软件系统的支撑，标准规范的引导，以及两者之间的协调配合，是推进知识管理实践的根本保障。

1. 知识管理系统建设

（1）内部知识管理系统

作为大型军工企业，研究院内部的知识往往具有不同密级。同时，对于不同法人单位之间，有些知识资源存在共享互通的需求，也有些知识资源存在隔离存储的要求。针对研究院内部知识管理需求，组织研发并部署了1套院级内部知识管理系统（※密级），提供分级知识域、多维导航、知识借阅及业务活动建模等特色功能，有效支撑了内部专业知识、型号岗位知识、产品研制知识及专家隐性知识的获取、共享及管理。

内部知识管理系统主要对企业科研生产及管理过程中形成的内部知识进行管理，知识资源密级包括※密、秘密、内部和公开四种级别。内部知识管理系统是企业开展专业知识资源梳理、型号岗位知识资源梳理、专家访谈知识发布、知识社区等知识管理工作的重要载体，支持企业知识资源从获取、审批、建库、升级到搜索、导航、利用、评估和统计的全过程。

内部知识管理系统既要适应标准规范、发明专利、科技成果、学术论文、经验禁忌、故障案例等各类知识资源管理要求，又要与企业部署的其他信息化系统紧密集成。同时，知识管理系统还应具备安全可靠、简单易用、持续拓展的特点。因此，内部知识管理系统的建设本身就是一项复杂的系统工程。内部知识管理系统主要功能包括用户中心、知识仓库、知识地图、统计分析、知识集成、岗位知识、成果申报等功能模块。随着企业知识管理业务的拓展，相应功能模块也在不断拓展或调整。

2011 年 8 月，内部知识管理系统在院信息中心部署上线，面向全院范围开放。2012 年 9 月，内部知识管理系统通过国家保密科技测评中心的涉密系统分级保护测评，具备了处理※密级信息的能力与资质。截至 2014 年 12 月，内部知识管理系统入库知识超过 1 万项。目前，内部知识管理系统中管理的知识以文档类知识为主，包括基本内容、经验禁忌、故障案例、共用模型、最新发展、最佳实践、学术论文、发明专利、科技成果、标准规范等。例如《弹道专业研究师手册》《单点故障采集操作手册》《伺服阀设计岗位知识框架》《重型运载火箭国外进展》《载人运载火箭控制系统故障模式及影响分析程序》《余梦伦院士访谈录》等。

（2）外部知识管理系统

作为承担涉密任务的军工企业，研究院工作内网和互联网实施物理隔离，导致科技人员在查询国内外技术进展时多有不便。针对外部知识管理需求，组织研发了 1 套院级外部知识管理系统（非密），围绕各单位相关专业的外部知识需求，提供外部专业知识自动采集、智能检索与导航、个性化知识服务等实用功能，有效推动了外部专业知识的便捷导入，实现外部知识的一站式获取。

在知识管理工作实践过程中，发现传统的外部知识采集、发布和服务模式既无法实现企业外部知识管理规划目标，又不能全面满足航天科研生产对外部知识的强烈需求。因此，在充分调研和论证基础上，提出建立一套外部知识管理系统，在确保航天企业外部知识管理任务完成的同时，为航天科研生产提供更好的知识服务和情报支撑。外部知识资源采集的范围从知识来源角度分为互联网资源和外购数据库，其中互联网资源包括新闻资讯、图片和视频等知识类型，外购数据库包括科技期刊、科技报告、学位论文等知识类型。目前，外部知识采集范围总数据量除互联网资源外，约为 2100 万余条。

为方便技术人员、型号队伍使用各类外部知识，外部知识管理系统将十余种外部知识资源进行深度的加工集成，并开发、实现了多项知识服务功能。用户可以通过本系统对多种类型的外部知识资源进行一站式的检索、获取，实现了技术人员、型号队伍对各类外部知识快速、便捷、高效的利用。根据院专业技术体系，定期采集各种类型的外部知识资源并保存入库。同时，建立外部知识资源专家审核机制和用户使用评价机制，确保入库外部知识积累的有效性。建立对专题外部知识库中使用率、用户评价值不高的资源的定期清理机制，确保各专业外部知识库中所保存的知识资源均具有较高的技术性和实用性。为解决航天企业内、外网物理隔离，型号队伍、技术人员获取互联网资料不方便的问题，外部知识管理系统定期从互联网采集相关知识资源，例如"导弹""火箭""航天""反导"等新闻、报告、图片、视频资源，并按照院专业技术分类相关性补充到外部知识管理系统。根据需求，内网用户还可以申请定期获取特定主题的互联网资料。针对所有专业技术定制外部知识采集模板，定期从数字图书馆、互联网、专利文献平台中采集各专业技术外部知识，按院专业技术分类定期更新、推送最新外部知识，并将向用户推送最新外部知识。将专利文献和非专利文献的共有字段进行抽取，实现了二者的有机整合，为知识挖掘和分析奠定基础。

截至 2014 年 12 月，中国运载火箭技术研究院共计完成了弹道设计、结构总体、信息安全、微机电系统设计、焊接工艺及评定、风分器等 75 个专业的外部知识资源获取，累计发布知识资源超过 50 万项，有效促进了外部专业知识的管理与共享。外部知识管理系统界面如图 11.4 所示。

2. 标准规范建设

知识管理标准是对知识管理领域重要术语概念、基本原理、方法、规则、模式、流程等方面的统一规定，以各级主管部门审定发布的正式标准文件为准。知识管理制度是企业员工参与知识管理活动时需要共同遵守的行为规范。知识管理制度包含正式制度和非正式制度，正式制度是指以规定、要求、办法、实施细则等形式正式发布的文件，对企业员工行为的约束力较强，非正式制度是指以惯例、观念、信念等形式为代表的企业文化，对企业员工行为的约束力较弱。非正式制度的产生需要正式制度的引导和推动，同时也能够反过来保障合理的正式制度或改造不合理的正式制度。应该说，将知识管理理念和惯例融入企业文化是知识管理工作的更高追求，然而在知识管理推进初期，往往更依赖于正式文件形式的标准或制度。

图 11.4 中国运载火箭技术研究院外部知识管理系统

按照知识管理工作需求，制定知识管理标准体系框架和制度体系框架，持续开展知识管理院级标准制度编制工作。目前，研究院发布了《中国运载火箭技术研究院知识管理办法》，作为院知识管理顶层制度。发布了《基于专业维度分类的知识管理要求》《基于型号研制流程的岗位知识资源梳理规范》和《专家知识采集要求》等 3 项具体要求，制定了《知识管理实施要求》《知识资源分类规范》《基于 Word 模板的知识资源采集要求》《外部情报知识资源采集要求》等 13 项院级标准，指导了全院知识管理工作的规范化开展。在上述文件基础上，院属各单位进一步开展了厂所级知识管理制度和标准的制定。

此外，作为第一起草单位，联合中国标准化研究院等单位全程推动了 GB/T 23703.7-2014《知识管理第七部分：知识分类通用要求》和 GB/T 23703.8-2014《知识管理第八部分：知识管理系统功能构件》两项国家标准的立项、编制及发布工作。上述两项标准作为国家知识管理系列标准的重要组成部分，拓展完善了我国的知识管理标准体系，为我国知识管理工作的开展推进贡献了力量。

11.2.5　实践启示

企业知识管理不仅是行难，更是一个没有终点的"破"与"立"的升华过程。虽然没有终点，实践者却要不断反思，以修正认识，指导行动。结合中国运载火箭技术研究院知识管理实践，提炼对知识管理工作的两点认识，具体介绍如下：

1. 知识分级共享策略

知识管理的目标之一是尽可能促进知识的流动和更大范围的共享，从而实现知识价值的最大化。但是，在实践过程中，研究院并不适合将所有知识都在全院范围内共享。研究院制定了知识分级共享策略，并落实到知识管理系统平台上。院级知识域作为全院知识共享空间，主要由研究院负责推动相关内容建设。厂所级知识域作为各厂所知识共享空间，由各厂所负责推动相关内容建设。同时，按照保密要求，管理人员可以设置知识域的人员访问权限配置，从而确保涉密知识的合规共享。

2. 融入科研生产及管理主线

知识管理的价值在于应用。对于航天企业而言，如果知识管理无法对科研生产及管理工作提供有益支撑，无法从提升效率、保障质量、驱动创新等方面为型号或项目提供支撑，无法从强基固本、能力锻造、战略预警等方面为组织提供价值，那么知识管理实践必然是一个失败的实践，而且必然无法长久。

从融入科研生产及管理主线这个角度考虑，研究院实践主要体现在两个方面：

（1）研究院构建的内、外部知识管理系统，主要是围绕研究院相关技术和管理专业，对专业资源、专业发展、最新情报等方面的集中管理、共享及交流。比如在内部知识管理系统，各单位均构建了专业结构树，使用者可以直接按照专业查询，同时内部知识管理系统提供的知识资源也是和专业密切相关的研究报告、设计师手册、质量案例、岗位知识包等。在有些院属单位，通过二次开发，实现将知识向具体业务系统的及时推送。外部知识管理系统则是按照专业方向和专业技术对外部知识资源和情报进展的重新组织，并通过专业导航提供便捷导引。在研究院建设推广的知识社区，也是引导以技术或管理为主题，结合日常的科研生产及管理工作，创建和运营社区圈子。

（2）研究院梳理形成的方法、经验、禁忌，逐步凝练为标准、制度、模版，从而直接嵌入或服务于科研生产及管理工作。在航天型号研制，尤其是飞行试验过程中，往往是"想到的问题不发生，发生的问题没想到"。为了确保成功，必须尽可能围绕型号研制及管理过程，形成全面覆盖和充分深入的规范体系。设计模版就是将研制经验提炼后形成的作业级设计文件模版，不仅包括了格式样式，还蕴含着工作依据和方法指导，能够直接用于设计过程。针对制造过程建设的标准规范体系，则是将制造环节的各类知识融合优化，形成全面系统的体系，不仅推动新员工的快速培养，更是直接指导员工的具体工艺设计、加工制造、总装总测等岗位工作。

知识管理融入业务的途径，根据企业性质不同，也会千差万别。对于中国运载火箭技术研究院来说，除了上述两种实践方式外，针对产品设计与制造过程，将知识经验融入各类工程软件，形成基于知识的设计平台和制造平台被视为一种更高形式的融入。

11.2.6 知识管理组织与团队

中国运载火箭技术研究院知识管理组织由院知识管理委员会、知识管理专家委员会、知识管理主管部门、知识管理支撑机构和院属各单位组成。

（1）院知识管理委员会（下称委员会）是研究院知识管理工作的最高决策机构，委员会主任由院知识管理主管领导担任，成员包括院科技委主任、知识管理主管部门领导、信息化主管部门领导、综合计划主管部门领导、人力资源主管部门领导及财务主管部门领导。委员会的主要职责包括：负责审定院知识管理战略及中长期发展规划；负责审定院知识管理组织架构的设立与变更；负责审定和部署院知识管理其他重大事项。

（2）院知识管理专家委员会是研究院知识管理工作的技术指导机构，由院科技委专家、型号两总和厂所级专家等构成。主要职责包括：为院知识管理工作提供咨询与指导；根据实际需要，对知识资源进行审查与评估。

（3）技术发展部是研究院知识管理工作的主管部门，主要职责包括：负责知识管理中长期战略规划及实施方案的编制；负责院知识管理年度计划的编制；负责推进知识管理战略规划、实施方案及年度计划的落实；负责协调、监督、检查和考核院属各单位的知识管理工作。

（4）研发中心是研究院知识管理工作的支撑机构，主要职责包括：负责知识管理系统的论证、设计、建设和维护；负责知识库体系的规划、建设与维护；负责院级知识管理标准及制度编制；协助主管部门开展知识管理学术交流等相关工作。

（5）院属各单位是院知识管理工作的实施单位，主要职责包括：负责本单位知识管理组织体系建设，明确知识管理主管部门、主管人员、知识管理专员及相应职责；负责本单位知识管理规划和计划的编制、实施与考核；负责本单位知识库的规划、建设和维护；负责完成主管部门安排部署的知识管理相关工作。

（6）院全体员工是知识资源的创造者、积累者和应用者，其共同的职责是：持续学习、吸收、整理、积累、共享、利用知识资源；对院知识管理工作提出改进意见和建议。

其中，2010 年，研究院在技术发展部下设置知识管理处，负责推动研究院知识管理工作。同时，在研发中心设置知识管理组，负责支撑知识管理处开展具体工作。院属各单位明确了知识管理主管领导、主管处室领导和主管人员。为从技术方面支撑知识管理开展，各单位还按照专业设置了知识专员。

11.2.7　小结

经过"十二五"期间全面推进，研究院在知识管理组织构建、顶层规划、基础建设等方面取得明显效果，形成了"专业、融合、应用、创新"的知识管理发展理念，建设了两套知识管理系统及配套制度标准。尤其是针对航天产品设计与制造、航天质量管理、航天人才培养等关键问题，开展了设计模版、精益知识管理、质量问题归零、成功数据包络、人才素质建模、3D 学习系统等研究与实践，塑造了知识管理与科研生产及经营管理融合发展的良好格局。在航天强国征程中，知识管理作为"软实力"建设的核心内容，将进一步发挥引领创新、提升效益、驱动发展的作用，为建设具有国际竞争力的航天企业集团提供有力支撑。

11.3 案例分享：北京市建筑设计研究院①

11.3.1 公司简介

北京市建筑设计研究院有限公司（BEIJING INSTITUTE OF ARCHITECTURAL DESIGN。以下简称 BIAD）成立于 1949 年，公司始终专注建筑设计主业，致力于向社会提供高品质的建筑设计服务。是当前中国建筑设计领域的领军企业。

BIAD 业务范围包括：建筑工程设计、城乡规划编制、城市规划设计、人防工程设计、风景园林工程设计、环境工程设计、建筑智能化系统工程设计、建筑装饰工程设计、建筑幕墙工程设计、轻型钢结构工程设计、照明工程设计、消防设施工程设计、工程咨询、工程概预算编制、工程造价咨询、旅游规划编制及设计、室内设计、绿色设计、工程监理、工程总承包、对外承包工程领域。

BIAD 以建筑设计作为发展的根基，历经近 70 年的发展，从创建初期的 40 余人，发展至现在 3000 余人。业务遍布中国及世界各地，已成为建筑设计、工程咨询及相关科研领域业绩卓越的行业领军机构。BIAD 通过建筑设计参与并见证了中华人民共和国成立以来首都北京城市建设中的几乎所有重大事件，从天安门广场规划到中华人民共和国成立十周年的十大建筑，从第十一届亚运会到北京奥运会无不留下 BIAD 的建筑设计足迹和专业成就。BIAD 设计作品遍及全国和世界各地，许多都已成为国家和城市的标志性建筑，成为"中国创造"的名片，在建筑设计行业中享有极高声誉。

通过不断的工程项目积淀，BIAD 在国内建筑设计领域汇集了一大批优秀人才，形成了权威技术优势。公司在注重技术发展的同时，也关注社会、文化、艺术对建筑的影响，从而保证建筑产品能够真正满足当代的城市生活和人的需要。建筑设计服务是一项涉及内容广泛的专业工作，随着社会发展，建筑设计正在进入专业细化分工阶段，BIAD 既可以提供建筑设计全过程的系统服务，包括方案设计、初步设计、施工图设计等阶段，也可以根据项目的需求，提供阶段性的咨询服务。随着现代工程的复杂性增加，BIAD 也具有许多更精细化的专项服务业务，包括复杂结构

---

① 此部分内容由北京市建筑设计研究院知识中心主任卜一秋向本书作者提供，谨此致谢！

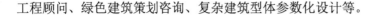

工程顾问、绿色建筑策划咨询、复杂建筑型体参数化设计等。

11.3.2　知识管理历程

从 2003 年开始，BIAD 的信息化建设开启了高速发展模式。2006 年协同设计平台的推出，标志着信息化技术进入了管理层面，开始了对设计过程和工作模式的引导和变革。团队协同的设计工作模式，更好地沉淀和收集了设计过程中的数据和信息，支持了对最终设计成果的追溯。2008 年设计项目管理系统的上线，使得项目运行过程清晰透明，项目的合同签订情况，计划执行情况，人员配置情况，财务收支情况，以及全公司和各个生产部门的业务和经营状况等，从原来的每月人工统计报表，演化成不同层级领导的即时查询页面。2010 年数字档案馆上线，提供了工程档案和综合档案的查询浏览和借阅管理，随后六十多年来保存的近二百万张工程设计图纸被陆续扫描数字化挂接到数字档案馆。2015 年，实现了工程项目设计文件 PDF 数字化归档和蓝图打印交付，具备了设计产品电子化交付的条件。全方位的信息化管理，沉淀了海量的数据信息。

2013 年起，知识管理概念开始进入信息化管理，信息部也相应增加了知识管理工作职责。根据不同的需求，逐步开发了科研成果查询、获奖信息查询、优秀作品展示、项目图片共享和项目地图等知识库系统，这些知识库统一以项目和人员为线索，以查询需求为依据，建立数据信息相互之间的有机关联，形成支撑不同业务需求的知识体系。

2015 年，公司正式成立了知识中心（二级机构），承担公司知识管理规划和实施推进工作。知识中心首先展开专题研究，梳理知识内容，细分知识应用场景，架构知识体系，搭建知识平台，制定知识管理制度，在此基础上制定知识平台分期开发计划，逐步扩充和完善系统功能，深入挖掘和有机展现数据和信息资源，并营造知识分享的氛围，提供便捷分享的工具，使知识型员工乐于把隐性知识显性化提交到知识平台。2017 年 1 月公司知识门户一期正式上线，2017 年 9 月，完成二期内容的开发和测试，新功能正式上线。

2016 年 BIAD 被中国勘察设计协会评为"十二五期间信息化建设先进单位"，

2017 年 BIAD 荣获 2017 中国最受尊敬的知识型组织（CHINA MAKE）大奖和 2017 亚洲最受尊敬的知识型组织（ASIA MAKE）大奖。多年来 BIAD 立足于自身业务特点和管理特色，利用信息化手段推动设计和管理进步，并逐步实现了以知识管理促进业务提升驱动设计创新的目标。

11.3.3　实践做法

通过对知识内容的分类梳理，与技术管理、人力资源和经营管理等管理部门以及设计部门的沟通研讨，确定了知识管理系统平台的 7 项功能原则：

（1）知识门户。BIAD 是以知识为驱动的企业，所有员工都是知识型员工，获取、应用和分享知识是所有员工工作的主要内容。因此，BIAD 的知识管理平台应该与以知识为主导的企业内网门户相融合。

（2）知识枢纽。员工登录知识平台，即可获取本人权限许可下的所有知识，无论是需要查询资料还是完成工作，都应该顺畅地到达想要到达的知识资源或工作任务的关键点。因此，BIAD 的知识管理平台应该是所有人和知识的集散地。

（3）鼓励分享。BIAD 倡导的知识共享的企业文化，应该通过知识平台得到贯彻和实施。因此，BIAD 的知识管理平台应该具有一键式分享的功能，给知识分享提供快速方便的操作渠道。

（4）交流互动。知识的分享和传播需要互动模式，通过互动交流，才能明确知识供求，评价知识质量，涌现专家达人。因此，BIAD 的知识管理平台应该是部门之间和员工个人之间互动交流的平台，需要具备实时互动的功能。

（5）知识生长。知识经济时代，知识是不断更新迭代的，知识应当形成脉络关联，具备延续、发展、生长、变化的能力。因此，BIAD 的知识管理平台应该做到使知识有生长、成熟、完善的机会。

（6）个性差别。不同的员工，同一个员工在不同的角色下，所需要的知识是具有差别的。因此，BIAD 的知识管理平台应该提供个性化差别化的服务.

（7）用户成长。用户应当随平台一同成长，用户通过参与、付出和获得完成其知识获取、积累、沉淀、更新、分享这样一个周期，并周而复始。因此，BIAD 的知识管理平台应该是伴随用户成长的平台。

知识管理平台建设是一个循序渐进、分步实施、不断完善的过程。在完成了平台产品的甄选后，项目一期确定了以知识为导向的门户和知识管理主要功能架构，在整体功能架构和知识仓库体系搭建以及产品基本功能部署的基础上，打通了与人力资源管理系统、OA 系统、项目管理系统、档案管理系统的数据连接。一期着重深入完成了设计质量问题解析、刊载论文收集、民间专家与知识问答体系、项目百科知识等功能的订制开发。订制开发针对设计部门和质量管理部门的需求，力图满足设计人员最渴求和最现实的需要，例如，"设计质量问题解析"是从设计产品质量抽查收集和汇总出来的各专业常见和典型问题的归纳，不仅有对问题的描述，还包含错误的原因，涉及的相关标准和技术措施以及避免错误再发生的关键控制要点。这些问题的汇总不仅可用于专业培训，同时也为各专业技术措施文件的修订提供更新的关注点；"项目百科知识"与项目管理系统和档案管理系统进行数据连通，设计项目一旦完成归档，项目百科中即可自动创建项目词条，项目管理系统和档案管理系统中的项目属性信息和关键技术信息，自动按照词条的段落格式进行整理，相关用户可以对词条进行后续的维护更新，所有用户可以按照多维度全方位的属性信息体系进行精确查询和准确定位。

在系统平台上线的同时，也配套推出了有关知识共享与交易的管理制度，同时利用线上线下手段鼓励知识的分享和提供者，倡导知识资源在不同部门间的合理有序流动，支持知识的迭代更新和发育生长。在全公司营造和强化尊重知识、乐于分享的企业文化氛围。

11.3.4 建设成果

11.3.4.1 内外部信息发布与传递

企业内部门户（图 11.5）是公司内外部信息发布、传递和获取的枢纽，BIAD门户的重要板块包括公司新闻、文告、经营信息、技术信息和培训信息，各板块由相关管理部门的知识专员负责内容维护。各部门通过有效渠道获取的政策法规、行业动态以及竞争对手或标杆企业信息，公司内部整理提炼的技术措施、技术标准，公司针对技术和质量目标要求策划的培训内容，都通过内部门户发布给全体员工。员工既可以在公司内网登录，也可使用公司员工账号通过外网登录访问公司知识资源。其中特别重要的内容还可以通过移动设备推送给相关人员。

图 11.5　BIAD 企业门户首页界面

对于行业动态、市场信息以及技术规范标准等外部信息，公司相关管理部门分别予以关注。如营销管理中心和科技质量中心设有固定岗位人员定时关注政府部门、行业协会等权威信息网站，收集汇总营销信息和技术管理信息，通过公司门户网站"经营信息"和"技术信息"板块发布行业相关政策法规信息、行业动态和技术信息、技术管理通知等；设计部门和分支机构了解的相关各地方信息通过 OA 系统传递给相关管理部门进行汇总分析解读后，通过内部门户发布。重要信息则以公司公文形式发布。

11.3.4.2　多途径整合内部知识资源

BIAD 的内部知识资产包括工程设计和咨询项目服务全过程的资料、记录等文档，包括顾客提供的设计需求及相关资料、向分承包供方提交的采购需求，分承包供方提供的成果以及全过程相关各方的沟通记录；各设计和咨询阶段所提交的成果文件；由设计和咨询过程衍生的研究论文、设计关键技术；科研项目全过程的资料、记录等文档，收集的资料及科研成果；公司申报的专利及专有技术；公司管理及运营过程中所依据的法律法规、规章制度以及相关解读、指引，公司运营过程中的各类文件记录等。

对于建筑设计专业咨询服务企业，历来的设计和咨询项目过程和成果的积累对于员工技术能力的成长和公司新项目质量和效率的提升具有至关重要的作用。BIAD 严格要求上述所有知识内容都归档保存。工程设计和咨询项目的全过程资料，通过"项目管理系统"保留并形成记录，项目各阶段提交的成果通过系统审批、传递、归档、打印交付的流程，对于成果文件实施管理和存档。对于其他实体文件资料，通过核对系统目录进行归档验收，对归档的完整性和及时性，以质量目标考核方式实施管控。BIAD 运营过程中形成的公文、文告、会议记录和纪要等，通过 OA 自动办公系统流转办结后按规定完成归档。BIAD 建立了数字档案馆，分类保存工程档案、综合档案的电子文件和实体文件。各类档案文件根据公司规定的查询权限提供给全体员工查询。

BIAD 建设了知识管理平台，包括知识仓库（图 11.6）、知识地图、知识问答、专家网络和知识社区五大功能模块。此外还有如下特点：

（1）知识管理平台集成了 OA 系统、项目管理系统和科研管理系统等主要业务系统，将业务过程中形成的记录及成果抽取出来，形成知识仓库，进行分类展现。

（2）知识平台除了发布公司权威性共享知识外，还注重鼓励和引导部门和员工主动分享自身获得的其他相关知识。

（3）公司制定了知识共享与交易管理制度，鼓励知识分享，促进相互之间知识资源的交换和交易，形成良好的知识共享氛围。

（4）知识平台中还建立了分类知识库，如将项目管理系统的评优过程与档案信息集成，形成"优秀作品库"，全方位展现优秀设计方案和优秀工程设计项目的设计成果，作为工程设计的最佳实践供员工学习借鉴；"项目图片库"是建成项目的高品质实景照片的集散地；"项目地图"则利用项目管理过程中收集到的定位信息展现在网络地图上，用以展示公司在全球各地区承接项目情况，对公司营销人员提供知识资源的支持。各个专项资源库通过项目编号和名称为线索相互联通。

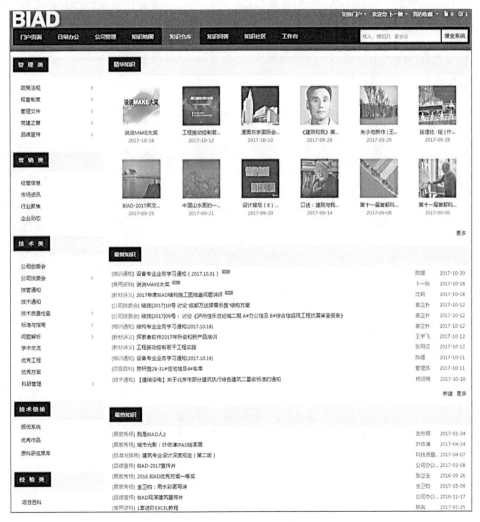

图 11.6 BIAD 知识仓库页面

11.3.4.3 扩展关联外部知识资源

BIAD 建立的数字图书馆，除管理公司图书馆馆藏图书期刊外，还定向采集国内外最新行业动态和技术资讯，链接了国家图书馆、首都图书馆等国家和地方公共图书馆，北京大学、清华大学等国家重点高校的图书馆以及国际图联、美国国家图书馆等国外图书资源。此外，还定向采购了国内外建筑和城市规划类重要期刊以及建筑节能、绿色建筑和 BIM 技术等专项知识库，采购了全套建筑设计行业标准规范和参考图集，并应用标准规范管理信息化手段，系统管理公司标准体系，发布公司有效版本标准并及时更新，为服务设计一线，保证设计产品符合国家法律法规和规范标准起到了重要作用。

11.3.4.4 内部经验知识收集、积累、加工和利用与创新

图 11.7 嵌入 CAD 界面的设计共享文件库

作为建筑设计专业咨询服务企业，BIAD 历来重视知识积累和再利用，并鼓励知识创新。技术管理部门整理和加工工程设计成果中的优质资源，形成通用共享知识库（见图 11.7），直接嵌入设计人员使用的 CAD 界面，设计人员在设计过程中可随时调用。BIAD 编制的《统一技术措施》成为民用建筑设计行业公认的技术指南，《设计深度规定》《设计深度图示》等技术文件不仅是企业的产品标准，而且在行业内影响深远，面向设计人员的各专业技术培训课程也成为行业内最受欢迎的知识内容。这些技术文件在知识平台上完成了专业化、过程化的整理，设计人员可以随时获得最新更新的版本。

技术管理部门还将每季度施工图质量抽查中发现的典型问题制作成问题解析知识库（见图 11.8），按照合理的分类属性管理，并不断积累更新，成为设计人员基本专业素质和技能培养的优质实战教材。

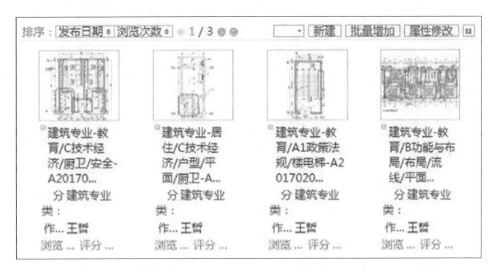

图 11.8　问题解析知识库的部分问题列表

几十年的设计项目积累，是 BIAD 最重要的知识资源，数以千计的各类型建筑设计成果为新的项目、新的团队和新员工提供了参考学习的丰富资料。为了能快速检索精确定位目标项目，便捷提供项目最精华的设计要点，知识管理平台订制开发了"项目百科"功能，构建了全方位多维度的项目属性信息体系。项目百科与设计管理系统联通，项目各个维度的属性信息和主要技术信息，在项目管理系统中通过各个阶段节点逐步收集，设计项目一旦完成归档，就在百科知识模块自动生成一个项目词条，项目运行过程中的相关属性信息和内容信息按百科词条的模板自动整理。词条针对主要设计人员开放编辑功能，后期整理的项目资料如评奖过程及结果等可以不断补充到词条中（见图 11.9）。

图 11.9　BIAD 知识管理系统的项目百科模块示例

11.3.4.5 隐性知识显性化

公司和各设计、管理部门定期或不定期组织分享会、研讨会和项目现场观摩，针对具体设计项目或某一技术领域展开讨论，分享观点和知识。举办丰富多彩的学术交流活动、新技术推介活动，如分享会、头脑风暴、项目现场观摩等，将部门了解到或应用过的新技术向全公司推介（见图11.10）。

图 11.10 公司丰富多彩的学术交流活动

归档和交付的设计成果，并不能涵盖设计过程中的所有思考、推敲、研究和验证，后者往往隐没在设计人员的笔记、草稿甚至脑海中。为收集和发掘设计人员丰富的隐性知识，BIAD 知识管理平台采用了开放、互动、共享的方式。利用快速分享功能，员工可以上传、分享团队和个人的设计体会、设计经验、建筑评论等；在知识百科模块员工可以不断完善项目百科词条，创建和完善建筑技术词条；在知识问答和专家网络模块，员工可以提出或回答问题，也可以请教专家或与专家探讨（见图11.11）；

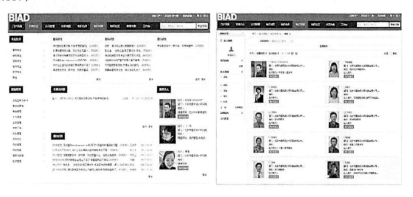

图 11.11 BIAD 知识平台知识问答和专家网络页面

在知识社区模块，员工可以与相关同事组成圈子，就某些技术问题或设计细节进行讨论。员工可以对公司各部门和员工个人发布的各类知识和信息发表个人意见，可以点评并给予评价，还可以修订和完善词条。BIAD 知识管理平台建立了完善的知识分类和属性体系，结合较强大的搜索引擎，使累积的知识内容可以方便地检索。

11.3.5 实践启示

知识管理是一个组织存在的基本支撑，建筑设计是依赖知识积累和知识创新创造价值的行业。对于 BIAD 这样一个智力密集型的企业，知识从来都是发展与进步的动力和能源，而优秀的知识管理则是高效能的发动机，使知识资源发挥更大的潜力。

BIAD 近年来的知识管理实践着重关注了三个关键因素：知识管理平台、知识内容和知识管理团队。知识管理平台是信息化技术支撑下的工具和手段，丰富全面和持续积累的内容才是知识平台的价值所在，而保证知识内容的高质量和持续扩充的数量，则需要建立完善的管理制度和营造知识共享的企业文化。

BIAD 在系统平台上线的同时，也配套推出了知识管理制度，同时结合线下的评优、展览、讲座、沙龙等活动，鼓励知识贡献和分享，倡导知识资源在不同部门间的合理有序流动，支持知识的迭代更新和发育生长。

在全公司营造和强化尊重知识、乐于分享的企业文化氛围。BIAD 知识管理团队的特点是熟悉业务过程，尤其熟悉设计过程以及相关知识要点，与设计部门保持良好的沟通和理解，因此对设计部门的知识需求能够形成快速准确的响应。由此也形成了下一阶段的工作设想，一是公司层面大力加强权威知识和基础知识内容建设，二是提升部门级的知识管理意识和能力。前者保证公司基础知识的厚度，后者反映设计部门专项知识的高度。知识平台系统功能建设，则应契合上面这两方面的需求。

BIAD 的未来五年发展规划充分重视知识管理的关键作用，以知识为驱动的目标和措施贯穿于人才发展、科技发展和信息化发展等多个子规划之中。在新的发展规划指导下，知识管理团队正在不断研究利用新型技术手段，推动知识管理和创新，为达成使命和愿景不懈奋斗。

11.4　案例分享：中国建筑西南设计研究院[①]

11.4.1　公司简介

中国建筑西南设计研究院有限公司（简称中建西南院）始建于 1950 年，是中国同行业中成立时间最早、专业最全、规模最大的国有甲级建筑设计院之一，隶属世界 500 强企业——中国建筑工程总公司。建院 60 多年来，中建西南院设计完成了近万项工程设计任务，项目遍及我国各省、市、自治区及全球 10 多个国家和地区，是我国拥有独立涉外经营权并参与众多国外设计任务经营的大型建筑设计院之一。中建西南院先后荣获"中央企业先进集体""全国工程质量管理优秀企业""中国十大建筑设计公司""中国最具品牌价值设计机构"等荣誉称号。

作为中西部最大的建筑设计院和国家基本建设的重点国有骨干企业，中建西南院现有员工 3300 余人，其中设计主业员工 2100 余人，教授级高级建筑师、教授级高级工程师 66 人，高级建筑师、高级工程师 520 余人，各类注册人员 580 余人。先后获得国家级、部级和省级以上优秀奖 850 余项，取得国家优秀设计金质奖 5 项、银质奖 4 项、铜质奖 5 项的创优佳绩。60 多年的设计耕耘，中建西南院在博览文化建筑、体育建筑、医疗建筑、教育建筑、旅游建筑、居住建筑以及空间结构等设计领域形成了独特的设计优势，赢得社会广泛赞誉。

11.4.2　知识管理历程

管理大师彼得·德鲁克说"20 世纪的企业，最有价值的资产是生产设备；21 世纪的组织，最有价值的资产将是组织内部的知识工作者和他们的生产力"。建筑设计企业是靠着知识不断积累、加工和再利用创造价值的，是以知识为生命的组织；没有知识管理的技能，企业就可能像没有记忆的人一样，随着项目的结束、人员的离开，知识可能就消失了！

从 1950 年建院发展至现在逾 3000 人的 CSWADI，无数专家经验及项目成果，形成一座可供深度挖掘的知识金矿。从 2012 年至今近五年的时间里，西南院科研

---

① 此部分内容由中国建筑西南设计研究院信息化管理部总经理徐亚娟向本书作者提供，谨此致谢！

团队一直孜孜不倦，探索着如何挖掘、整理和利用这座知识的宝藏。

1. 萌芽——从无序到有序（2013-2014年）

2013年末，以城市设计中心的需求为原型，院知识管理平台1.0应运而生，1600余份电子资料被打上标签后装载上平台。此版的平台初步解决了对已有知识收纳和查询的功能，它犹如一个装上盖子的大书箱，查阅者通过搜索引擎查询露在盖子外标签，找到所需的书籍。大书箱内部没有分类分层的抽屉和格子，放入的资料没有经过加工和整理，是最原始的状态。

宝藏虽然找到了，但由于缺乏对知识的必要整理，宝藏依然像未经打磨的钻石，无法发出绚丽的光芒。于是从2014年开始，院职能部门和生产部门参与到钻石打磨的工序中。首先，技术部门将院从2013年以来近70余份科研成果统一上载；档案室工作人员将已经修编出版的《建筑作品集汇编》的30余份项目资料上传到知识管理平台；其次，利用信息化手段，日常办公、生产过程中产生的知识，自动"流进"了知识管理平台。例如OA办公平台"流入"的院正式发布的公文；利用每次设计项目评优的机会，通过线上申报"流入"的优秀项目资料。经过人工参与和线上流程相结合的手段，知识管理平台的内容得到快速扩张，短短两年时间从0条发展成3000余条。

虽然知识整理问题得到了解决，但是因为缺乏知识用户的参与，知识管理平台的内容五花八门，用户体验并不好。

2. 发展——从分散到系统（2015—今）

上一阶段，中建西南院虽然找到了知识的"第一桶金"，但是通过一系列实践也深刻认识到，知识管理是对知识挖掘、整理和利用的过程，单纯独立解决任何一个环节都不能真正做好知识管理。

2015年开始，中建西南院从"建、用、管"三个层面全面、系统地探索和研究建筑设计企业的知识管理。

（1）"建"

一是建立与管理相适应的组织架构。"巧妇难为无米之炊"，为了让专业的人做专业的事，中建西南院从管理、内容研发和技术实现三个角度，构建了管理协调组（科技部、信息化管理部）、课题团队和软件公司的三角组织架构，协同配合，共同推进。

二是进行知识盘点，找出知识规律与核心价值，梳理知识体系框架。设计院的一切企业活动都是围绕项目展开的，所以中建西南院以项目为核心，以价值为导向开展知识体系的梳理。从助推项目经验传递的经典项目案例，提高设计质量和效率的标准图库和规范，促进科研成果借鉴与分享的期刊论文和科研成果库等等，都纳入了知识管理的内容范围。

三是开展知识管理的内容建设及平台建设。知识管理的内容是根本、是核心，平台是基础、是手段，二者相依相存，缺一不可。课题组的专家和一线设计精英们既是知识的建设者也是用户，他们通过科研课题组成攻坚团队，将淹没在个人电脑、专家头脑、计算机存储器中碎片化的信息进行整理、编辑，形成系统和体系。此外，医疗建筑课题组还拿出部分课题经费，发动和激励各生产院参与经典工程案例收集和整理工作。

其次，中建西南院和知识管理界一流的软件公司合作，软件专家们不仅带来大量知识管理优秀企业的"葵花宝典"，也提供了知识管理的方法论，与院共同着手知识管理平台从 1.0 到 2.0 的升级研发，优化从内容到用户的最后一公里。

（2）"用"

当前处于信息爆炸的时代，信息的来源很多，为什么"微信"能独占鳌头，轻易占据大多数人日常生活每个碎片化的时间？因为无论是朋友圈还是公众号，它推送的信息都是用户主动关注，喜闻乐见的内容。有鉴于此，中建西南院将知识管理与业务运作深度结合，紧密围绕设计院两类重点用户——经营者和设计师，探索与呈现与用户相适应的知识应用模式，开创了知识管理为业务真正产生价值的实践之路。

（3）"管"

随着两类知识应用平台搭建完成，实现了部分知识内容的有序管理；逐步确立以科研课题推动知识内容建设的建设模式；通过将科研课题内容分解到部门，尝试了知识用户参与知识共建共享的互动分享模式。

11.4.3　建设成果

11.4.3.1　专业化方向知识库

医疗建筑一直以来都是西南院的优势领域，自上个世纪 90 年代以来积累了大量优秀的设计成果和丰富的专业资料，但由于缺乏统一的收集整理，一直未能形成西南院完善的医疗建筑知识体系，没有利用好已有的优势资源来来支撑生产经营的发展。

结合西南院知识管理平台，以医疗建筑设计及科研成果为基础，通过近两年的系统整理和标准化录入，最终以医疗建筑专业化方向为基础，建立了完整的项目地图库和专业化知识库。同时也以此为契机，为西南院专业化（酒店建筑、住宅建筑、交通建筑、办公建筑、教育建筑等）知识体系的平台搭建探索出一条可行的技术路线。

1. 统一化的专业化知识体系

梳理和完善了原有知识管理平台体系与专业化知识体系的层级和联系，对现有医疗建筑知识资源进行系统归纳整理，形成完整的专业化知识体系架构，并形成标准化的知识信息模块框架，通过将信息属性区分为"固有属性"（普世化）和"特有属性"（专业化）两种属性，确保西南院其他专业化（酒店建筑、住宅建筑、交通建筑、办公建筑、教育建筑等）知识体系的普适性应用。

2. 人性化的专业化知识平台

在院知识管理平台上形成人性化的医疗项目地图库、专业化方向知识库。

（1）人性化的界面设置

以简洁、方便、易操作为原则，改变原有知识中心界面的模块，进行重新梳理和设计，通过对使用习惯的调查研究，引入"瀑布流"界面设置、"多路径"浏览方式、"多维度"搜索方式、"个性化"界面设置等，形成人性化的系统界面。

此外在界面设计上充分考虑可扩展性以及与各知识库之间信息互通的接口，为知识中心预留弹性空间以满足未来发展的需求。

（2）人性化的录入方式

采用"向导式"录入方式，对项目信息属性进行分类，按照"固有属性"和"特有属性"的基本形式，分层级、分页面进行录入，并对"必填项"和"选填项"进行标记分类。每个项目采用一次性录入即可满足地图库、知识库的呈现要求，无需反复录入，并对关键信息有快捷修改入口，如项目团队、项目特点等。

录入项目还实现了与院现有二维协同设计管理平台的互通，输入项目信息后可直接读取二维协同设计管理平台的基本信息，快捷方便。

（3）多元化的用户分类

针对不同用户群体所关注的重点不同，采取多层级复合型的灵活界面配置解决方案，为不同用户群体的诉求提供定制化的界面设置。

3. 内容详实的专业知识资料收集

对现有医疗建筑知识资源进行系统归纳整理。其中：截至目前，项目地图库与项目案例库囊括了西南院近 5 年的 87 个医疗项目基本信息，此前预期收录 5—10 个，包含项目的概况信息、指标信息、项目概况、专业特点、团队成员、关联信息、获奖情况、项目介绍以及地图库信息。共收集竣工项目实景照片 521 张，医疗建筑相关科研课题 14 项，以及医疗工艺和医疗设备的背景技术资料若干。同时预留了对应显示施工图图纸目录并与档案处资料形成链接的接口。

11.4.3.2 专业图库

中建西南院的专业标准图库是一个目录式的，可开放性管理、内容丰富、实用性强的设计基础图库，并将其成果集成于信息化的平台软件，以实现在设计过程中高效便捷地实时应用。设计图库具有设计资源统一管理、信息化协同共享、高效便捷加重复利用的特点，并能起到提高标准化程度、提高质量和效率，技术累积得以应用，顺应建筑工业化发展，支持院专业化、区域化建设，指导新员工快速上手，以及弥补部分专业绘图软件不足的作用。

建筑专业图库从技术措施和构造节点的概念出发，通过收集整理西南院历年优秀工程图纸资料、现行的相关法规规范、标准图集、国内外设计院、事务所的优秀工程案例，以及院内现有相关研究成果，分析总结出最量大面广的构造节点及措施做法。

建筑专业图库包含屋面、外墙、地下室、雨棚、栏杆栏板、室外景观，以及类型建筑特殊功能节点，幕墙外围护系统、参考范例、设计说明模板共 10 大类的内容。每个大类进一步细分，共计 46 小类，节点总数约 300 余个。其中，设计说明是收录了院现有科研成果、部分类型建筑特殊功能节点、以及幕墙类维护系统为预留开放接口，待后期各专业中心补充完成。首先是建筑专业图库部分，然后是建筑专业技术措施部分。

建筑专业图库建设历时两年，在企业总建筑师和副总建筑师的带领指导下，三名科研专员专职研究，20 多名院总建筑师，生产院总建筑师参与校对审定，从西南院 2000 年以来的优秀工程中归纳整理出上千个构造节点及技术措施做法，提炼出 300 余个节点大样，图库平台于 2017 年 9 月份投入试运行。

11.4.4　实践启示

1. 两化互通

从信息化的层面对知识平台进行梳理和搭建，以带动标准化的建立。同时，从标准化的层面对知识平台进行完善和管理，以促进信息化的发展。信息化与标准化的高层次深度融合，齐头并进，探索可持续性发展的运营模式。

2. 共建共享

在项目录入过程中，调动生产院的积极性，参与整体项目的录入。对于每个生产院的相关设计项目，通过筛选后提供可录入平台的项目名单，每个生产院安排具体的技术负责人及录入人员，根据标准的格式及要求对应项目名单进行录入。

3. 兼容性与灵活性的平衡

在建立具有医疗建筑自身专业化特色平台的过程中，将信息属性区分为"固有属性"（普世化）和"特有属性"（专业化）两种属性，以确保西南院其他专业化（酒店建筑、住宅建筑、交通建筑、办公建筑、教育建筑等）知识体系的普适性应用。在界面设计上充分考虑可扩展性以及与各知识库之间信息互通的接口，为知识中心预留弹性空间以满足未来发展的需求。

4. 跨领域的多学科协作工作模式

在实际操作过程中打破了以往传统的工作模式，创造建筑师与软件工程师零距离沟通协作的工作环境，让使用者自主设计并参与知识管理平台搭建的全过程，弥补了在过去前期概念设计和软件开发之间存在的技术断层。

中建西南院的知识管理经过萌芽和发展阶段，实现了知识从无序到有序、从分散到系统的蜕变。在即将到来的持续发展阶段，院将从管理、人员和技术等多方面最大限度地调动组织成员，变被动为主动，用企业的最佳实践知识来实现设计产品质量、效率、成本等方面的提升。

- 运营管理——完善知识运营管理体系，明确组织体系和职责；
- 激励考核——培养知识共享意识，调动员工参与积极性；
- 安全管理——制定数字化知识的安全管理机制，构建张弛有度的知识安全防护网；
- 技术支撑——优化生产相关信息系统，让知识管理不再是员工额外的事。

中建西南院将不断深化知识管理实践，打造更为强劲、高效能的知识管理引擎，驱动企业更好、更快发展，更好地实践"品质保障，价值创造"的企业理念。

附 录

工程设计项目管理系统建设经验与思考

百问百答

附录 工程设计项目管理系统建设经验与思考百问百答

有朋友看了本书初稿后，强烈建议作者将十几年来深耕工程设计项目管理系统（Engineering Design Management Information，EMIS，简称设计 MIS）建设的经验与体会、遇到的常见问题与解决方案分享给读者。作者所在企业为国内知名工程设计企业 60 强，作者工作的第一个十年，最重要的岗位之一就是所在企业 MIS 系统的项目主要负责人/项目经理，直接具体负责了持续十余年的设计 MIS 系统的需求分析、解决方案、概要设计、详细设计、界面与功能设计/DEMO、组织/指导/参与开发、测试、投用与运行维护完善等工作。作者喜欢研读并精通工程设计的行业标准和所在企业的 QHSE 等生产管理制度，积累了丰富的工程设计项目管理知识，解决了工程设计项目信息化进程中的若干管理与技术难题，拥有工程设计项目信息化的丰富经验，深谙工程设计项目信息化的痛点与解决之道。

全国有 2 万余家工程设计企业，包括全国建筑、市政、交通、机电、石化、化工、冶金、电力、电信、煤炭、水利、铁道、核工等各行业，日常工作中的重点就是对设计项目的管理，也已如火如荼开展项目管理信息化二十余年。除电力、石化和冶金行业开展较好，大多数工程设计企业/设计院的项目管理信息化还处于较低水平或"上 MIS 找死，不上 MIS 等死"的彷徨疑虑之中（MIS 泛指管理信息系统）。而作者负责建设的工程设计项目全过程项目管理系统早在 2009 年就基本建成并处于全国同行领先水平，广受国家有关部委和同行认可，近几年作者已十余次应邀在全国性工程建设行业/工程设计行业的项目全过程数字化管理的会议上担任主讲嘉宾，与上千家工程设计企业/设计院分享了工程设计项目管理全过程的数字化和信息化经验。各行业的设计项目的管理的本质类同，作者采用"问答"的方式，将自己在电力设计行业多年建设管理信息系统的实践经验与思考体会、常见问题与解决方案予以分享，希望能对全国工程设计行业、工程建设行业的从业人员有所裨益或启发。

由于时间紧迫，有些经验来不及总结，有些解决方案阐述得不透彻，有些体会也不一定完全正确，加之来不及字斟句酌，因此，本部分内容仅作为作者与读者间交流学习之用，如有错误完全是作者个人责任，与作者所在企业无关。

一、工程设计项目管理系统概述

1. 相关概念

（1）工程设计：工程设计，是根据建设工程的要求，对建设工程所需的技术、经济、资源、环境等条件进行综合分析、论证，编制建设工程所需的有技术依据的设计文件和图纸的整个活动过程。工程设计几乎涉及人类活动的全部领域。

虽然工程设计的费用往往只占最终产品成本的一小部分（8%—15%），然而它对产品的先进性和竞争能力却起着决定性的影响，并往往决定70%—80%的制造成本和营销服务成本。所以说工程设计是现代社会工业文明的最重要的支柱，是工业创新的核心环节，是现代社会生产力的龙头。国家发改委 [2010]264 号文指出，工程咨询业的发展程度体现了国家的经济社会发展水平。

（2）电力勘测设计：是电力工程基本建设的重要阶段。电力勘测设计文件是电力工程建设立项、施工和生产的主要依据。

电力工程设计过程可分为初步可行性研究、可行性研究（工程估算）、初步设计（工程概算）、施工图（工程预算）、施工配合（工地服务）、竣工图（工程决算）和设计回访总结七个阶段。

（3）生产管理：对企业生产系统的设置和运行的各项管理工作的总称。对工程设计企业来说，生产主体为工程设计项目的执行，主要生产过程为项目策划、设计输入、设计验证、设计输出、成品交付、设计确认、设计更改等，工程设计项目管理系统就是生产管理信息化的主要系统。

（4）项目管理：运用各种相关知识、技能、方法与工具，为满足或超越项目有关各方对项目的要求与期望，所开展的各种计划、组织、领导、控制等方面的活动。

（5）管理信息系统（Management Information System，以下简称 MIS）：是指综合运用计算机技术和管理学方法，为实现企业生产、经营及其管理的信息化而建设的综合管理信息的人机系统。MIS 的主要目标是帮助管理者及时了解组织内日常的业务活动，辅助管理层更有效地计划、控制和决策处理，最终达到预期目标。MIS 的主要焦点是企业的核心增值业务流程。MIS 的主要功能是数据处理、预测、计划控制、决策优化等。

（6）工程设计项目管理系统（设计 MIS）：是指运用现代计算机网络技术和企业管理学方法,为实现企业生产经营及其管理的信息化,实现项目进度、设计过程、设计文件、ISO 贯标、员工工时、人员负荷、产值、费用控制等方面的规范化管理,提升设计项目管理水平,降低经营生产成本,提高管理效率和质量水平,增强企业核心竞争力,辅助企业合理配置各类资源,辅助管理者管理和决策而建设的一个综合管理信息的人机系统。

2. 目的

对于工程设计企业,要做强做优,向集约化、精细化的管理提升方向转变,建设一个适合企业生产管理需要的、实现生产管理精益化的信息化系统,既是勘察设计相关管理制度执行和相应标准化有效"落地"的手段,也是企业通过手段转型和方法创新、业务流程优化和业务数据积累,为信息共享、协同工作以及规避运营风险等创造更有利条件,达到促进工作质量和效率的不断提高,进而促进企业市场竞争力提升的需要。

设计 MIS 系统可以规范生产运营过程和勘测设计人员作业流程,满足 GB/T 19000 质量保证体系要求,提升项目设计管理的精细化水平,沉淀并积累项目所有的过程数据和知识文档,保障进度,合理优化资源配置,规避运营风险,提高协同工作效率,提升产品质量,提升企业运营效益,增强企业核心竞争力。

3. 简介

设计 MIS 系统以工程设计流程为主线,以项目经理、专业主要设计人和卷册负责人为主要流程角色,以工程里程碑进度为控制节点,遵循项目的设计策划、设计输入、资料互提、设计验证（设/校/审/批）、设计输出、设计确认、成品交付与归档等过程质量记录要求,在集成大量标准化成果基础上实现了企业发电、变电、输电、系统规划、配网、通信、太阳能、风电、勘测、建筑等所有工程类型的投标、初步可行性研究、可行性研究、初步设计、施工图、竣工图等阶段的纵横向全覆盖,实现了客户关系、合同管理、项目立项、项目组织、进度计划、项目任务分解下达、专业间提资、设计输入与原始文件管理、设计/校核/审核/会签/批准、CAD 图纸电子圈阅、图文成品自动批量数字签名、数字化出版与费用、自动归档、成品交付等模块功能，进而全面实现了工程项目设计的全过程数字化管理。以设计 MIS 为核心，实现了与人资、财务、经营、合同、客户关系、辅助决策、工时、绩效考核、车辆、网上报销、消息沟通、门户等其他信息系统之间的紧密集成一体化平台。

设计 MIS 通过质量体系和管理制度在系统中落地实现保证了设计过程的"规范化"，通过对项目进度、质量、费用等九要素的实时精细管控实现设计过程管理的"精益化"，通过沟通和流程实现员工之间、部门之间的工作的"协同化"，通过系统集成并分享标准化成果和经验实现了工作的"知识化"，通过传统纸介记录文件的数据化与设计手段的数字化的集成实现"无纸化"，通过数据全方位实时积累及时整合、分析、统计和利用信息资源实现生产管理的"智慧化"，辅助了生产和管理的决策，提高了设计质量和效率，规避了运营风险，成为企业生产经营管理不可或缺的核心系统。

4. 设计 MIS 的常见综合解决方案

根据企业规模大小和实际情况，不同企业可以选择不同的解决方案；一个企业也可以按照"总体规划，分步实施"的原则，选择不同的解决方案。现将常见的解决方案总结如下：

（1）以结果管理为主的设计 MIS 综合解决方案。一般无复杂的流程，设计项目的项目信息、组织、专业、任务等信息人工录入，以设计任务的编制下达及设计成品的提交为管理重点，计划、校审等流程管理方面相对简化，成品文件、过程资料等结果文件直接上传，重点在于梳理疏通一个"有始有终"的流程并实时记录成品的设计、出室、出部、出版、交付、归档等状态，同时生成各类统计报表或查询。

适用于小型设计企业或信息化刚刚起步的企业。

（2）实现设计项目全过程信息化管理的设计 MIS 综合解决方案。在系统实现设计项目的立项、项目策划、设计输入、设计验证与校审、互提资料、过程资料、出版与交付、归档等设计全过程的流程化管理。满足 ISO 质量体系要求，规范勘测设计人员的作业过程。

适用于大中型设计企业或重视信息化的企业，通过设计 MIS 将企业的管理制度和思想落地，系统的成功实施标志着企业精细化管理水平到达一定层次。

（3）基于国外项目管理知识体系 PMBOK 与中国行政管理体系相融合的矩阵式

管理的设计 MIS 综合解决方案。一是单项目管理模式按照 PMBOK 划分为项目整合管理、项目范围管理、项目时间管理、项目成本管理、项目质量管理、项目人力资源管理、项目沟通管理、项目风险管理、项目采购管理、项目干系人管理等 10 大知识领域，在系统中实现项目 WBS 分解、OBS 组织、费用管理、工时管理、赢得值等专业项目管理功能；二是多项目管理按照行政管理体系实现计划、人力配置分析、费用、工时等横向综合管理。

适用于企业管理规范、项目管理复杂、项目周期较长、信息化水平较高或对管理精细化要求程度高的大中型工程设计企业。

（4）实现信息化协同管理/信息管理系统 MIS（生产力）与数字化协同设计/CAD设计软件（生产关系）紧密集成的 M—C 集成解决方案。CAD 协同设计软件以及三维数字化协同设计软件是设计人员的日常生产工具，代表了生产力的先进水平。电力工程设计企业总共有 20 多个专业，发电工程一般需要 10 几个专业协同设计。协同设计根据原理和目的不同，分为二维 CAD 基于文件级的协同（文件级）、二维CAD 软件不同专业基于不同图层的协同（图层级）以及三维基于数据库驱动的协同（数据库级）三类。

三类不同深度的 CAD 协同设计均可以与流程级协同管理的 MIS 系统集成应用，典型的解决方案是：在 CAD 软件中增加部分协同管理的功能（如项目任务接收、专业间协同设计、专业间提资、CAD 电子圈阅、字体线型检查、自动拆图、电子签名等），这些功能的前置条件从 MIS 系统中接收，经过 CAD 软件处理后，产出后的结果再回送到 MIS 系统中，MIS 与 CAD 各自发挥自己的专长，从而实现一体化的协同设计与协同管理的平台。

适用于数字化设计 CAD 软件与精益化管理 MIS 系统分别已经取得成功，拟相互融合的中大型企业。

（5）实现基于知识管理视角的 MIS 协同管理、CAD 协同设计与 KMS 知识系统紧密集成的 K—M—C 一体化解决方案。将管理制度、规范化流程、标准化文件模板、设计导则、技术规范书、设计校审要点、卷册任务书、设计难点与常见错误等知识，在 MIS 系统的适当的流程节点的适当时间，推送给需要的人。不仅能帮助新人/新岗位快速成长，还能切实提高产品质量和效率，有效避免因个人水平差异带来的产品的差异，规避风险，打造品牌。

适用于已有余力建设知识管理系统，大力开展标准化建设，重视并拟将历史经验与知识通过知识系统管理，并推送到信息系统中，指导信息系统更好用的信息化水平和知识化理念均很高的中大型工程设计企业。

（6）工程设计项目管理系统（设计 MIS）作为工程总承包项目管理系统（EPC-MIS）的一部分：以设计为龙头或是基于施工管理的工程总承包项目管理系统的综合解决方案。随着新商业模式的发展，传统的大中型设计企业大多数已开始逐步转型为工程公司。企业已不仅需要解决设计项目管理（E），还要解决工程总承包 EPC 中的进度计划管理、采购管理（P）、施工管理（C），以及合同、费用、质量、HSE、物料、造价、工程设备材料等综合管理。与之相适应的，需要建设满足工程总承包需要的综合计划管理系统、设计项目管理系统、施工管理系统、工程造价管理系统、采购管理系统、合同管理系统、物料管理系统、工程设备材料管控系统等。

适用于业务上已基本完成工程设计企业到工程公司转型，信息化高度发达，总包业务如火如荼开展的中大型工程公司。

二、实践体会与思考

1. MIS 建设是一个"有始无终"的波浪式前进、螺旋式上升的长期过程。

设计 MIS 系统 16 年的开发应用让我们认识到，管理信息系统建设周期长、资金投入大，从首次投用时系统"能用"，到"基本好用"，再到"好用"，是一个螺旋上升和持续优化过程，是一个系统与企业管理模式磨合、融合的过程，是一条"小步快跑，螺旋上升；系统工程，高度集成；以人为本，持续改进"的信息化建设之路。MIS 不是"交钥匙"工程，其投用不是结束，而恰恰是系统建设的真正开始。从这个角度来看，MIS 项目与一般项目有本质区别，后者定义中强调有始有终的"一次性"特征，而前者却多数具有"有始无终"的特征。而且工程项目一般来说基本可以预见其建设结果是成功的，而 MIS 等信息化项目则不能确保一定成功。

一是因为在信息化环境下的作业与传统方式有较大差异，不爬到山顶看不全美景，不仅需求很难一次提完整，而且常常伴随着业务流程的优化甚至重组，仅凭一次规划、一次需求分析和一次开发，达不到"好用"程度。

二是在对较长的业务流程信息化建设进行分步实施过程中,传统作业方式与信息化方式"两条腿走路",基层设计人员工作量增加,各级管理层也因数据流不完整而看不到信息化统计分析辅助决策的优势,在生产任务繁忙时必然会伴随很多"质疑"的声音,这是推进信息化建设的最困难阶段。

三是更大的阻力来自于"习惯的力量",小到个人生活习惯,大到企业传统工作方式,改变都需要一个过程。此时,在软件开发方能够提供流程所需技术并满足集成要求的前提下,顶住"失败"的压力而坚定不移地向前走是唯一的选择。

四是企业实施 MIS 并不能直接产生经济效益,但借助 MIS 可以建立下情上传、上情下达的顺畅沟通渠道,解决传统管理模式之下,销售、计划、采购、生产部门之间的信息不对称、不通顺等问题,可以改善公司上下沟通困难、连接反映速度慢,不易掌握真实数据等问题,从而改善企业的经营环境、降低生产经营成本、提高决策效率和企业竞争力。

因此,MIS 建设需要组织全体长期、持久、不懈的努力。

2. "一把手原则"是 MIS 系统成功的必要条件。

既然 MIS 建设历时长、深度深、广度广、耗资大(千万元级),是一个长期的有始无终的过程,而且又有诸多必然的困难并随时面临失败,更重要的是涉及流程再造和制度变更,甚至组织结构的调整,对企业来说,甚至可以看做是深层次变革。因此,一把手的重视和坚定支持显得尤为重要,并直接决定弯路的长度乃至成败。

此处引用 2009 年 12 月 8 日我公司"信息化建设年"务虚会上时任一把手蔡升华院长关于数字化协同设计 CAD 和信息化系统管理 MIS 的发言:"从手工画图到计算机 CAD 二维设计再到三维设计,工程设计的信息化大幅度提高了设计能力,但还需要做大量工作。MIS 建设不仅仅是计算机软件开发,更多的是管理问题;信息化的基础是标准化;软件好用的关键在于需求是否准确,流程是否经过优化。"

3. MIS 建设"三分技术,七分管理",需基于创新而非照搬制度或死守传统。

我们认为,MIS 系统实质是各种管理思想的信息化实现,因此,有不同的管理思想和企业文化,就有与之对应的管理信息系统,因此,每个企业只能根据自己的实际建设而不能简单套用软件系统的标准功能或同行所用的软件系统。

横向看看同行，可以发现各企业的 MIS 均不一样。同一个软件产品，有的成功，有的失败。这说明，各企业的管理思想、管理机制、企业文化和工作惯例一般也都不相同，从而使 MIS 的推进均具有创新性，没有现成的模式和软件套用，而是一个在实践基础上，理论与本企业实际需求相结合的过程。也只有通过不断的实践，才能真正摸清企业行之有效的真实流程，由于带有强烈的企业文化特征，因此，其与制度规定的理想模型总有一定距离。

一是由于系统建设往往伴随着业务流程的优化甚至重组，而标准化的实施也需要信息化来落地支撑，因此信息系统开发团队的主要职责之一在于协调跨部门业务流程中的数据关系。

二是由于企业大多是典型的强行政弱项目的矩阵式组织管理模式，这与国外以项目管理为中心的、扁平式组织的现代企业模型有着本质的区别，因此国外软件大多水土不服，国内软件也需要协调解决好行政权力与项目权力在信息系统中的融合。

三是由于系统建设周期和生命周期较长，不能简单按部门构建系统，而需更多地考虑业务流程、职能管理的完整性，这样才能有效减少机构、职能变化带来的冲击，也有利于企业由职能管理模式向流程管理模式的转变，以快速适应市场环境。

4. MIS 实际上是一种符合质量管理体系基本要素的、便于执行的管理制度。

落实管理规章制度。规章制度也是载体，但是可能不曾被执行，或者被不同的人按照不同的理解执行，把企业的要求放在软件里面，可以强制执行规章制度。从某种意义上说，MIS 是将纸面上的部分企业管理制度落地，成为实际/规范化执行制度的操作。传统的制度要去学习和记忆的，现在只要按系统要求去做就行了。

和作业层面的 CAD 软件的目标不同，MIS 的建设定位于管理和制度层面，其按生产经营基础运作的常态办事流程划分，多为跨部门、跨专业的，所以其是一把手工程，需要各级部门密切协同，才能"稳、准、狠"地推进应用。通过 MIS 的协同运作、权限管理和数据共享，能较大提升制度执行的水平和工作效率。

5. 坚持标准化与信息化双驱动、互融合的原则开展 MIS 建设。

MIS 建设既以标准化为基础，又是贯彻标准化的利器。遵循标准化和信息化双驱动、互融合原则，以关键信息技术支撑，关注各业务流程间的密切联系，从业务流程的数据源头做起并注重细节，来满足操作层、管理层和决策层的需求。MIS 建设初期，我们常常发现同样的计划流程，每个部门都不一样，即使在同一部门中，各个科室编制的同样的计划格式也是千奇百怪，这造成 MIS 人员首先要做业务流程的标准化，才能去写软件，费时费力。企业领导认识到标准化的重要性之后，毅然下决心做了几年标准化工作。而我们在标准化年之后的信息化年中也惊喜地发现，建立在标准化基础上的信息化效率是之前的几倍甚至数十倍！

6. 项目管理系统要更多体现基于强矩阵而不是弱矩阵的项目管理思想。

国内企业的项目管理一般采用项目职能组织结构和线性组织结构相结合的矩阵组织结构，实质上大多是弱矩阵管理，即强调项目的职能组织机构，有关项目的事务在行政负责人这一层次上进行协调，而不是强调按项目化的线性组织结构。如果把这种模式照搬到信息系统中，会造成系统运行紊乱，遇到机构调整或人员岗位变化时更加混乱。

在系统规划时建议将单项目管理和多项目管理分开：

（1）单个项目的管理要按照项目管理体系 PMBOK 实现，从另一个角度就是体现项目经理负责制，单项目管理中的角色要按照项目管理体系设置，不管组织机构如何调整、人员如何变动，项目角色基本不变。不宜按照时有调整变化的行政管理岗位设置。但是一般情况下，项目角色的任命权在行政岗位的管理者手中。实现两者融合的方法是：在非系统的组织运行中，由行政岗位管理者按照传统方式决策，决定各项目组成员及其工作任务和进度要求；项目经理按照行政管理者的决策，在系统中遵照指派操作实现即可。之后即可按照项目管理思想正常开展项目工作了，即使组织机构调整、人员变更，也不影响系统或项目的正常运行。

（2）多项目管理则是行政管理层干部从宏观、人力资源分配管控、计划、工时等方面的关注重点，将这些要求与单项目管理的实际执行进行集成，即可实现计划与实际进度的完美融合与管控，也能较好地满足项目矩阵式管理要求。

7. 解决好工程管理与行政管理的关系。

我国企业 MIS 的建设需以增值业务流程为导向，以工程管理为主线，兼顾行政管理的需求，即既要有纵向的项目管理，又要有横向的行政管理。横向管理主要以计划、监控、人力配置等为主线，而纵向管理则以立项、组织、任务、设计、校审、提资、出版、归档等标准项目管理为主线。二者之间的关系准则是横向指导、纵向执行。数据关系是由纵向向横向单向流动，不能授予行政主管超级项目经理的权限直接在项目中操作，要始终遵循各负其责、一个数据一次录入多次利用的准则。否则，由于无法落实唯一责任人，难免出现三个和尚没水喝的困境。

8. MIS 建设的核心在于充分务实的需求调研与分析。

做过软件开发的人都知道，用户总是在抱怨：给你说一点需求，就做一点，就不能多替我们想一想，为什么要我们不停地提需求，你们才做？！而开发人员也在抱怨：程序都做完了，又提新需求，做完了又要改，不能一次提完？用户以为他们知道自己需要什么软件，但是实际上他们不知道，因为他们没有信息化经验，不知道信息化能做成什么样，也不知道计算机能做什么不能做什么。开发人员也不知道要做什么，这不是最大的问题，最大的问题是开发人员以为自己知道要做什么。信息人员作为夹心饼干，难处可想而知。那解决之道是什么呢？那就是——充分务实的需求调研与分析、充分的沟通交流以及尽可能了解业务与流程。

据软件工程中软件开发规范的规定，以及国际著名的"瀑布模型"所述，在软件研发过程中，需求分析至少占到 30～40%，而程序编码才占 20%，这是非计算机专业的人难以理解的。需求调研的过程，其实是和业务部门一起梳理详细的业务过程。它的一部分信息来源于客户，另外一部分来源于信息化工作者的想象力和创新，还有一部分来源于信息人员消化后与用户的问答——我们称之为"启发式需求"。需求是通过与用户充分交流和自己的创造力，去发明软件规格说明的过程。不要用户说什么就相信什么，那样子的需求充其量也就算素材。

9. MIS 的建设首先应围绕生产核心增值流程进行。

在信息化过程中，涉及核心流程的往往都是最难啃的硬骨头，部分企业避重就轻，先选择一些外围的职能管理做信息化，贻误先机，在竞争中处于劣势。我们认为，生产增值流程是企业的生命线，其他管理流程均是为增值流程服务的，其大部分所需数据要来自设计 MIS，因此，信息化应先从生产核心增值流程入手并以其为中心，提高生产效率，提高企业核心竞争力。

10. MIS 建设本质是管理需要信息化、精细化，需要用"数据"来度量。

世界 500 强中基本上都建有管理信息系统，将企业管理的制度落实到管理信息系统中，使管理过程规范化。规范管理过程，以保持一致的产品质量和服务质量；定量分析，以合理配置资源；积累历史经验与数据，以不断提升人员能力和核心竞争力。

从定性分析到定量分析是对事物认识的深化，德鲁克曾经说过"无法度量就无法管理"。用数据辅助决策和执行，可使决策更具有依据性、针对性和应变力。企业的运营状况有一些是可以使用数据来描述的，对这些状况应该尽量采用数字指标来衡量，认识和把握这些指标，用它们来度量管理并落实到相应的制度中是对管理的深化，由粗放式管理转变为精细化管理。

11. MIS 系统本质上是为管理层服务，而不是具体作业人员。

管理信息系统主要是支持管理工作，不是所有岗位的人员都能得到直接的好处，如减轻工作量等。应从公司总体角度来理解，在总体上做权衡。当然在实施工作中，要尽可能为具体工作人员的工作做考虑。

12. MIS 建设是一个多部门/单位协同工作的系统工程。

对 MIS 负责人来说，协调各软件商、各部门各负其责、协调前进，有着难以想象的难度。在多部门的业务梳理过程中发现了很多细节性问题，这些问题是手工管理过程很难发现或视而不见的问题，而这些问题若不解决，则系统实现出来也会受到多方拒绝，根本无法落实使用。表面上看是系统不满足需求，但本质上还是多部门协同工作过程中出现的问题。

13. MIS 问题的最终解决方案不在公司的最高层而在较低层次中。

在企业层面上实施 MIS 被证明是很难实现的，几年来，逐渐形成了 MIS 以子系统的方式范围越来越小的趋势，这些子系统适用于某些部门层次和部门职能。人们在公司中看到的不是服务于整个企业的单个信息系统，而是服务于企业部分活动的子系统——尤其是增值业务流程。

14. 达到 100%的数字化或电子化是 MIS 存活的必要条件。

只有部分生产过程结果数据进入 MIS，得出的统计结果不能表现整体，不能为辅助决策带来真实而全面的数据，得不到决策层的真正关注，也进而激发不了基层人员使用的积极性，长此以往，电子数据越来越不及时准确全面，最终的结果是信息系统逐渐淡出人们的视野。

15. MIS 建设的过程是一个以流程为导向的业务流程再造的过程。

其一，虽然信息系统是业务流程的全覆盖、全表达，但是由于业务流程与信息流程并不完全重合，当新近遭遇固有，软件遭遇管理，旧流程无法适应新流程的功能，流程之间的冲突在所难免，因此企业信息化过程不是业务流程的简单电子化，而是一个基于信息化理念的业务流程再造的过程。

其二，业务流程重建中要大胆挑战传统原则，面向全流程而不是单一部门。经典案例就是福特和马自达的付款系统：福特原有 500 人，而马自达 5 人。福特发现仅重建应付款一个部门是徒劳的，正确的重建应是将注意力集中于整个"物料获取流程"，包括采购、验收和付款多个部门，这才获得显著改善。重建后的福特付款新流程大胆采用"无发票"制度，将付款原则由收到发票改为收到货物，同时利用信息系统实现多部门间数据共享，最终实现裁员 75%，而非原定的 20%。

从管理信息系统的角度来认识，业务流程再造主要是指利用信息技术，对组织内或组织之间的工作流和业务过程进行分析和再设计，主要用于减少业务的成本、缩短完成时间和提高质量的一系列技术。

16. MIS 系统管理要和协同设计平台进行有机集成。

设计不仅需要充分的相关信息，更需要协同。随着技术变得越来越复杂，现代设计已不再只是个人的创意，而更多地变成一种团体的创造性活动。现在一个创意要成为产品，需要通过多人的通力合作才能完成。因此，作为"生产关系"进行管理协作的 MIS 要与作为"生产力"进行协同设计的 CAD 平台进行有机集成。自动将设计过程中的数据抓取到系统中，避免人工输入引起的低效和差错。

17. MIS 建设的着眼点是以数据为中心、以信息流为主线的系统集成。

通过信息流将各职能域的主要功能串起来，而不是根据现有机构部门的功能来考虑信息系统集成问题，就可能建立起既具有稳定性，又具有灵活性的全企业集成化的信息系统模型。

18. MIS 建设需要坚定的信心和强有力的项目管理能力。

MIS 的建设过程，除了需要工作能力之外，强有力的项目管理能力也是不可或缺的。这些要素包括里程碑式的进度管理、任务分解的先后轻重缓急、开发测试的质量管理、人尽其才的团队管理、沟通和协调、风险控制能力等。另外，全流程建设中，不可避免遇到很多困难，甚至是艰难。特别需要拥有坚定的信心和执着的信念，关键时刻不能有丝毫动摇。否则，难免虎头蛇尾、半途而废。

19. MIS 建设受企业文化影响大。

在与国内众多软件商的多年合作中，我们对企业文化的认识经过一个轮回又回到了起点，即我们认为企业文化是影响 MIS 成败的第一关键要素。一些国内知名的软件厂商用同样的产品在同行中频遇失败的同时，总在有的企业能收获成功，经过相互多年沟通，我们将企业文化的作用排在第一位——可能很多初涉信息化的工作人员会认为我们在"务虚"或"玩概念"，但我们坚信，"和合""务实""创新"的企业文化非常非常重要。

20. 基于信息化手段的流程优化或流程重组。

工程设计项目管理的信息化不是简单的手工工作电子化，而是在需求分析的基础上，将各管理制度充分地融合到系统中的过程。系统将纸面上的部分企业管理制度落地，成为实际/规范化执行制度的具体操作，是可操作、可执行的制度，但同时，通过对各项工作业务流程的信息化改造，能够对现有业务流程进行优化、合理改进和完善，从而有效提升管理效率。信息化有其自然规律，直接将传统流程电子化，而不根据信息化的特点进行流程优化，往往比传统流程更难用。

21. MIS 的长久生命力要有制度保障。

当代企业的信息系统在具有软件、硬件的基础、安全保障和数据资源体系后，还需要组织在构建信息系统的初期制定出信息系统体系结构的各部分功能，并对信息系统加以规章制度的保障，这是现代企业信息系统面对快速多变的环境而逐渐形成的特点。这样能够使信息系统体系结构的各部分的分工更加明确，企业的高层、中层、基层人员都能够按照系统的要求操作信息系统,这样才能保障信息系统发挥其最大的效用,以帮助企业实现战略目标。

22. 将标准化成果固化到系统中,尽力确保产品质量一致性。

信息化系统可将企业数百个规范化的设计流程、数千个文件标准模板、以及卷册任务书、设计校审要点等标准化成果在系统中固化落地,确保了产品设计内容深度的一致性,有效避免了因个人水平差异带来的产品质量差异,从而提高产品质量。

23. 虽然技术决定不了 MIS 的成功,但可以导致其失败,需解决关键技术问题。

在信息系统推行过程中,往往会因为改变他人的习惯而遇到各种阻力,如果只注重系统模块功能、流程,而不关注基层人员的用户体验、使用感受,系统推行的阻力会更大。管理系统除了规范作业外,要尽可能地想办法减少基层人员的工作量,比如系统自动生成目录,通过与档案系统的接口自动套图,通过数字签名和数字化出版平台,不再需要挨个找人签字,成品电子文件自动归档等,解决这些"小问题"他们愿意用系统。

24. 做好数据规划。

计算机软件系统好用的关键之一是其底层数据的规划,如有较大改动,就如盖到一半的大楼还需要做桩基承台的调整,不但工作量大,还容易引起系统的不稳定。为减少这种大的改造,一是需要信息部门对各项工作关系要有较深的了解,争取做到毫厘不差;二是需要各部门在系统开发前就要主动提出尽可能多的各类需求。

25. 关键环节的技术创新奠定成功的基础。

信息系统的建设有时难在若干管理与技术细节,关键环节的信息技术的应用创新可起到决定性作用。

江苏院在 2009 年在全国率先实现了图纸文稿的批量数字签名并自动转换格式进行打印的技术创新,不仅部分作业环节效率提升数十倍,同时实现数字化出版,并在全国同行率先实现"白图替代蓝图",最重要的是完全抛弃了"两张皮"同时运作的模式(典型现象是打印出版和归档的电子文件不是来自于系统经过校审的,而是其他旁路提供的),为生产过程的有序开展奠定了基础。

2011 年我们实现了 CAD 图纸电子圈阅和图纸辅助校审系统的技术创新,实现了校审人员在系统中通过电子圈阅图纸,系统自动保存校审意见及圈阅位置的缩略图,设计人员则通过校审意见定位到圈阅位置直接进行图纸修改,提高了校审效率。

26. MIS 建设中数据"一个地方,一次录入,重复使用"的原则。

MIS 建设中的数据应坚持"一个地方,一次录入,重复使用"的原则。坚持要求从数据的源头进行录入,虽然增加了工作量,但是却为后续工序和管理应用打下了坚实基础。

27. 建立统一的信息数据库和知识库。

仅有技术的信息系统无法满足知识密集型企业的发展,组织长期以来积累下来的有价值的数据和知识是企业长久发展的智囊,从长远发展来看,建立一个统一的数据资源体系是构建信息系统首先要考虑的问题之一。

28. 信息系统的价值与收益。

信息系统的价值与收益很难量化。

(1)信息系统主要通过对管理活动的支持来间接取得经济效益,不像其他工程设计项目一样可直接实现或体现经济效益,这是信息系统典型的间接性特征。

(2)信息系统价值往往并不表现在具体设计人员的设计过程中,而更多体现在从其所创造的"优化的流程、规范的操作、明确的职责、精准的信息、优越的运行"中获益的各级项目管理人员、部室管理人员、出版人员、营销管理人员、人财管理人员、质量管理人员乃至各级决策者。

(3)信息系统在管理和生产上介入程度如此之深,已经成为一种"可执行的制度",就像前文提到的,它规范了岗位角色的操作和职责、优化了企业的业务流程、沉淀了业务流程中的各类信息、实时展示了人财的分配与流动,已经成为决定一个企业的生产经营管理能否现代化快速运行的不可或缺的重要基础组成。

(4)信息系统天生就是严格遵照行业标准和企业制度与规定,按照质量控制过程的要求"以岗位角色为点、以业务流程为线"而设计的。信息系统通过控制"点"上角色的签署权和"线"上流程的规范性,从而间接提高了经过"点"和"线"上的产品的质量。

29. 来自其他同行的经验体会分享

在与同行不断交流中，作者收集整理了一些同行的看法，分享如下：

（1）加强信息化组织建设，主要领导真正重视或亲自抓，依然是信息化建设成败和取得实效的关键。

（2）重视信息化人才队伍建设是信息化建设成效的决定因素。

（3）转变观念，进一步提升全员对信息化的认识高度。

（4）信息系统的建设应以主营业务的信息化为首要，进而覆盖企业的基本常态业务，才能有效提升各信息系统的运行效率。

（5）全面建设信息共享、应用集成、工作协同及数据贯通的综合管理和主营业务一体化应用平台，实现所有层级和主要业务的全覆盖，进一步提高系统集成、信息共享和业务协同能力。

（6）坚持总体规划、顶层设计、系统思考后的分步实施是信息化建设的有效手段。

（7）越来越复杂的各类型总包项目和国际工程对全过程精益化管控能力、交付水准、通信、协同等方面的信息化支撑能力要求很高、需求迫切，要加快建设、完善集设计、造价/费控、采购和施工管理一体化的信息应用系统。

（8）完善提升综合管理、知识管理与企业门户、决策支持等系统，实现信息化向整个企业集成、共享、协同转变，发挥信息系统的整体效能，以提升信息资源的价值。

（9）建设和完善数据中心，加强主数据管理和数据治理，推进公共数据资源共享，实现系统间的横向集成和纵向贯通。

（10）信息化建设项目必须纳入企业的年度/季度/月度工作计划并予以考核，同时加强宣传、培训，才能确保信息化系统对生产经营管理效率的提升。

（11）加强信息化制度建设，通过建立完善的制度、科学的规范来确保信息化建设正确有序地推进。

（12）软件或信息系统的建设采用业务部门骨干人员、信息部门人员和软件开发人员"三位一体"的工作模式组成项目组，分工为"业务部门牵头需求及应用，信息部门归口管理建设，IT人员开发"，认真做好需求分析和顶层设计后再开发。

（13） 信息化项目的建设过程是典型的项目管理，应建立过程控制规则，坚持"个别需求服从整体要求""先固化，再优化"原则。

（14） 企业信息化建设，不仅要解决技术，还需更关注管理，包括管理理念、管理方法、管理和技术的整合，应重视企业工作流程与制度的优化。

三、设计 MIS 建设常见问题与解决方案

（一）综合方面

30. MIS 系统的投用不是结束，而恰恰是万里长征第一步。

MIS 工程不是一个"交钥匙"工程，而是一个在需求、开发和应用中循环往复、不断发展、不断修改完善的动态的波浪式前进、螺旋式上升的过程。MIS 信息化项目管理与一般的项目管理有本质区别，后者定义中强调要"有始有终"为完成某一独特的产品或服务所做的一次性努力，而前者却是永远在路上的"有始无终"。所以，系统的投用不是项目的结束，真正的建设应用才刚刚开始。

31. 缺少既懂计算机又懂管理还熟悉业务流程的复合型人才。

MIS 系统建立在计算机技术和管理学交叉实践的基础上，这就要求 MIS 建设者既要从技术角度作为技术人员角色参与，又要从管理角度作为管理人员的角色参与。前者要求其掌握专项的技术与方法，后者要求其掌握一般的业务流程和业务知识，便于管理和控制信息系统。而 MIS 建设者大多出身计算机专业，往往仅仅根据制度从技术的角度去建设 MIS，缺乏必要的业务知识储备或学习，缺乏用户至上的观念，导致系统不但与实际流程及用户习惯存在相当距离，还伤害了用户参与开发与应用的积极性。

32. 生搬硬套国外优秀项目管理软件总是"水土不服"。

我国工程设计企业多数是强行政弱项目的弱矩阵式组织管理模式，组织权力是典型的金字塔结构，这与国外以项目管理为中心的、扁平式组织的现代企业模型有着本质的区别。国外成熟软件均以项目管理为核心和主线，项目经理可以完全掌控项目，而国内的工程项目管理人员一般没有人财权，因此若没有行政领导的鼎力支持，项目管理很难有效推进。这一点正是国外软件巨擘大惑不解之处，典型的美式

思维不能理解为什么国外成功的项目管理软件到了中国就困难重重、大多失败。大型成熟的国外软件并不是"万金油",其更适合管理规范的现代企业。要根据企业的实际情况选择合适的 MIS 软件,生搬硬套通常以失败告终。

33. 按照工具软件模式而不是企业管理变革模式建设 MIS 是失败主因之一。

管理信息系统是企业管理者的管理理念、思想、意识的载体。MIS 建设不是简单的计算机软件问题,更多的是复杂的管理问题,MIS 系统是企业管理思想的体现,对它的实施难度要有充分的估计,要克服"重技术、轻管理"的思想。斯威比认为,信息管理从来都不是单一的 IT 或软件解决方案,技术在一个成功信息管理项目中的比重不会超过 30%,即我们通常所说的"三分技术、七分管理"。只有在企业领导足够重视的前提下,在充分规划和科学的管理体制下,认清自身的环境和要求,充分了解组织、人和流程等因素,摒弃简单的信息技术一元决定论,选择合适的时机和道路,MIS 这一"物"的因素才能顺利地导入和实施,才有建设成功的可能。MIS 建设是一项耗资巨大历时较长的庞大的系统工程,是企业发展过程中的一次基于信息化技术的"管理革命"。

34. 基层设计人员对 MIS 有着天然的对立。

对立的主要原因是,一则由于管理信息系统天生就是为管理服务的,基层设计人员很少直接受益,反过来却承担了系统数据输入的绝大部分工作;二则规范化的强健系统会降低个人自主性、重要性以及组织的依赖性;三则由于基层设计人员位于信息革命的最前端,MIS 对其习惯的工作方式影响最大,而我们都知道"习惯是最大的阻碍势力";四则 MIS 可能会引起部分岗位的精简,导致部分员工失业。这些还是基于 MIS 好用的前提,而事实上,绝大多数 MIS 并不好用,"两张皮"的运作方式到处可见。事实上,MIS 的成功实施,总体上给基层员工带来的不是岗位的减少,员工的失业,而是工作重心的转移和工作方式的变化。可以采取以下措施来克服阻力:贯彻始终的教育培训,面对面的讨论与疏导,鼓励受影响的员工参与流程管理,让系统真正"好用",有一个魅力型的领导等等。

35. 中层管理人员的阻力依然较大。

对于工程设计企业来说,中层管理人员有着很大的权力。虽然中层是 MIS 的主受益群体，但是一是他们担心 MIS 应用会引起企业权力分配的变化、管理方式的变革，尤其是他们自己将在这种改变中受到影响（如权力的丧失或缩小）；二是他们担心下属工作对高层的高度透明化将严重限制他们的自主权——水至清则无鱼；三是企业内部的信息化项目往往并不为各部门计算产值，不能直接为部门带来经济效益，所以生产者更愿意将有限的时间投入到直接产生利润的工程设计中去；四是一个部门的主管可能不愿意和其他部门共享信息，甚至不愿意让高层一览无余：前者理由是他们自己搜集的信息应该由他们来支配，这是他们的数据；后者虽然明显不利于企业的整体利益，但这是人的本性所在，信息越透明，他们的权力自由度越小，而信息不对称往往能产生威信。因此，相当一部分中层成为 MIS 建设和运行的阻力，常常出现"上面通，下面畅，中间有个顶门杠"的现象。

36. 部门之间利益与权力之争。

信息系统的建设立足于整个企业的高度，对贯穿企业的整体流程寻求最优解决方案，业务流程再造始终伴随着企业信息化过程，而在业务流程再造过程中，各部门的工作范围、工作强度、部门权限、部门地位、主导性等均可能发生变化或转移，更重要的是，这些变化可能会带来利益与权力的转移，增加或减少都极有可能遭到各种方式的抵制。

37. 系统的柔性、可定制性、可扩展性不够。

为有效解决死系统和活管理的矛盾，MIS 系统的模块化、组件化及柔性、可定制性非常重要。从管理信息系统的定义中可以看出，管理信息系统其实质就是各种管理思想的信息化实现，因此，有不同的管理思想，就有与之对应的管理信息系统。如果 MIS 系统不能灵活定制，不能柔性化地适应企业内外环境持续的改进与发展，只有一种模式硬套现有管理模式，将很难被接受，要知道，习惯是一种强大的力量。所以，在开发 MIS 时，需要利用可靠的构件或者是服务模块，通过基于组件的 CBD 架构或面向服务的 SOA 架构在可接受的时间范围内组建出可靠而复杂的软件系统。

(二) 项目立项环节

项目立项环节完成对工程项目的审批立项，包括内容范围、进度、编号等。

38. 如何实现同一地点、不同时期、不同阶段工程项目的归类管理，并在编号中实现？

从市场管理部角度看到的工程项目名称更负责。为实现同一地点不同时期工程项目的归类管理和顺利编号，采用"工程地点、项目分期、工程项目（阶段）"从大到小的分类逐级命名法，前两者作用是分类、归类，除市场部人员以外的人员看不到，项目组成员与其他人员看到的工程项目名称，实际上是上述分类法最后的叶子结点"工程项目（阶段）"。三者关系为：先建立工程地点，生成编号如 F0238；该工程地点不同时期的项目称为一期、二期，生成编号如 F02381；每个时期的项目划分为初步设计、施工图等若干阶段，生成编号如 F02381S 为施工图阶段。即一个工程地点包括多个项目分期，一个项目分期包括多个阶段（含该期的单项工程）。具体分解如下：

（1）工程地点：MIS 中工程地点的作用主要是确定工程所在地，同一个所在地的工程，不同时期可能属于不同的业主，所以不宜采用业主单位名称作为工程地点标识。工程地点的取名要尽可能适应以后 n 期工程项目的情况，工程地点名称的改变不会影响到工程项目名称。如"F0238 南京梅山发电厂"比较合适，而采用一期的"南京梅山能源有限公司 1×60MW 发电供热机组工程"做工程地点分类就很不合适，因为该工程二期的名称就是"梅山能源#6 锅炉扩建工程"。

（2）项目分期：MIS 中项目的作用主要是表示不同时期工程项目的总名称或分类，或者称为工程的期数（含单项工程），如梅山工程的一期为"F02381 南京梅山能源有限公司 1×60MW 发电供热机组工程"、二期工程为"F02382 梅山能源#6 锅炉扩建工程"。该名称并不是最终的工程项目名称，项目组成员和其他部门的人员看不到该名称。必须为某期工程项目指定更详细的类别才是项目组能看到的，人们通俗意义上的工程项目名称，如（3）所述。

（3）工程项目（阶段）：在项目分期的基础上选择阶段后，系统自动编号，然后进行命名，该命名即为最终的工程项目名称，可以与上述的项目分期名称不一样（一般情况下一样）。如"F02381C 南京梅山能源有限公司 1×60MW 发电供热机组工程（初设阶段）"，"F02381S 南京梅山能源有限公司 1×60MW 发电供热机组工程（施工图阶段）"，F02381E01 表示一期工程中的单项工程。

39. 如何解决项目立项中涉及初设收口、迁址、改线等情况下的编号问题？

为适应线路改线、变电站所址调整、发电工程预设计等而设置，在工程项目阶段代字之后增加一位数字，在新建阶段的时候进行设置，默认不设置。示例如下：

代码	含 义					
	发电工程				变电工程	送电工程
	初可/可研	初设	施工图	其他		
1	阶段项目的第1次较大修改或概念设计，例：F10921K1	初设第一次修改或预设计例：F10921C1	司令图，例：F10921S1	自定义含义	阶段项目第1次较大修改，如所址调整等。例：B33811C1	阶段项目第1次较大修改，如改线等。示例：S46111S1
n	……	……	……	……	……	……

（三）项目组织（Organizational Breakdown Structure，OBS）环节

项目组织环节首先配置组成专业，然后按照各角色的签署权，配置各专业的审核人、主要设计人、校核人、设计人等。

40. 如何在弱矩阵的情况下实现行政权力与项目管理思想完整性的平衡？

先简析国内外企业管理模式。国外企业一般为扁平化管理，人资总监与财务总监一管到底。如接到项目后，由人资总监与项目经理选择并确定项目组成员后，完全实行项目经理负责制，由项目经理负责人、财、物、项目、任务、考核、薪酬分配等。但国内企业组织一般为金字塔式，项目经理只是技术负责人，一般没有人、财、物、考核和薪酬分配的权利，项目组成员的薪酬与考核由行政管理者负责。因此，就是通常所说的项目经理有职无权，弱矩阵。但从中国的国情来看，当前这种方式也有其优点，有存在的合理性，一般来说合理性要大于不合理性。我们可以暂且不去争论其合理性，事情总要去做的，那么为适应中国国情，如何取得一个平衡呢？可采用如下方案：

（1）MIS系统建设思想。在MIS系统中，按照项目管理知识体系PMBOK、项目经理负责制的思想进行系统建设，不要"委曲求全"地将所有传统的工作模式生搬硬套到信息系统中，那样一是把系统搞得四不像，项目组成员用起来别扭；二

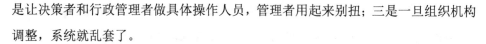

是让决策者和行政管理者做具体操作人员，管理者用起来别扭；三是一旦组织机构调整，系统就乱套了。

（2）MIS 系统应用场景模拟如下：

①中层管理者确定项目经理；

②大型、关键性项目由中层管理者与项目经理一起在系统外、采用传统方式商定项目各专业主设人与审核人，一般项目由基层管理者与项目经理一起在系统外、采用传统方式商定项目专业主设人与审核人——充分体现中国特色的行政管理者管人的特点；

③项目经理在 MIS 系统中，按照传统方式商议好的人选，配置好各专业的主设人和审核人；

④各专业主设人先和项目经理沟通，了解项目经理关于项目进度和人选的想法——仅仅是了解，做到心中有事，然后加上自己的判断是否去协调促成。根据企业管理模式，是向专业主任工程师汇报还是基层管理者，我想一般是后者，可以向基层管理者汇报项目的进度要求、业主要求、重要性，由基层管理者决定人力配置情况。如果项目经理觉得需要，人员配备情况应及时向项目经理汇报，如项目经理觉得不妥应直接找基层管理者协商。

⑤主设人根据传统方式商议好的人选，在 MIS 系统中配置好各专业的设计人和校核人。

⑥以上情况为项目组织的组建过程。具体到用人，还要根据项目进度的要求，在分解的工作包/卷册任务上再指定具体的人力配置和进度时间要求。如人力配置不能满足进度要求，主设人要及时向项目经理和基层管理者汇报并协调，协调不了时由后两者直接磋商。

41. 如何保证每个项目角色选择的人员都符合签署权或资质要求？

岗位签署权一般包括设计人、校核人、主设人、审核人、项目经理，以及特种设备/压力管道资质、各类注册师章等。在系统模块【岗位签署权管理】中，按照"事业部门申请→人资部门会签→管理者代表/总工程师批准"的流程，审批确定每个人的岗位签署权，形成企业"人员岗位签署权表"。项目经理在组建项目组织并指定各专业的主要设计人和专业审核人时，主设人在组建项目组织并指定本专业的设计人员与校核人时，以及项目经理/主设人在指定项目任务/工作包的设计人/卷册负责人/校核人/主设人/审核人/项目经理/分管总工时，人员待选范围将根据"人员岗位签署权表"中的规定筛选出符合要求的人。

（四）项目策划环节

根据项目具体情况（如规模大小、难易程度、顾客需求及对顾客的承诺等）进行策划，设计策划输出文件为《设计工作计划》，需要时编制《工程质量计划》和《工程创优计划》，施工图阶段还应编制单独的卷册作业计划。

42. 设计工作计划常有缺失或者后补，如何有效解决上传的及时性？

工作计划作为工程勘测设计开展的计划性纲领，在工程启动策划时就应制定，需明确项目规模、项目组配置、关键时间节点、技术要求、QHSE 要求等。建议可采用"提醒+刚性"控制相结合的方法，提醒的触发事件包括 MIS 中所有功能的起始使用，如组织组建、任务下达等；刚性控制的方法可以在提交出版时判断，如未上传则不准提交出版。

43. 单项目卷册作业计划/进度监控与项目群卷册作业计划/进度监控的集成实现方案。

从主设人级的计划编制，到专业审核人、专业室主任的审核，再到项目经理、部门主任的批准，不仅可实现计划的动态滚动修编，更重要的是，可实现计划与实际执行情况的对比监控，并通过不同颜色进行分级提示。

（五）项目任务分解（Work Breakdown Structure，WBS）下达环节

44. 关于项目任务、卷册任务的界定

电力工程一般为大型复杂工业工程，电力设计工程的最小任务单位一般为"卷"或"卷册"，其 WBS 工作分解结构为"项目→专业→卷"或"项目→专业→卷册"。施工工程或建筑设计工程的最小任务单位一般为"工作包"，其 WBS 工作分解结构一般为"项目→工作包"或"项目→板块→工作包"。本书言及的"卷册"或"卷册任务"即为一般意义上的项目任务，等同于其他工程类型的"工作包"，等同于 WBS

工作分解结构 WBS 中的最小任务节点。

45. 如何解决卷册任务书缺少或内容缺失，或有些计算书、会签不全的问题？

卷册任务书是经验丰富的专业主要设计人直接指导设计人完成卷册任务的指导性或要求性文件，包括明确设计依据及原则、设计范围及内容、重点、难点、多发病、强标强条等注意事项。但是并不是所有的卷册都必须有卷册任务书，这就造成很难实现系统的刚性控制。

经过十余年信息化的深入，为了加强质量管控手段，我们已要求所有卷册必须有卷册任务书。如果能通过标准化工作，将其做成模板，在系统中直接引用，是上策。否则实际执行中难免多数为空，可以将系统一些内容设置为必填项并且在后续的程序检查中做刚性控制。一般卷册任务书建议强制包括的内容有：

（1）卷册基本信息：工程检索号、项目名称、卷册编号、卷册名称等；

（2）设计依据及主要原则；

（3）设计范围、内容及分工；

（4）设计注意事项：如质量信息反馈、成品质量抽查意见、设计变更、工代信息、质量分析会等中反馈的信息；

（5）增加以下内容的选勾项，并在后续的过程管理中做刚性控制，主要有：计算书、厂家资料（或基础性资料）、技术规范书、会签（选择后还需确定会签专业）、提资（须在后续关联提资单）……

46. 如何通过陪签人机制使暂不具备签署权又做实际工作的人进入项目组开展工作？

每个 WBS 卷册设计任务都需进行该任务的人员配置，包括项目经理、审核人、主设人、校核人、卷册负责、设计人等。前五种角色如果没有常设签署权，应配置为该工程的临时签署权。但对设计人不同，如新员工为实际设计人但又没有且不能为其配置临时签署权时，可以允许 MIS 选择该人，但同时系统必须要求同时选择一个有资质的人作为"陪签人"。

（1）关于卷册负责人和设计人的权限：

① 一个卷册中有若干张图纸。可以为一个卷册任务设置一个卷册负责人和多

个设计人。

② 任务下发时，卷册负责人和设计人同时收到任务，同时按照分工分别设计自己负责的图纸。

③ 设计完成后，卷册负责人和设计人都可以将图纸上传到 MIS，但只有卷册负责人有权限提交校核人。而且卷册负责人应该确认所有设计人已经将图纸上传完成后再提交。在大多数情况下，卷册负责人和设计人为同一人，且只有一个设计人。

（2）关于陪签人：

如果选择了没有签署权的人作为设计人，系统必须要求同时选择陪签人，陪签人应具有校核图纸的义务，但又不能作为校核人签署在校核栏。此事可以强行要求将卷册负责人设置为陪签人，再加上上述卷册负责人和设计人的规则，只有陪签人才能提交卷册给校核人，制度中规定，提交即相当于已经校核完毕。当然，签署时，陪签人和设计人的名字应同时出现在"设计"签署栏。

47. 国内外卷册升版的不同及解决方案

国内电力工程图纸升版，一般是在图纸编号后面加 A、B 等字母。但国外图纸一般是图号不变，但在图纸右上角或其他位置，对每次版本更替的内容进行描述，并由责任人进行签署。

（六）设计输入类工程原始材料文件的管控环节

48. 设计输入的内容。

（1）功能和性能要求，如设计依据性文件、项目建议书、环评报告书、工程设计任务书、上一设计阶段的设计输出及设计确认意见、合同及顾客要求等；

（2）适用的法律法规、技术标准、上级有关文件及通用设计等；

（3）以往设计信息、套用和参考的设计文件；

（4）设计所必需的资料，如上一设计阶段的设计输出、设计审查意见、各类"会议纪要"、勘测报告、试验报告等；原始资料如电力系统、负荷、站址、线路路径、水文、气象、地质、环境等技术接口资料，一些设备资料，顾客、供方提供的其他资料等。

输入容易发生的问题是：有的没有执行审查意见、上级意见、设计评审意见；有的没有收集输入的资料，造成设计结果不符合要求。

49. 通过先归档后利用实现顾客/厂家资料等原始材料文件的有效管理。

为提高资料利用的及时性和准确性，解决设计输入类资料工程结束后归档造成的资料"迟、滞、漏、错、丢"等现象，我们采用资料"先归档后利用"的创新方法：设计人员获得纸介的厂家资料等设计输入类资料后，先送到印制部门扫描为电子文件后进行利用，纸介原件由印制部门送档案部门归档。"先归档"主要目的不在于归档，而在于对厂家资料实现前期有效控制，"后利用"是在实施有效控制下的利用，确保利用有效性，在此情况下，归档问题也就迎刃而解。

50. 如何做好搜资资料的管理？

对于技术和要求的资料，需要开展搜资时，按规定填写《工程搜资计划表》。资料搜集人应对所搜集到的资料进行整理、编目，并对资料的适用性提出意见，填在《工程搜资结果表》中。收集到的资料及时整理建档，以防设计遗漏。

(七) 任务执行的产品设计环节

工程设计企业的产品有些企业称其为成品，包括说明书、图纸、设备材料清册、投资估算/概（预）算书、计算书、专题报告等。

设计人员在设计时，只需输入产品标识中的工程编号和名称、图纸编号和名称、文件封面标识，其他产品标识一般通过系统自动生成，如图纸图标和文件封面中各级校审人员的签署，各专业的会签栏及会签人签署信息，建筑、结构、消防等设计文件必须加盖的注册工程师专用章，压力管道必须加盖的特种设备专用章，产品交付时必须加盖的出图专用章，竣工图加盖的红色的竣工图专用章，设计变更单或工程联系单加盖的工代章，以及顾客的特殊要求。

51. 绘图需计算机辅助实现哪些功能？

设计图纸涉及的图框插入、图纸拆分、字体线型检查、格式转换等辅助功能。可适应各种不同类型工程的各成品文件的信息解析与读取。

52. 如何解决 dwg 转换为 pdf 或 tif 时，线太细的问题？

现象：系统自动将 dwg 转换为 pdf 或 tif 并电子签名后，出版时发现，因设计人绘图的线条的线宽太小，导致白图打印机打印不清楚，蓝图打印到硫酸纸上无法晒图。

原因：如果使用 line 命令，可以通过转换软件强行设置最小线宽（如 0.18mm），保证打印清晰。但有人使用了 pline 命令，可以指定打印比例，看起来线宽正常，打印出来就太细而不能正常印刷打印。

解决方案建议：在设计人提交校核人时，就先在本机将 dwg 转换为 pdf 与 tif，并将发现的异常提醒设计人，要求设计人对转换过的图形文件进行自校，确定无误后提交，一定程度上可以避免一些问题。

53. 卷册设计时，如何解决影响数字签名及校审的字体统一性问题？

方案一：统一字体

首先说，字体统一的好处是显而易见的。一是提交校审人员校审时，所有人都能确保打开的文件的字体都是可以识别的；二是便于服务器端后台批量电子签名，避免有不认识的字体而以问号代替；三是归档以后特别有利于其他工程套改该图纸，套改人丝毫不用担心会有不能识别的字体。

统一字体在有的企业实施起来很容易，在有的企业却几乎很难实现。一是因为企业文化，二是因为企业性质（如建筑类企业可能考虑美观）。我们企业的文化是务实，在我们声明"工程设计图纸中的文字需要的是准确而不是美观"的原则后，公司很快就通过了 26 种标准字体，除此之外均不被允许使用。

但是设计人员经常有新人来，不可能保证一定只用了这些字体。我们采用的方案是，开发一个 AutoCAD 的插件，当点击保存按钮时，就检查当前文件的所有字体和显性，并将非标准字库的字体保存到同名但不同扩展名的文件（假定为*.info），然后弹窗显示出来要求更改，但是不更改也能保存。当第五个 dwg 文件要上传到信息系统时，信息系统同时检查同名.info 文件，发现不合规的字体即不允许上传。同时该工具可以提供批量替换字体的功能，便于设计人员一键替换为标准字体。但也会遇到一些厂家提供的设备图纸作为公司图纸中的一部分，此时不可能要求厂家修改字体，也不适合替换，解决方案请见下一个问题。

方案二：无法统一字体的暂时采取"曲线救国"解决方案。

在设计人上传 dwg 后，直接通过调用本机 AutoCAD 将 dwg 图纸转换为 pdf 格式，然后将 pdf 格式的图纸提交校审、电子签名以及出版归档。由于转换过程在本机完成，使用了本机的 dwg 中所含字体，所以规避了字体统一性的问题。缺点是，归档时还要归这些非标准字体，否则后人套改该图纸时，就会经常面临找不到字体而无法套改的问题。

54. 厂家提供的设备等图纸中的厂家特有字体如何实现统一及电子签名？

如果采用上面的字体检查方案，厂家设备带有的字体也就不能通过检查而进入不了信息系统。一个简单有效的解决方案是：将厂家设备的图纸在本机先转换为 pdf 格式，然后插入到 dwg 图纸中，再上传信息系统校审、电子签名及归档。即使套改图纸也无需改动厂家设备的图纸，所以可以解决问题。

55. 如何解决套用图自动引用（不是人工备注）及保密问题？

因图纸套用应是经批准审定的有效版本，套用的工程图纸应是经施工、运行考验正确的图纸。所以，套用图宜自动从档案管理系统中集成引用，而不宜让设计人自行上传，避免套错图的情况。

方案一：需套用其他工程施工图纸时，由卷册设计人在紫光系统中将该图纸（tif 格式）下载后，在 EMIS 中和新制图纸一起上传，直至出版；

方案二：需套用其他工程施工图纸时，不允许自行上传，设计人员可在 MIS 中点击套用图按钮，该按钮执行进入档案管理系统，将指定工程的指定图纸套用。其一，防止给档案系统开天窗，套用的、引用的图纸文件不能看 dwg，只能看 tif。其二，设计人引用关联后，其他人看不到。

56. 自动生成卷册目录的两种技术方案。

自动生成卷册目录是一件很小但很必要的事。一是设计人员经常对图纸进行更改，易忘记及时更新目录。二是自动生成的卷册目录有利于完成电子签名和盖章。

自动生成目录有两种技术方案：一种是直接调用 Word 模板，将值传到模板的书签中，生成 Word 格式的目录，然后转换为 pdf 后进行电子签名；一种是直接调用 AutoCAD 生成 dwg 格式目录，直接进行电子签名后转换为 pdg 或 tif 格式。

57. 图纸会签栏的自动生成的优点。

传统方式下，图纸会签栏是先画一些空表格，然后再手动或电子签署，经常造成或者不够或者多行。如果图纸在信息系统中提交各专业会签，必然留下会签专业名称和会签人，可以在后台自动调用 AutoCAD 自动生成图纸会签栏，确保会签信息准确无误。

58. 计算书应和设计产品文件一起提交校审。

按照规定，计算书应和成品图纸一起提交校审，但是实际上，很多设计人还是将计算书作为过程资料，在工程原始文件模块中进行上传管理。这种方式是不合适的。一是多数情况下会忘记上传，二是无法实现成品图纸和计算书的一一对应，不利于校审，应在系统中进行刚性控制。

59. 假定资料的设计应特别关注闭环。

因设计资料不全而假定资料进行设计的设计文件原则上不交付给顾客。如顾客要求提供，应在设计文件中注明"因××资料不全，该设计仅供参考"等保护性语言，并在施工图交底等时机予以说明。如果不写保护性语言，施工发生问题会归结到设计。

收到正式资料后，设计人应立即进行核对，并将核对情况告知项目经理。当核对结果证实正式资料与假定资料一致时，应书面通知顾客原设计文件中的假定成立，设计文件可以使用；如发现正式资料与假定资料不一致，应及时书面告知顾客，并通知相关专业共同修改原设计，重新校审、批准出版。

60. 系统应提供输出中间成品的功能，但要注意加盖保护章。

设计中间成果一般称为中间成品，一般不对外提供。但有需要，一是设计人打印后送校审人看纸质，二是需提交各级机构审查，三是顾客用于施工提前参考等特殊要求等。由于所有电子文件都在系统中流转，所以上面三种方式都需要系统提供转换后 pdf 和 tif 图。

要特别注意的是，系统一定要在设计文件的出图章位置自动标注"中间成果，仅供参考""送审稿""校审用"等保护性文字，内部使用一般只自动签署设计人员的名字，送交外部的中间成果应经必要的校审并签署校审人员名字，但为防止业主当正式成品，必须在正常的出图章位置加上保护性文字或符号以避免人工补盖章。同时，中间成品不应有二维码。

61. 如何解决初设阶段工程多专业成品合并到一个卷册的难题？

某些工程需要将不同专业设计并校审完成的图纸、说明书、报告、清册等成品合并到一个卷册中，使用同一个目录、同一个专业代字统一出版。需要说明的是，本书所说的"合并"，是将不同专业已经校审完成的图纸、说明书等成品文件合并到一个目录中，而不是"各专业分别编制某说明书成品中的一部分文字，然后由项目经理汇编为一个说明书文件"的情况。

（1）各专业负责的图纸成品均已经过本专业内部校审完毕，并已流转到项目经理的节点等待合并（此时不要点击"批准或出版"，等合并后的卷册出版后，再点击"直接结束不出版"将任务结束，否则会一直有新任务提醒）；

（2）项目经理将 MIS 中各专业编制的说明书（属于总说明书中的部分内容）下载到本地，汇编到一个总说明书文件或总清册文件中，然后准备上传到 MIS；

（3）项目经理下达最终要出版的合并卷册任务，并①将各专业的成品合并到当前卷册，②上传汇编后的总说明书、清册或报告，③提交上级领导审批。

62. MIS 配套工具的具体功能是什么？

MIS 配套工具是嵌入到 AutoCAD 中的一个插件，以菜单方式出现，用于拆图、加图框、检查字体线型、图纸信心提取以及 MIS 与 CAD 的信息交换等。

（1）可插入标准图框、海外项目定制图框。

（2）可将同一 dwg 文件中的多个图框拆离为多个单图框文件，即批量拆图。

（3）可按图框转换为 pdf/tif/plt 格式的文件，支持批量转换。

（4）在保存 dwg 文件时，自动读取图纸信息，并按照公司对字体、字形、线宽等标准对图纸进行标准化检查，若检查通过，将生成".info"文件；在上传 dwg 文件到 MIS 系统时，MIS 系统将验证该 dwg 图纸对应的同名标准化检查结果".info"文件其中的信息是否合规。

（5）可对 dwg 图纸圈阅批示、手写批示；可将圈阅意见自动回传到 MIS 的校审意见中。

63. 几个规则。

（1）关于字体与图标：设计人员必须使用且仅能使用公司规定的标准字体及图标，否则因此出现的一切后果自付（例如，MIS 不能识别特殊字体导致图纸上信息缺失，可能引起严重的施工事故）。

（2）关于自动拆图：在图纸绘制时，可以在一个 dwg 电子文件中包含多张成品图纸，但在上传到 MIS 之前，应通过 MIS 配套工具自动拆图后上传。

（3）关于图纸级别：设计人员必须指定每张图纸的级别。请务必慎重选择，不清楚时先请教主设人或审核人，这将决定流程的走向和签名，选错后的更改会重新启动流程。

（4）关于会签：如果主设人下发卷册任务时要求会签，则设计人员上传图纸时需逐张图纸选择是否会签。

（5）关于文稿：文稿类型包括 Word、Excel 等格式的说明书、报告、清册、概算书、计算书等。所有文稿的封面和签名扉页均由系统自动生成，设计人只需将文稿的目录及内容作为附件上传即可。封面上的工程名称、阶段名称、专业名称、文稿名称等都可以在生成前自行定制。

（6）关于计算书：计算书应与成品文件同时上传到系统中（在同一个页面里），以便各级校审人员同步校审。但系统不会将其放入目录，也不会提交出版。另计算书的封面和签名扉页由系统自动生成，设计人将计算书内容作为附件上传即可。

（7）关于目录：当所有的成品文件都上传后，由系统自动生成目录，设计人不要上传自制的目录。

（8）关于卷册负责人和设计人的区别：一个卷册必须有一个卷册负责人，可以有多个设计人，设计人可以为不同专业；卷册负责人可以删改整个卷册所有设计文件，设计人只能删改本人上传的各类文件；整个卷册任务由卷册负责人负责提交给校核人，设计人仅有权将自己负责设计的成品文件上传到系统中，没有权限将卷册提交校核人校核。

（八）任务执行的专业间配合环节

通常一个较大的工程项目将涉及许多专业，并且各专业之间或多或少存在着依赖关系。这种依赖关系在项目的运作过程中表现为资料互提和图纸会签。

若个别设计资料不全，而工程又急需时，可假定资料作为设计输入进行设计，待正式资料收到后再行核对修正。假定资料由项目经理予以确认或组织评审，还必须在《专业间互提资料单》上注明"假定资料"，系统还要提供闭环管理功能。

64. 如何解决专业间提资时的版本、文件不断更新问题？

提资单并不需要所有资料都完备后再提交，而是可以随到随提，可以分多次完成，因此提资单需有版本升级功能。

为准确记录资料及备查，也让接资人清晰地知道升版后的提资单是哪个附件发生了变化，以便有针对性地看，每个提资单的每个附件也都需要版本升级功能，并用不同的颜色标识不同的变化，如红色标识作废、绿色表示新增新增、蓝色表示升版等。二者关系例如下表：

提资单编号	附件 1	附件 2	附件 3	说明
001 号提资单	01-内容（版本 01）	02-附图（版本 01）		第一次提资
	01-内容（版本 01）	02-附图（版本 01）	03-附表（版本 01）	第二次提资，增加了一个附件 03。
	01-内容（版本 01）		03-附表（版本 02）	第三次提资，删除了一个附件 02，更新了附件 03
	01-内容（版本 01）	02-附图（版本 01）	03-附表（版本 03）	第四次提资，恢复了附件 02，更新了附件 03
	01-内容（版本 02）	02-附图（版本 02）	03-附表（版本 03）	第五次提资，将附件 01 和附件 02 进行了升版。
	01-内容（版本 02）	02-附图（版本 01）	03-附表（版本 03）	第六次提资，将附件 02 恢复到第 1 版。

65. 如何解决专业间提资时上下游之间的踢皮球问题？

行之有效的一句话：系统不允许下游接资专业退回提资单。如有异议，线下协商后，将会议纪要上传到系统中。

66. 如何解决平断面图中测量专业与线路电气专业的双签问题？.

传统方式：①测量专业绘制"某工程平断面图（测量部分）"，在测量专业内部完成校审；②测量专业将该图的电子版（未签署）交付给线路电气专业；③线路电气专业在该图纸基础上绘制"某工程平断面图（电气部分）"，在线路电气专业内部完成校审、会签并签署；④线路电气专业将签署后的平断面图送测量专业，由测量专业再签署设校审批而实现联合签署。

缺点：一是效率低，双专业设校审批人员均需双签；二是如果发生测量点高程错误时，两个专业互相指责对方出错，容易发生矛盾。

创新方式：在不影响产品质量的前提下为提高协同设计效率，参考《送电线路施工图设计守则》第二卷"平断面图及杆塔明细表"的第二章"设计内容和深度"的第八节"图纸会签"要求："考虑到本卷册所需各种原始材料，已由各有关专业经校审提供，故一般可不再进行会签。如有需要，平断面定位图和交叉跨越分图由勘测会签，杆塔明细表由线路结构会签"的内容，在 MIS 中实施如下方案：测量专业在 MIS 中以与"提资"相同的流程将经设校审批（MIS 已予记录）后的中间成品图"甲工程平断面图"提交线路电气专业；一般情况下，线路电气专业不再请测量专业会签该图纸。

(九) 任务执行的设计产品校审环节

该功能是系统的主体功能，是设计输出成品质量的重要保证，实现工程项目勘测设计成品的设计、校核、审核、会签和批准。包括了卷册任务书审批流程、工程成品文件修改申请流程、设计更改流程、设计跟踪，以及如校审单、会签信息、签名信息的过程自动记录，还有相关联的提资单、厂家资料等设计输入。系统根据成品文件的校审级别、所在工程的类别、所在科室的性质自动判断进入相关校审流程，使得项目中每个角色的操作更加规范化和标准化。

67. 校审流程的"谁退回提交给谁"功能的优劣。

举例：当任务由审核人/批准人提出修改意见并退回设计人修改后，为提高效率，可以采用设计人修改后按照"谁退回提交给谁"的原则，流程"跳级"越过校核人而直接交给审核人/批准人，如此类推。最好在退回和提交审核人/批准人时，能发消息给其他校审人员知悉。我们这种方式采用了七八年，在信息化初期提高了效率，减小了推行阻力。但随着员工年轻化和信息化的深入，这种方式已不太合适，主要是由于修改后的方案中，被"跳级"的校审人员对修改意见完全不知情，不利于专业对该问题统一认识，不利于后续其他类似工程发现、借鉴同类问题，一定程度上也削弱了质量管控的力度。为加强质量控制，校审流程已经回归了最传统的方式，即任何一级校审人员退回给设计人，设计人再次提交时须重启流程、逐级提交校审。

68. CAD 图纸电子圈阅的实现原理。

（1）开发一个 AutoCAD 的插件，以菜单的方式位于 AutoCAD 中，名称为"MIS 配套工具"（功能详见下面问题）。具备接收 MIS 传送的图纸信息，自动增加圈阅图层，提供"圈阅批示"按钮以实现云图圈阅，将圈阅意见自动回传到 MIS 等功能。

（2）校审人员点击 MIS 中图纸的【圈阅】按钮后，MIS 将当前图号（如 F2187S-T0203-02，含有工程号、阶段、卷册号、图号等信息）、当前校审人员角色、院号、姓名、时间等信息数据传入 AutoCAD 的 MIS 配套工具中，并在图纸中新建一层作为圈阅层，该层的名称建议为 " F2187S-T0203-02_ 主设人 _1665_ 郑某 _20121110180502"（示范）；

（3）校审人员在圈阅图层使用云图圈阅，输入圈阅意见后，点击保存按钮；

（4）"MIS 配套工具"将圈阅的校审意见、圈阅位置 jpg 格式的快照、含有圈阅信息的图纸自动回传到 MIS 中，其中校审意见自动填写到校审单中；

（5）设计人可在 MIS 校审单中单击某条校审意见后，调用 AutoCAD 打开校审文件，并自动定位到该校审意见在图纸中的位置，修改后自动在校审单中标识"已修改"；

（6）实现了智能的图纸圈阅功能，大大提高了校审的便利性和校审质量。

69. 文稿的审阅。

可使用 Word 的"修订"模式进行审阅，回传审阅文件到 MIS 中。

70. 关于质量评定。

校审人员必须在第一次校审时做出质量评定，而不是对修改后成品做出评定。设计人可以看到校审意见，但不能看到质量评定。

71. 信息系统如何通过单勾制实现传统双勾制表述校审意见的执行状态？

使用单勾制展现校审意见的执行状态有如下几种，含义为：

"√"表示设计人按照此条校审意见做了修改。（只有设计人才能选择√）

"？"表示设计人对此条校审意见有疑问，未做修改。（只有设计人才能选择？）

"×"表示校审人员取消该条校审意见。（只有校审人员才能选择×）

" "表示该意见尚未处理。（校审人员提出意见后，设计人员修改前为空）

使用场景：校审人员提出意见退回后，该意见状态为" "；如设计人按照校审意见修改，则将该条意见打√后提交；如设计人对某条校审意见有异议，则将该条意见打"？"，提交更高级别的校审人员裁决，仲裁人为专业的审核人/主任工程师；设计人提交任务时，所有校审意见的执行状态都不能为空；校审人员觉得某条意见可以取消时，可以设置为"×"。

（十）图纸文稿的电子签名签章环节

72. 当前国内两种主流的图纸电子签名解决方案是什么？

经过和全国同行及若干软件企业的交流，发现目前国内有两种主流的图纸电子签名解决方案，现总结如下，并对优缺点做简析。

（1）方案一：设计人提交校核时，系统在设计人客户端将 dwg 转换为 pdf 格式，由于使用了本机的 dwg 中所含字体，所以一般不会出现字体无法识别的问题。然后将 pdf 格式提交各级校审，并将校审人员名字加上。最后使用该 pdf 文件出版与归档。

优点是：一是校审人看到的都是正式出版的文档，设计人也随时看到，便于自校。二是由于转换 pdf 时使用的是本机字体，不会出现服务器后台签名不能识别设计人使用的特殊字体的问题，极大减小了 IT 人员需承担的图纸转换错误的风险。

缺点是：设计人画图时采用的字体可能为非标准字体，当后人套用该图纸的 dwg 格式时，可能存在字体缺失，显示问号的问题。

大部分电子签名厂商都是这种方案。

（2）方案二：设计人提交给各级审核人的图纸格式都为 dwg，当经过 MIS 系统授权后，系统对图纸的 dwg 格式进行批量电子签名，然后自动转换为 pdf 或 tif。

优点是：提高系统效率，对 dwg 签名后的图纸具有防篡改等功能。后人套用时，可以确定是单位提供的。当有人恶意修改图纸后，如遇法律纠纷，这是保护设计人的手段。

缺点是：必须规定好标准字体。若设计人员使用的字体不在范围内，是不允许上传的。

73. CAD 图纸全自动批量电子签名签章的实现方案是什么？

在四级校审过程中，根据工程设计阶段、成品文件类型、校审执行环节记录各校审岗位签署信息，对成品文件（格式包括 dwg/doc/xls/pdf/html 等）进行批量电子签名，尤其是自动将一个文件中的多张图纸拆分为独立文件，自动提取图纸信息、拆分图纸、检查字体与线型，自动重新数学建模判断图纸的图幅、比例等信息（不依赖可能存在的错误标注），自动判断每张图纸的图签位置、旋转角度等数据，实现图纸设、校、审、批位置人员的批量电子签名，自动生成会签栏并签名，自动加盖出图章/注册师章/特种设备章，自动将文件转换为可出版、归档的 pdf 或 tif 格式。

具有传统签章和数字签名的双重功效，既能通过电子签章在电子文件上绘制出我们传统的手迹签名和传统印章，又能通过数字化的电子签名保证文件的完整性、真实性、合法性、不可篡改性和不可抵赖性，更重要的是提高了工作质量和效率。

74. 图纸电子签名过程是什么？

（1）前端标准化检查

① CAD 客户端，后台部署更新后自动升级。

② 验证标准化字体、标准化图签、图框。

③ 检查线宽、打印设置；验证 dwg 图纸版本。

④ 提取图纸信息。

⑤ 与信息系统集成，验证工程信息。

（2）设计过程安全管控。

① 域控制，只有本人使用自己的计算机才能登录系统。

② 图纸通过流程进行设计验证，只有设计人本人可替换/编辑图纸和文稿。

（3）云端数字签名

① 后台批量签署后，数字化签名封装，整个过程一次性完成。

② 签署完成后，自动转成 tif/pdf 文件，供印制出版和归档。

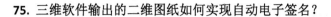

75. 三维软件输出的二维图纸如何实现自动电子签名？

三维软件输出的二维图纸的图标中的文字已经被炸开为线条，不能采用文本块的原理识别。有些厂商有技术能力可以识别，并找准签署人所在的位置进行电子签名。但三维软件类型多，不同的三维软件输出格式不同，一种实现方案就是将其转换为 pdf 格式（不包括图标），然后插入到 dwg 文件中，为其增加图框图标后进行电子签名。

76. 图纸的数字签名与电子签章与传统手签的对比

传统手签	电子签名
一张图纸 4-16 个签名，每年数十万图纸，签署上百万人次，费时费力。	所有校审、会签人员签名和图章均由系统自动完成，时间耗费可以忽略不计。
到处找人，人员出差需等待，等完一个另一个又出差了。所以经常出现代签的问题。	所有签名签章均由系统根据员工授权签署，员工签署权由企业授权，无法随意签署。
传统方式下归档周期在数周到数月之间，不能及时提供利用。	全自动将 dwg 转换为 tif/plt/pdf 等各种格式，用于不同目的。归档周期由数月、数周变为 1 天。

传统图纸签署步骤 （以 1 个卷册 20 张图纸为例）	传统方式 耗时	数字签名方式 耗时
设计人员将校审完成的成品图纸在自己的计算机上手工转换为 plt 文件，文稿转换为 pdf 文件。	40 分钟—2 小时	100—150 秒 （每张签名 3-10 秒）
设计人员拿打好的白图找各设计人、校核人、审核人、批准人签署，除本专业和项目经理必须签署外，还可能找多专业的人员进行会签、分管总工、分管院长批准。	60 分钟—10 天	

77. 勘测地形图的自动数字签名的解决方案

地形图与一般图纸相比，有如下不同：一是使用专用的图签样式，与一般图纸使用的标准图签有较大差异；二是图幅非 A1、A2 等标准纸张大小；三是图纸图框周边有说明文字，不是所有内容都在框内；四是签名栏在图框外面，图纸下方，分别为：测量员，绘图员，检查员。位置和名称都与标准图签有很大区别。

解决方案：①设计人员在地形图外套企业标准图框，标准图框在单独图层，设置为不打印。这样系统就"认为"该图纸与其他图纸一样，是合法图纸。②在签名程序中增加参数，对地形图进行标记，然后在签名时，分别对测量员、绘图员、检查员签署为对应的设计人、校核人、校核人，出图章在签名栏下方（如下图）。

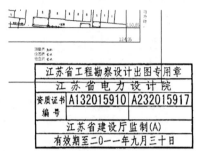

（十一）设计确认环节

为确保产品能够满足规定的使用要求，应在设计成品实施前进行设计确认。初步可行性研究、可行性研究、初步设计由评审单位组织的设计评审会议进行设计确认，评审单位下发的评审会议纪要作为下阶段设计的主要依据之一。施工图通过工程建设主管部门组织的施工图审查或顾客组织的会审会议进行设计确认。

78. 如何解决图审中心要求电力工程的建筑结构类图纸的专用签署规则？

近几年，各地的施工图审查中心都开始实行 BIM 审图、数字化审图，要求进行电子化交付，这是发展趋势，对本来信息化水平就很高的工程设计企业来说不难。但是，图审中心专家一般都出自建筑设计院，很多图审中心要求按照建筑图纸的图标和签署规则进行签署，不承认电力设计行业协会制定的电力图纸图标。如电力图标签署栏一般为"设计—校核—审核—批准"，但建筑类要求要有项目负责人、专业负责人的签署。

目前我们的解决方案是，一个工程有两种图标，图审中心要求的建筑结构类图纸，用符合图审要求的图标；其他图纸用电力设计行业规定的统一图标。电子签名规则是：专业负责人栏由专业审核人签署（先系统自动加上宋体、再加上电子签名）；项目负责人栏由项目经理签署（先系统自动加上宋体、再加上电子签名）；一级图纸，系统自动在空行的第一列填写"分管总工"，然后第二栏填写"宋体+电子签名"。如下图所示（左为电力工程行业标准格式，右为图审中心要求的格式）：

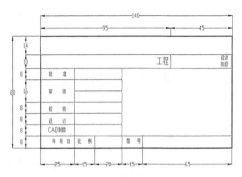

(十二) 数字化出版与交付环节

79. 传统出版与数字化出版的效率对比。

传统出版与数字化出版的效率，以卷册为单位来看，是计量单位从数小时、数天到数分钟的差别。将传统方式下一个卷册 20 张图纸的 5 小时—15 天的出图时间缩短为 4—10 分钟，一个省级设计企业年均上千个工程项目 30 万个图纸文稿 140 多万个电子签名，效率可想而知。这还不包括交付的时间对比。下图以 1 个卷册 20 张图为例对比表如下：

传统出图步骤 （以 1 个卷册 20 张图纸为例）	传统方式约耗时	基于电子签名与信息系统的数字化出版
1) 设计人员将校审完成的成品图纸在自己的计算机上手工转换为 plt，文稿转换 pdf。	40 分钟—2 小时	批量数字签名并转换为 tif 文件平均每张耗时 4-6 秒，共约 150—200 秒；
2) 设计人员用优盘拷贝成品的电子文件，到印制部门排队打印白图。	30 分钟—2 小时	
3) 设计人员拿打好的白图找各设计人、校核人、审核人、批准人签署，除本专业和项目经理必须签署外，还可能找多专业的人员进行会签、分管总工、分管院长批准。	60 分钟—10 天	自动发送 tif 到打印机，打印加折叠好平均每张 4-12 秒，共约 150-200 秒；
4) 设计人拿签好的白图到印制部排队等待扫描。	1 小时—2 天	
5) 排队打硫酸纸、晒图、手动折图。	2 小时—2 天	不需要此步，白图取代蓝图
以上步骤总计：	5 小时—15 天	5 分钟—7 分钟

另：使用传统方式，必须在设计单位出版好纸质图纸后，再派专车或快递到建设地点，如果工程在几千公里之外，还要预留 10 天左右的运输时间。而在江苏院承接的距离超远的长春、新疆石河子工程中，业主为了赶工期，要求江苏院直接将电子签名的图纸文件发送给建设方，业主宁愿自己掏钱买打印机在现场打印图纸。

经常是当天晚上江苏院发来图纸，当天晚上打印，第二天白天施工。就这样，长春的 300MW 发电工程创下了全国同类工程工期最短的记录。

80. 如何避免设计人员擅自将校审人员签名图片贴到图纸后违规盖出图章？

将经过 MIS 系统校审的电子签名的图纸文件生成二维码，二维码保留明码和加密信息两种。印制出版部门不见二维码不盖章。

（十三）归档环节

系统中流转的成品和原档都可以自动写入档案管理系统，实现自动归档。

81. 设计 MIS 与档案管理系统集成的解决方案——前端集成

前端集成是从业务角度的视角看，即通过 MIS 到档案系统中调用需套用的图纸，防止设计人员擅自上传和档案库房中存储的不一样的图纸。实现方式为：

（1）在 MIS 系统的项目任务编制过程中增加套用图调用的功能按钮。

（2）进入套用图调用的功能页面，在页面中根据提供的检索条件进行模糊检索。检索时需调用档案系统提供的接口获取相关信息。（模糊检索条件：工程项目编号，工程项目名称，项目任务编号，项目任务名称，设计文件编号等）

● 根据到工程项目进行检索→在列表中选择工程项目→在该工程项目任务列表中选择任务→显示的设计文件列表。

● 根据文件检索号进行检索→显示设计文件列表。

（3）在返回的检索信息页面中由设计人员找到需要进行套用的图纸，将这些图纸选中后点击导入按钮导入至 MIS 系统中。导入时 MIS 系统会将原图纸的编号与名称记录在设计文件的备注信息中。

（4）导入 MIS 系统时，系统会自动为其生成套用图编号。

（5）导入后的套用图设计人员不能下载，以防给档案系统开了天窗，导致档案不可控。但校审人员可以查看套用图的 TIF 图纸，出版归档也是全套。

82. 设计系统与档案管理系统集成的解决方案——后端集成

前端集成是从业务角度的视角看，即通过 MIS 校审完的成品文件和过程资料应自动导入到档案管理系统。两种实现方式：一是做接口，批量导入，缺点是有时差；二是将每个卷册的审批流程都延长到归档，可以实现当天归档，当天套用。

83. 如何解决电子文件与纸质文件不一致的问题？

信息系统建设好，一切都不是问题，即一是出版部门只接受来自信息系统的图纸；二是通过信息系统自动生成二维码或条形码防止有人用贴图片的方式假冒。

对于没有信息系统校审流程的，现在流行一种小企业解决方案，即员工每次打印时都将生成条形码插入图纸，并将图纸上传到档案管理系统；这样档案系统的同一卷册图纸可能有 n 张；当最终出版交付的纸质图纸归档时，通过条码枪扫描纸质图纸，和档案系统中的电子文件比对，将正确的电子文件留下，其他删除。

四、数字化审图与白图替代蓝图

本部分简述数字化审图与白图替代蓝图，一是因为目前这两个方面是政府、施工图审查机构与行业协会近几年及未来几年积极推动的工作热点，将对工程设计企业产生较大影响；二是数字化审图是建立在工程设计项目全过程数字化管理以及设计成果电子化交付的基础上，而有效实施工程设计项目管理系统又是作为大势所趋的白图替代蓝图的必要条件。

84. 什么是蓝图？

1842 年德国人发明硫酸纸底图，因用碱性物质显影后产生蓝底紫色的晒图效果，所以被称为"蓝图"。蓝图是对工程制图的原图描图、晒图和薰图后生成的复制品，主要用于复制工程图纸和文件资料。

蓝图是传统手工绘图模式的产物。在没有电脑、打印机和复印机的年代里，工程设计人员制作工程图纸需要先手工绘制原图、再描底图，最后晒蓝图。有了电脑但没有信息化的年代里，工程设计人员通过 CAD 设计软件画原图，打印出底图，然后扫描为电子文件，再打印硫酸纸，最后晒蓝图。硫酸纸类似照相用的底片，具有可以反复复制新图、易于保存、不会模糊、不会掉色、不易玷污、不能修改等特点。

20 世纪 80 年代起，欧美国家都已陆续采用白图或电子化交付设计成果。但目前我国大多数工程设计企业仍然采用蓝图交付设计成果，大多数工程设计企业的设计项目管理系统仍然实施得"不成功"。

85. 什么是白图？

白图就是在白纸上直接打的图。工程白图是采用大幅面高速工程图纸印刷机，将墨粉加热到100℃并溶入白色的纸张纤维中，所打印白图图面清晰，灰度层次丰富，墨与纸张的粘附度很高，可读性强。

86. 什么是"白图替代蓝图"？

在传统的产品档案存档过程中，底图硫酸图和蓝图是最基本也是不可或缺的两部分。底图的主要作用是存档备份和晒制原版利用。蓝图的主要作用是给施工和归档提供查阅。然而，随着现代化档案管理理念的不断延伸，以及计算机技术的辅助设计，电子图档管理技术的不断发展与成熟，以纸质蓝图为主要手段的档案存档工作已经不适应现代化的企业档案管理。

现实情况是，中国内很多行业都已经弃用了晒图机或蓝图和白图共用。发达国家早就意识到了环保的重要性，为了环保，为了保护地球这个理念，几乎都于80年代中后期陆续都改为白图，国外的晒图机品牌早就已经停产。国外近20年的发展实践证明，随着计算机辅助设计的普及，电脑及网络技术的发展和成熟，白图替代蓝图是社会发展的必然趋势，是建设环保社会的必然要求。

国内众多行业先行一步，已经大量运用工程打印白图，例如：核电业早在大亚湾核电站项目开始就一直在使用白图；交通公路行业自我国引进高速公路理念起就使用了白图；石油石化行业、电力行业也先后开始使用白图；外资设计公司自进入中国起也一直使用白图；我国的外向型企业和对外工程也在大量使用白图。

真正意义上的"白图替代蓝图"并不仅仅是狭义的"白图纸"代替"蓝图纸"，不是更换打印机那么简单，而是在基于网络的协同工作模式下，以"电子图"为载体，通过设计全过程数字化管理平台及电子签名技术，实现涵盖项目管理、质量管理、知识管理、档案管理全流程的电子化交付，之后通过打印设备高效输出环保（无氨）和低碳（省去了硫酸底图、蓝图等纸介及归档）白图，同时满足数字化审图和图档电子化等需要。

但是，在很多行业，白图还并不被接受。尤其是归档环节，建设单位一般都要求蓝图。最近几年，国家住建部和国家档案局开始在建设行业开展白图替代蓝图的相关工作，电子化交付、白图替代蓝图已经成为不可阻挡的发展趋势，优点有：节约纸张资源，减少归档空间；减少环境污染，保障人身健康；提高图纸质量，提升服务水平；降低综合成本，提高管理效率等。

87. 白图相对蓝图，哪个更容易储存？

国家档案局档案科学技术研究所对白图检测结果如下：

检测项目	老化前后色差△E			
	奥西柯式印刷白图	无氨蓝图	有氨蓝图	重氮蓝图
干热	3.10	22.70	27.28	22.90
紫外光照	0.38	30.72	14.10	29.24
水浸	0.08	4.33	6.23	1.10
耐酸	0.22	4.75	19.90	2.49
耐碱	0.21	5.90	41.37	4.41
检测时间	2005-04-06	2004-3-18	2004-03-18	2005-04-06
检测结论	字迹试样耐干热老化性能较好，耐紫外光照、耐水浸、耐酸、及耐碱性能优良；各项性能指标优于重氮蓝晒图字迹试样。	耐干热老化、耐紫外光照性能均很差	耐久性能均很差	耐干热老化、耐紫外光照性能很差，耐水浸、耐酸性能优良，耐碱性能较好。

88. 是不是将蓝图打印机换成白图打印机就能实现白替蓝呢？

所谓的"白图替代蓝图"并不仅仅是狭义的"白图纸"代替"蓝图纸"，而是在基于信息系统的协同工作模式下，以"电子图"为载体，以电子文件实现电子签名为基础，实现涵盖项目管理、质量管理、知识管理、档案管理全流程的电子化交付，同时产出交付给业主的白图。

传统方式（大多数企业的现状）下，在底图上人工签署，之后制成硫酸纸，再晒制为蓝图，而存档电子文件也是经硫酸纸或底图扫描而成。图纸管理、利用的源头都是硫酸纸，效率低、错误率高。最重要的是，无法解决纸质与电子文件的不一致问题。

建立在信息系统上的所有图纸管理和利用则使用的是最源头的 dwg 电子文件，经信息系统协同工作校审后，进行电子签名和签章，之后直接打印为白图，不再有硫酸纸和蓝图等。存档的 tif/pdf 电子文件则是由 dwg 直接转换而成，完全解决了纸质与电子文件的一致性难题。保证了纸质电子文件一致性问题的同时，保证了产品质量，实现了电子化交付和数字化审图。

简单地换一个打印机实现白替蓝，很多工作仍依靠人工，既非改革本意，也未真正提效、提质。

89. 虽然白图有这么多好处，但如果业主一定要蓝图呢？

俗话说顾客就是上帝，有的顾客、业主一定要蓝图进行保存，乙方也只能去想法满足。一是设计过程信息化、设计成果电子交付以及用白图打印机直接打印白图，首先是为了提高效率，白代蓝本来就不是目的，所以不必太纠结，只要去掉以前传统的打硫酸纸、晒图就达到工程设计企业提效提质的目的了。

如果业主一定要蓝图也可以，目前市场上有一种数码蓝图机，打出来的效果和传统蓝图一样，可以满足业主提出的交付蓝图的要求，一般是只打两套蓝图给业主归档用，施工使用等中间过程还是可以白图交付。

90. 2006 年，国家多个部委启动了白图替代蓝图的研讨工作。

2006 年 1 月，国家建设部、国家档案局、国家环保局等部门及中国勘察设计协会联合召开了"勘察设计行业白图替代蓝图趋势研讨会"；7 月，国家档案局和中国勘察设计协会联合发出《用白图替代蓝图调查问卷》开展调研。

91. 2009—2010 年，中国勘察设计协会对白图替代蓝图的推动。

2009 年，中国勘察设计协会在工作计划中明确提出"加快推动白图替代蓝图的工作"；2010 年 1 月，中国勘察设计协会在《十二五勘察设计信息化规划》中提出"推动白图替代蓝图取得实质性进展"。

92. 2009—2011 年，中国电力规划设计协会对白图替代蓝图的推动。

2009 年 12 月，中国电力规划设计协会受国家档案局委托组织调研小组赴部分欧洲国家开展了专项调研工作。

2011 年，中国电力规划设计协会完成白皮书"电力勘测设计行业白图替代蓝图可行性研究报告"，对白代蓝做了系统全面的论述。2012 年，由国家住建部和国家档案局相关领导组成的专家组评审通过了上述成果。

93. 2012 年，全国工程勘察设计行业信息化建交流大会

2012 年，全国工程勘察设计行业信息化建交流大会提出，"白图替代蓝图进展缓慢……白图替代蓝图有益节能减排，是一件利国利民利企的好事"。

94. 2014 年 7 月，住建部发布关于白图替代蓝图、数字化审图的标志性文件。

住建部《住房城乡建设部关于推进建筑业发展和改革的若干意见》（建市[2014]92 号）中提出，探索开展白图替代蓝图、数字化审图等工作。从设计行业层面提升到整个建筑行业，到了新高度。

95. 2014 年 11 月，国家住建部在上海召开"勘察设计技术创新研讨会"，江苏省电力设计院应邀介绍以成果电子交付实现白图替代蓝图实施情况。

住建部召集北京、上海、江苏、重庆等 9 个省市建设主管部门领导和部分设计单位、行业协会等人员在上海召开了"勘察设计技术创新研讨会"，交流和推广白图替代蓝图、数字化审图、电子签章认证平台建设等工作，邀请实施情况较好的企业做了介绍。其中，江苏省电力设计院应邀介绍了以设计成果电子化交付实现白图替代蓝图的实施情况，上海现代集团、上海市建设工程设计文件审查管理中心分别介绍了数字化设计与数字化审图试点工作情况，住建部科技发展促进中心介绍了行业电子认证服务平台建设情况。

96. 2016 年 7 月，住建部十三五规划对白代蓝及数字化审图进行表述。

《住房城乡建设部"十三五"规划纲要》中明确指出，要"提升工程勘察设计咨询服务业发展质量，在白图替代蓝图、数字化审图等领域取得突破，推进设计成果数字化交付使用。"

97. 国家标准对白图替代蓝图的影响。

2015-2016 年，国家标准多次修编，为白图替代蓝图及设计成果电子交付奠定了依据。2015 年 5 月修改实施的国家标准《建设工程文件归档规范》，删除其中"图纸一般采用晒图，竣工图应是新蓝图"的内容，同时要求推进电子化交付工作，取消电子文件和纸质文件"双套制"归档要求，增加"归档的电子文件应采用电子签

名等手段，保证文件形成者对电子文件的真实性、可靠性负责"的内容。

2017年5月，国家住房和城乡建设部发布了"关于征求国家标准《建设工程文件归档规范（征求意见稿）》意见的函"，拟新增条文4.2.7"计算机出图，宜采用80克及以上白纸作为出图用纸，不应采用有色纸张，并不得先输出一份图纸，再采用复印方式复印其余图纸的出图方式，确保图纸质量。"

98. 地方政府正式发布的有关白图交付的部分通知文件。

● 2015年11月，上海正式发文，在全国各省市率先实现白图交付的创新。

2015年11月3日，上海市发布《关于本市建设工程设计、施工及竣工图纸推行数字化和白图交付的通知》（沪建管联[2015]462号），要求2016年正式实施，在全国各省市率先实现"设计文件数字化和白图交付"。

● 2015年11月，淮安市正式发文，推进白代蓝和数字化审图。

2015年11月27日，淮安市发文《关于推行"白图替代蓝图"和数字化联合审图工作的通知》（淮政务管委发[2015]14号）。

● 2016年9月，广州市发文推行使用白图。

2016年9月29日，广州市发布"关于建设工程图纸推行使用白图的通知"（穗档[2016]26号）。

● 2017年4月，沈阳市要求施工图列入数字化审查的范围。

沈阳市发布"关于建设工程施工图设计文件推行数字化和白图交付的通知"（沈建发[2017]63号），要求房屋建筑与市政基础设施工程列入数字化审查范围。

99. 地方政府正式发布的有关数字化审图的部分通知文件。

● 2015年12月，济南市正式发文，推进施工图文件数字化。

济南市城乡建设委员会发文"关于推进建设工程施工图设计文件数字化管理工作的指导意见"（济建设字[2015]11号），要求自2016年6月1日起，所有甲级勘察设计企业报送审查的设计文件，均应实行数字化。建设单位应在合同中约定白图或数字化交付，或采用二者并行的方式交付，鼓励采用数字化交付。

● 2015年12月，云南省正式发文，开展施工图数字化审查试点。

2015年12月28日，云南省发布"关于在勘察设计行业全面实施电子出图章的通知"（云建设[2015]644号），要求自2016年1月1日起全面启用电子出图章，6月30日后将不再制发实物图章，所有成果材料均应加盖电子出图章方为有效。

● 2016年7月，天津市正式发文，推进施工图文件数字化。

2016年7月，天津市发布"关于开展我市部分房屋建筑工程施工图设计文件数字化审查试点的通知"，要求凡提交施工图审查机构进行施工图设计文件（含勘察文件）审查的项目，列入数字化审图试点范围，执行数字化审图。

● 2016年11月，成都发文要求设计阶段应用BIM技术。

成都市城乡建设委员会发布"关于在成都市开展建筑信息模型（BIM）技术应用的通知"（成建委〔2016〕506号），要求从2016年12月1日起，凡在成都市新取得《规划设计条件通知书》的项目，在设计阶段均应采用BIM技术。

● 2016年12月，新疆发文要求施工图需进行数字化审图。

新疆住建厅2016年12月底印发了《关于认真做好自治区建筑工程施图设计文件数字化审查工作的通知》，决定从2017年1月开始正式在全疆推广使用数字化审图，已实现了审图业务全部数字化。

● 2016年12月29日，湖南省发通知要求开展施工图数字化审查。

湖南省住建厅发布"关于湖南省施工图管理信息系统试运行的通知"，要求从2017年1月1日起，建筑和市政基础设施工程安装开展施工图数字化审查。

● 2017年6月，江苏省政府发布"关于全省推行不见面审批（服务）改革实施方案""关于全省推行施工图多图联审的指导意见"（苏政办发[2017]86号），要求引入电子审图、网上审图的先进方式。

100. 江苏省电力设计院（以下简称"江苏院"）开展设计成果电子交付及白图替代蓝图的情况介绍。

● 2008年，江苏院在工程设计项目管理系统、数字化出版系统的支持下，在院内实现了白图替代蓝图，开始向电力系统业主交付白图成品。

由于江苏院的两大业主五大发电集团和国家电网公司的创新意识均较强，首先在施工图阶段开始接受白图，但限于当时国家标准GB/T 50328-2001《建设工程文件归档整理规范》的规定，竣工图一般依然要求交付蓝图。

● 据不完全了解，全国有据可查的第一个官方白图文件或由江苏省电力公司于 2009 年发布。

经江苏院向当时上级主管部门江苏省电力公司积极争取与推动，江苏省电力公司于 2009 年印发了《江苏省电力公司工程白图归档管理办法(试行)》(苏电总〔2009〕1178 号)，使得白图在江苏省电力系统内取得"合法合规"地位。据不完全了解，这可能是全国有据可查的第一个官方白图文件。

在彼时行业领先的设计项目管理系统支撑下，江苏院在全国工程设计行业率先全面向业主交付白图成品，在电力设计领域乃至全国工程设计领域引起广泛关注。

● 2010 年 6 月，国家档案局有关领导在中国电力规划设计协会陪同下莅临江苏院调研白图替代蓝图开展情况，作者做了《基于信息化平台的先进的数字化出版系统和白图替代蓝图》的 PPT 汇报。有关领导肯定了江苏院的先进经验及做法。

● 2011 年 6 月，中国电力规划设计协会档案专委会全体委员 30 余人莅临江苏院，作者做了《工程设计全过程数字化管理、白图替代蓝图与数字档案馆集成建设》的 PPT 汇报。与会专家肯定了江苏院借助信息化手段勇于创新的若干做法。

● 2014 年 10 月，国家住建部有关领导暨江苏省住建厅有关领导莅临设计成果电子化交付及白图替代蓝图开展较好的江苏省电力设计院调研。认为江苏院实现白代蓝的经验和做法在全国勘察设计行业具有示范性和可推广性。

国家住建部调研期间，江苏院反馈了现行的国家标准 GB/T 50328-2001《建设工程文件归档整理规范》中关于"图纸一般采用蓝晒图，竣工图应是新蓝图"的规定影响了全国开展白图替代蓝图的进展的情况。住建部有关领导表示已知悉该情况，已在积极推动标准的修编。

2015 年 5 月，正式实施的国家标准《建设工程文件归档规范》中去除了"图纸一般采用蓝晒图，竣工图应是新蓝图"，为白图替代蓝图解除了"紧箍咒"。新标准发布后，全国工程设计行业如火如荼开展了白图替代蓝图和成果电子交付的工作。

图索引

表索引

后 记

    2004 年，我从河海大学计算机专业硕士毕业，进入连续多年入选中国工程设计企业 60 强、连续多年位居江苏省勘察设计企业综合实力第一名的国内知名工程设计企业江苏省电力设计院从事信息化工作。现在看来，当年参加入院培训时单位发放的书《把信送给加西亚》《第五项修炼》分别对我的工作作风、学术方向起了决定性影响。2005 年，在时任副总师朱宇（特别感谢朱总的培养）、崔捷的指点下，我沿着第五项修炼到学习型组织的道路前行，进入刚掀起研究热潮的知识管理领域，凭着对管理学的兴趣，利用业余时间自行探索学习。

    为系统研究管理学与知识管理，我于 2007 年考入著名学者、东南大学原工会主席、集团经济与产业研究中心主任、博士生导师胡汉辉教授门下，利用业余时间攻读管理科学与工程专业的管理学博士。按时毕业后，我又进入东南大学控制科学与工程博士后科研流动站开展博士后研究工作。特别感谢胡老师对我学术的教诲和三观的启迪，本书在恩师的督促、指导、审查和帮助下才最终付梓。我曾在中国煤炭经济学院计算机系任教两年，对象牙塔有一种难舍情怀，喜欢和高校师生交流思想，担任了三个不同学科的多名全日制硕士研究生的导师和多所高校硕士的校外导师，希望本书能成为校企沟通的桥梁。

    特别感谢江苏省电力设计院党委书记、董事长蔡升华！没有董事长的栽培与支持，不管是工作还是学术，我都很难达到今天的成就。感谢指导及参与知识管理系统建设的李刚、王作民、王斌、江蛟、陈飞等高层领导。感谢志同道合的好友、知识管理国家标准主要起草人、副总裁夏敬华博士。感谢东南大学出版社唐允主任对本书的精心审校。

    我攻读博士、博士后及本书写作均利用业余时间完成，没有家人的理解支持，我不可能在繁忙的工作之余顺利完成，特别感谢家人。

    感谢所有给予我关心、帮助和支持但无法一一列举的人们。

    作为归口负责江苏院科技、信息化、档案工作的科技信息部主任，我具体负责了知识管理系统的建设，也主持并全面负责了大多数信息管理系统的建设。因此，本书的观点大多诞生于实践，很多理念来自实践中的思考，希望能对从事知识管理、信息管理、流程管理和信息化建设的人们有所裨益。

    因时间和能力所限，书中的观点和表述或有不妥之处，希望读者批评指正，可通过电子邮件（zxddr@sohu.com）交流。让我们共同努力，推进知识管理的理论创新和有效应用。

郑晓东

2017 年冬·于南京九龙湖畔